住房和城乡建设行业专业人员知识丛书

信息管理员

《住房和城乡建设行业专业人员知识丛书》编委会　编

中国环境出版集团·北京

图书在版编目（CIP）数据

信息管理员 /《住房和城乡建设行业专业人员知识丛书》编委会编. —北京：中国环境出版集团，2023.4
（住房和城乡建设行业专业人员知识丛书）
ISBN 978-7-5111-5490-3

Ⅰ.①信… Ⅱ.①住… Ⅲ.①建筑工程—信息管理—基本知识 Ⅳ.①TU71 ②G275.3

中国国家版本馆 CIP 数据核字（2023）第 056659 号

出 版 人 武德凯
责任编辑 易 萌
封面设计 彭 杉

出版发行 中国环境出版集团
（100062 北京市东城区广渠门内大街 16 号）
网 址：http://www.cesp.com.cn
电子邮箱：bjgl@cesp.com.cn
联系电话：010-67112765（编辑管理部）
010-67112739（第三分社）
发行热线：010-67125803，010-67113405（传真）

印 刷 玖龙（天津）印刷有限公司
经 销 各地新华书店
版 次 2023 年 4 月第 1 版
印 次 2023 年 4 月第 1 次印刷
开 本 787×1092 1/16
印 张 17.5
字 数 375 千字
定 价 68.00 元

《住房和城乡建设行业专业人员知识丛书》编委会

《信息管理员》编写组

主　　编：张　意　李克玉
副 主 编：万　里　苏　伟　伍任雄　李　潇
主　　审：王　宇　谢厚礼　毛　超
参加编写：陈　轩　李光明　张　砚　曹　斌　陈渝链　杨　旋
冯　颖　吕念南　段光尧　孙家福　蒋廷浩　饶　毅
于海祥　冉　旭　陈易梅　李晓倩　余　杰　张　欣
黄　阳　冒朝静　王彬炜　周海东　唐守涛　席启凯
叶　宇　周　艺　陈思庆　丁剑涛　王子烨

前　言

为深入推进建设行业专业人员（以下简称专业人员）队伍建设，更好地指导、服务于专业人员的培训及人才评价工作，编写了《住房和城乡建设行业专业人员知识丛书》，该丛书紧扣专业人员职业能力标准，结合建设行业改革发展的新形势和新要求，坚持与专业人员的定位相结合、与现行的国家标准和行业标准相结合、与建设类“双证制”院校的专业设置相融合，力求体现科学性、针对性、实用性。

本书为《住房和城乡建设行业专业人员知识丛书》中的一本，坚持以“职业素质”为基础、以“职业能力”为本位、以“实用易懂”为导向的编写思路，围绕现行国家及地方标准规范、技术指南等，重点对建设行业专业人员的基础知识和能力点进行介绍，帮助读者学习基本的专业知识与技能，能够胜任工程管理的基本工作，实现数字经济和实体经济深度融合，加快推进建筑业转型升级。

本书共 11 章，内容包括绪论、岗位职责与要求、相关管理规定和标准、基础理论知识、建造全过程信息资源管理、设计管理、生产管理、施工管理、信息安全管理、集成平台、拓展知识。本书与《通用知识（2021 年版）》配套使用。

本书主编由重庆建工住宅建设有限公司张意、重庆市建设岗位培训中心李克玉担任，副主编由重庆大学万里、重庆市建设岗位培训中心苏伟、重庆建工住宅建设有限公司伍任雄和李潇担任；重庆市建设信息中心陈轩，重庆市建设岗位培训中心张砚、曹斌、陈渝链、杨旋、冯颖、段光尧、蒋廷浩、丁剑涛、王子烨，重庆建筑工程职业学院李光明、吕念南，重庆建工住宅建设有限公司余杰、陈思庆，重庆建工集团股份有限公司冉旭、于海祥、孙家福、李晓倩，重庆市建筑业协会饶毅、陈易梅，重庆市綦江区建筑工程质量和安全服务中心王彬炜，重庆工业职业技术学院张欣、黄阳、冒朝静，重庆中金广路建设有限公司周海东，中铁二十二局集团第五工程有限公司唐守涛、席启凯、叶宇，重庆数敏信息技术有限公司周艺参与编写。

第一章由李克玉、曹斌、余杰、陈思庆合编，第二章由李潇、陈渝链、杨旋合编，第三章由伍任雄、冉旭、冯颖、段光尧合编，第四章由张意、李潇、张砚、吕念南合编，第五章由万里、蒋廷浩、丁剑涛、王子烨合编，第六章由苏伟、陈轩、冉旭、叶宇合编，第七章由张意、伍任雄、黄阳、冒朝静合编，第八章由李克玉、饶毅、陈易梅、周海东合编，第九章由万里、于海祥、孙家福、李晓倩合编，第十章由李克玉、李光明、唐守涛、席启凯、周艺合编，第十一章由苏伟、张欣、王彬炜合编。

本书由王宇、谢厚礼、毛超主审。

本书可作为建设行业专业人员岗位培训教材、“双证制”院校教学的参考用书，以及建筑类工程技术人员工作参考书。

随着建筑行业转型升级的逐步推进，本书内容将不断进行修订、补充。在此，恳请参阅本书的各位同仁批评指正，提出宝贵意见，以便不断修正和完善。

限于编写时间之仓促，囿于编者之水平，书中难免有不足之处，恳请广大同仁和读者批评指正。

目　录

第一章　绪　论

第一节　建筑业现状

一、建筑业发展趋势

建筑业一般是指在国民经济中从事建筑安装工程以及原有建筑物维修的生产、建造与服务部门、公司和组织，主要包括房屋建筑业、土木工程建筑业、建筑安装业和建筑装饰业等。近年来，我国建筑业快速发展，在全球市场中占据越来越重要的地位，但是在行业发展的过程中也面临着很多问题，如何应对这些问题、建筑业未来将会朝哪个方向发展都是行业关注的重点。

2022 年 1 月，《住房和城乡建设部关于印发“十四五”建筑业发展规划的通知》（建市〔2022〕11 号）阐明“十四五”时期我国建筑业发展的战略方向，提出 2035 年远景目标以及“十四五”时期发展目标，明确加快智能建造与新型建筑工业化协同发展、健全建筑市场运行机制、完善工程建设组织模式、完善工程质量安全保障体系、加快建筑业“走出去”步伐等主要任务，是行业发展的指导性文件。

2020 年 7 月，《住房和城乡建设部等部门关于推动智能建造与建筑工业化协同发展的指导意见》（建市〔2020〕60 号）明确提出推动智能建造与建筑工业化协同发展的指导思想、基本原则、发展目标、重点任务和保障措施。

2020 年，住房和城乡建设部的重点工作任务是要加快构建国家、省、市三级城市信息模型（CIM）基础平台体系，并出台一系列对 CIM 技术推动影响较大的政策和标准。

（1）《住房和城乡建设部办公厅关于印发〈城市信息模型（CIM）基础平台技术导则〉的通知》（建办科〔2020〕45 号）

（2）《国务院办公厅关于全面开展工程建设项目审批制度改革的实施意见》（国办发〔2019〕11 号）

提出“统一信息数据平台”。地方工程建设项目审批管理系统要具备“多规合一”业务协同、在线并联审批、统计分析、监督管理等功能，在“一张蓝图”基础上开展审批，实现统一受理、并联审批、实时流转、跟踪督办。以应用为导向，打破“信息孤岛”，2019 年年底前实现工程建设项目审批管理系统与全国一体化在线政务服务平台的对接，推进工程建设项目审批管理系统与投资项目在线审批监管平台等相关部门审批信息系统的互联互通。地方人民政府要在工程建设项目审批管理系统整合建设资金安排上给予保障。

（3）《工程建设项目业务协同平台技术标准》（CJJ/T 296—2019）

基于该标准，住房和城乡建设部提出有条件的城市，可在建筑信息模型（BIM）应用的基础上建立城市信息模型（CIM）。应用体系可结合城市实际需求进行拓展。近期（至2020 年）可应用虚拟现实（VR）、城市信息模型（CIM）、大数据技术，建立规划、建设、管理精细化应用模型。中远期（至 2035 年）可应用物联网、机器学习、人工智能技术，建立城市实时监控模型，智能响应城市服务需求。

（4）《产业结构调整指导目录（2019 年本）》

将基于大数据、物联网、GIS 等为基础的 CIM 相关技术开发与应用列为鼓励性产业。

（5）《住房和城乡建设部关于开展运用 BIM 系统进行工程建设项目报建并与“多规合一”管理平台衔接试点工作的函》（建规函〔2018〕32 号）

（6）《住房和城乡建设部关于开展运用建筑信息模型系统进行工程建设项目审查审批和城市信息模型平台建设试点工作的函》（建城函〔2018〕222 号）

1. 高质量发展是要求

《“十四五”建筑业发展规划》指出，建筑业依然存在发展质量和效益不高的问题，集中表现为发展方式粗放、劳动生产率低、高耗能高排放、市场秩序不规范、建筑品质总体不高、工程质量安全事故时有发生等。

虽然建筑业总量在不断增长，但发展方式较为粗放。从产值利润率来看，虽然建筑业总产值屡创新高，但产值利润率却在不断下降，2021 年产值利润率为 2.92%，低于 2011 年的 3.6%。从劳动生产率来看，虽然建筑业劳动生产率有所增长，但年均增速均小于同期建筑业总产值增速，发展质量和效益不高。“十二五”期间，建筑业劳动生产率年均增长 9.7%；“十三五”期间，建筑业劳动生产率年均增长 5.5%。

建筑业节能减排任重道远。根据《2021 中国建筑能耗与碳排放研究报告》，2019 年中国建筑全过程能耗总量占全国能源消费总量的 45.8%，全国建筑全过程碳排放总量为 49.97 亿 t 二氧化碳，占全国碳排放量的 49.97%。“十三五”期间，建筑全过程能耗年均增长 3.6%，建筑全过程碳排放年均增长 3.1%。

建筑品质亟待提升。在大拆大建推进城镇化建设的过程中，中国大量建筑的平均寿命不到 30 年，短寿命周期的建筑每年产生数亿吨的建筑垃圾，对环境构成巨大威胁。

当城镇化进程由大规模增量建设转变为存量提质改造和增量结构调整并重，建筑业也需要转变发展思路，从追求高速增长转向追求高质量发展，从“量”的扩张转向“质”的提升，走出一条内涵集约式发展新道路。

2. 绿色建造和智能建造是方向

《“十四五”建筑业发展规划》提出了行业远景目标，到 2035 年，“中国建造”核心竞争力世界领先，迈入智能建造世界强国行列。

绿色建造和智能建造是全球建筑业发展的方向，也是我国建筑业发展的方向。《"十四五"建筑业发展规划》在绿色建造和智能建造方面提出了"十四五"时期的发展目标和主要任务。

加快智能建造与新型建筑工业化协同发展，是《"十四五"建筑业发展规划》提出的首要任务。建筑工业化，即按照工业生产方式改造建筑业，基本途径是建筑标准化、构件工厂化、施工机械化、管理科学化，以加快建设速度、降低工程成本、提高工程质量。智能建造推动建筑业与先进制造业、新一代信息技术深度融合，实现基于工程全生命周期数据的信息集成与业务协同，以提供绿色、可持续、智慧化的工程产品，是建筑业在互联网时代生产方式的进一步变革。

《"十四五"建筑业发展规划》从完善智能建造政策与产业体系、夯实标准化和数字化基础、推广数字化协同设计、大力发展装配式建筑、打造建筑产业互联网平台、加快建筑机器人研发和应用、推广绿色建造方式等 7 个方面引导发展，着重强调了 BIM 技术的集成应用；行业级、企业级、项目级和政府监管等建筑产业互联网平台建设；部品部件生产机器人、施工机器人以及运维机器人的研发与应用等。

二、建筑业当前面临的主要问题

1. 市场同质化竞争严重，多重因素制约行业发展

虽然目前我国建筑业规模大，但仍然属于粗放式劳动密集型产业，面临着严重的市场同质化竞争、从业人员素质有待提高和监管机制不健全等问题。行业内企业的规模程度普遍较低，现代化程度不高，在一定程度上影响了建筑行业企业的总体竞争力；从业人员缺乏专业技能培训，影响工程质量安全；行业监管水平不高，市场配套机制建设进程缓慢。

2. 行业环境不稳定

与其他行业相比，建筑业比较容易受到国家宏观经济的影响，在很大程度上依赖固定资产投资，市场规模受到制造业、房地产和基建投资等因素的影响。

3. 劳务空间存在缺口

随着劳务人员老龄化和数量的减少，建筑业的劳务缺口逐渐增大，市场供给需求的不匹配导致劳务成本上升，从而对建筑企业的发展形成挑战。

为了有效解决这些问题，工程建造过程与工业化和信息化的融合成为必要手段。我国在从工程大国迈向工程强国的过程中，建造领域如何快速、有效地进行数字化转型，通过信息化、数字化和智能化技术的应用，提升建筑业的经济效益和社会效益是值得关注和研究的核心问题。

第二节　建筑业工业化与智能化发展

《“十四五”建筑业发展规划》详细阐述了加快智能建造与新型建筑工业化协同发展的方向与重点任务。主要包括以下 7 个方面：

1. 完善智能建造政策和产业体系

实施智能建造试点示范创建行动，发展一批试点城市，建设一批示范项目，总结推广可复制政策机制。加强基础共性和关键核心技术研发，构建先进适用的智能建造标准体系。发布智能建造新技术新产品，创新服务典型案例，编制智能建造白皮书，推广数字设计、智能生产和智能施工。培育智能建造产业基地，加快人才队伍建设，形成涵盖科研、设计、生产加工、施工装配、运营等全产业链融合一体的智能建造产业体系。

2. 夯实标准化和数字化基础

完善模数协调、构件选型等标准，建立标准化部品部件库，推进建筑平面、立面、部品部件、接口标准化，推广少规格、多组合设计方法，实现标准化和多样化的统一。加快推进 BIM 技术在工程全寿命期的集成应用，健全数据交互和安全标准，强化设计、生产、施工各环节数字化协同，推动工程建设全过程数字化成果交付和应用。

3. 推广数字化协同设计

应用数字化手段丰富方案创作方法，提高建筑设计方案创作水平。鼓励大型设计企业建立数字化协同设计平台，推进建筑、结构、设备管线、装修等一体化集成设计，提高各专业协同设计能力。完善施工图设计文件编制深度要求，提升精细化设计水平，为后续精细化生产和施工提供基础。研发利用参数化、生成式设计软件，探索人工智能技术在设计中的应用。研究应用岩土工程勘测信息挖掘、集成技术和方法，推进勘测过程数字化。

4. 大力发展装配式建筑

构建装配式建筑标准化设计和生产体系，推动生产和施工智能化升级，扩大标准化构件和部品部件使用规模，提高装配式建筑综合效益。完善适用不同建筑类型装配式混凝土建筑结构体系，加大高性能混凝土、高强钢筋和消能减震、预应力技术集成应用。积极推进装配化装修方式在商品住房项目中的应用，推广管线分离、一体化装修技术，推广集成化模块化建筑部品，促进装配化装修与装配式建筑深度融合。大力推广应用装配式建筑，积极推进高品质钢结构住宅建设，鼓励学校、医院等公共建筑优先采用钢结构。培育一批装配式建筑生产基地。

5. 打造建筑产业互联网平台

加大建筑产业互联网平台基础共性技术攻关力度，编制关键技术标准、发展指南和白皮书。开展建筑产业互联网平台建设试点，探索适合不同应用场景的系统解决方案，培育一批行业级、企业级、项目级建筑产业互联网平台，建设政府监管平台。鼓励建筑企业、互联网企业和科研院所等开展合作，加强物联网、大数据、云计算、人工智能、区块链等新一代信息技术在建筑领域中的融合应用。

6. 加快建筑机器人研发和应用

加强新型传感、智能控制和优化、多机协同、人机协作等建筑机器人核心技术研究，研究编制关键技术标准，形成一批建筑机器人标志性产品。积极推进建筑机器人在生产、施工、维保等环节的典型应用，重点推进与装配式建筑相配套的建筑机器人应用，辅助和替代"危、繁、脏、重"施工作业。推广智能塔吊、智能混凝土泵送设备等智能化工程设备，提高工程建设机械化、智能化水平。

7. 推广绿色建造方式

持续深化绿色建造试点工作，提炼可复制推广经验。开展绿色建造示范工程创建行动，提升工程建设集约化水平，实现精细化设计和施工。培育绿色建造创新中心，加快推进关键核心技术攻关及产业化应用。研究建立绿色建造政策、技术、实施体系，出台绿色建造技术导则和计价依据，构建覆盖工程建设全过程的绿色建造标准体系。在政府投资工程和大型公共建筑中全面推行绿色建造。积极推进施工现场建筑垃圾减量化，推动建筑废弃物的高效处理与再利用，探索建立研发、设计、建材和部品部件生产、施工、资源回收再利用等一体化协同的绿色建造产业链。

2022 年 3 月，住房和城乡建设部发布的《住房和城乡建设部关于印发"十四五"住房和城乡建设科技发展规划的通知》（建标〔2022〕23 号）也从智能化与新型建筑工业化的角度对重点支持的技术发展方向做了明确阐述。主要包括以下 3 个方面：

1. 城市基础设施数字化网络化智能化技术应用

以建立绿色智能、安全可靠的新型城市基础设施为目标，推动 5G（第五代移动通信技术）、大数据、云计算、人工智能等新一代信息技术在城市建设运行管理中的应用，开展基于城市信息模型（CIM）平台的智能化市政基础设施建设和改造、智慧城市与智能网联汽车协同发展、智慧社区、城市运行管理服务平台建设等关键技术和装备研究。

2. 建筑业信息技术应用基础研究

以支撑建筑业数字化转型发展为目标，研究 BIM 与新一代信息技术融合应用的理论、方法和支撑体系，研究工程项目数据资源标准体系和建设项目智能化审查、审批关键技术，研发自主可控的 BIM 图形平台、建模软件和应用软件，开发工程项目全生命周期数字化管理平台。

3. 智能建造与新型建筑工业化技术创新

以推动建筑业供给侧结构性改革为导向，开展智能建造与新型建筑工业化政策体系、技术体系和标准体系研究。研究数字化设计、部品部件柔性智能生产、智能施工和建筑机器人关键技术，研究建立建筑产业互联网平台，促进建筑业转型升级。

一、“新城建”对接“新基建”

2022 年 2 月 24 日，时任住房和城乡建设部部长王蒙徽表示将大力推进基于数字化、网络化、智能化的新型城市基础设施建设（以下简称“新城建”）。加快构建国家、省、市三级城市信息模型基础平台体系，全面推进智能市政、智慧社区、智能建造，协同发展智慧城市和智能网联汽车，通过打造示范基地，加快“新城建”项目落地。

2020 年 8 月，为落实中央关于实施扩大内需战略、加强新型城镇化建设和新型基础设施建设的决策部署，住房和城乡建设部等六部委联合印发了《住房和城乡建设部、中央网信办、科技部、工业和信息化部、人力资源和社会保障部、商务部、银保监会关于加快推进新型城市基础设施建设的指导意见》（建改发〔2020〕73 号），通过以“新城建”对接新型基础设施建设（以下简称“新基建”），引领城市转型、升级、发展，拉动有效投资和消费，整体提升城市建设水平和运行效率，推进城市现代化。此后，多个城市开始稳步推行“新城建”试点工作。

总体来看，“新城建”主要包括以下 7 个方面的内容：

1）全面推进城市信息模型平台、城市智能感知系统和智慧城市基础操作平台建设，推进城市体检、智慧市政、智慧社区、智慧交通等领域的建设与应用；

2）推动智能化市政基础设施建设、升级改造和智能化管理；

3）协同发展智慧城市和智能网联汽车，实现“聪明的车、智能的路、智慧的城”；

4）建设城市安全智能化监管平台，整合城市体检、市政基础设施建设与运营、房屋建筑施工和使用安全等信息资源，加强城市安全智能化监管；

5）加快推进智慧社区建设，运用 5G、物联网等新技术对社区设施、设备进行数字化智能化改造并实现社区智能化管理；

6）推动智能建造和建筑工业化协同发展，大力发展数字设计、智能生产、智能施工和智慧运维，形成全产业链融合一体的建筑产业互联网平台和智能建造产业体系；

7）推进城市综合管理服务平台建设，构建集感知、分析、服务、指挥、监察为一体的智能化城市运行管理服务平台，加强对城市管理的统筹协调、指挥监督和综合评价，推进城市治理“一网统管”。

“新城建”与“新基建”一样，都是以新发展理念为引领，以技术创新为驱动，以信息网络为基础，面向高质量发展需要，提供数字转型、智能升级、融合创新等服务的基础设施体系。

不过，“新城建”更多地强调，通过对城市基础设施进行数字化、网络化、智能化建设和更新改造，新技术、新产业、新业态、新模式与城市规划建设管理深度融合，从而提升城市的承载力和管理服务水平，促进转变城市开发建设方式，推动城市高质量发展，充分释放我国城市发展的巨大潜力，培育新的经济增长点，发挥城市建设撬动内需的重要支点作用，推动构建新发展格局，城市更健康、更安全、更宜居，成为人民群众高质量生活的空间。

二、装配式建筑

装配式建筑大致可分为混凝土结构、钢结构和木结构三大类，目前，我国以装配式混凝土结构为主。据住房和城乡建设部统计，2021 年，新开工装配式混凝土结构建筑 4.9 亿 m^2，占新开工装配式建筑的 67.7%；钢结构建筑 2.1 亿 m^2，占新开工装配式建筑的 28.8%。

装配式建筑是建筑业发展的趋势，我国对装配式建筑研究的发展已取得了一定的成果，在政府政策的促进下迎来较好的发展机遇，但是尚未形成完善的研究理论体系，需要在推进装配式建筑发展的同时尽快完善研究的空白区域，并针对在装配式建筑实施过程中出现的问题提出推进策略，丰富装配式建筑研究体系。

随着建筑行业的不断发展，装配式建筑在我国得到了越来越广泛的应用。装配式建筑与传统建筑相比，其碳排放优势显著。装配式建筑采用规模化的集约式生产，能在一定程度上节约耗材、降低能耗并减少建筑废弃物；其在建筑施工过程中采取机械化安装的方式，能够减少噪声、废气、废物、废水等污染，降低建筑全生命周期内的碳排放。随着“碳中和”与“碳达峰”目标的提出，装配式建筑的绿色环保优势将进一步凸显。

目前，我国装配式建筑产能主要分布在湖南、江苏、山东、江西等地，其中湖南省的产能占比最高，且主要是装配式混凝土结构产能。据公开数据，2020 年湖南省装配式混凝土结构产能占比 19.8%，江苏省以 11.5%排名第二，山东省以 9.6%排名第三。

《“十四五”建筑业发展规划》进一步明确了装配式建筑的方向以及相关的新型工业化、信息化、绿色等趋势。2020 年年底召开的中央经济工作会议也提出，将进一步加快装配式建筑的推广速度。2021 年，贵州、云南、甘肃等地出台了装配式建筑和绿色建筑推广政策。装配式建筑的相关政策逐步完善。

目前，我国装配式建筑仍处于起步阶段，根据住房和城乡建设部出台的《建筑产业现代化发展纲要》，计划到 2020 年装配式建筑占新建建筑的 20%以上，到 2025 年装配式建筑占新建筑的 50%以上。

到 2025 年中国新建装配式建筑面积将达到 16.51 亿 m^2，市场规模将达 3.6 万亿元。

三、智能建造

工程建设全过程协调信息化应用是信息化、智能化技术的项目级应用，是智能建造技术体系的核心内容，内容涵盖工程项目的建设全过程，包括智能设计、智能生产、智能施工、智能验收，具体作用体现在以下 3 个方面：一是通过智能化关键技术和工程建造技术的深度融合，实现设计、生产、施工、验收的项目全过程数字化、网络化和智能化的新型建造方式；二是为行业主管部门提供有效的监管数据，实现成果数字化交付、审查及存档，以信用为基础、新一代信息技术为支撑的全过程智能监管体系；三是为市场主导的互联网平台提供数据来源，形成面向行业服务的第三方平台基础数据。

“智能设计”是指将BIM技术、智能化技术应用于前期勘察、概念设计、方案设计、施工图设计、深化设计等工程项目的全设计流程，实现三维可视化、全专业协同设计、方案智能模拟、参数化设计、智能出图等功能，从而减少重复性工作，提升设计效率，成为设计人员的重要辅助工具。BIM技术是智能设计的核心技术，是智能设计的主要研究对象和智能化技术的信息载体。

“智能生产”主要是针对装配式建筑预制部品部件的智能化工业生产，具体是指通过一系列先进的信息技术，进一步实现预制部品部件的标准化设计、工厂化生产、信息化管理、智能化应用，为后续装配式建筑的装配化施工、一体化装修提供重要支撑。

“智能施工”是将云计算、大数据、物联网、移动互联网、人工智能、BIM等先进技术运用在工程项目的建造阶段，以作业数字化、管理系统化、决策智能化为核心特征，将施工过程中涉及的人员、机器、原料、方法、环境等要素进行实时、动态采集，实现数据的共享、协作、智能风险识别、预警，为项目管理层搭建一个数据实时汇总、生产过程全面掌握、项目风险有效降低的“项目大脑”。

“智能验收”是指按照国家及各省（区、市）建设主管部门制定的建筑工程施工质量验收统一标准、规范的要求，通过互联网技术、大数据、算法、人工智能（AI）等实现线下与线上相互配合，完成建设工程各阶段验收，将建设工程验收管理行为数据及验收实施数据自动归档，并形成验收归档数据的行为。

通过工程建设全过程协同信息化应用，可以显著提高工程建设效率、降低安全事故率和有效控制成本。其中，装配式建筑的信息化应用相比于现浇建筑的信息化应用又显得格外重要，装配式建筑建设全过程的信息化可以起到提质增效的作用，由于涉及工业生产与工程建造两个方法论截然不同的领域进行协同融合的过程，预制部品部件生产厂和施工单位、设计等单位之间的信息互通显得尤为重要，一旦沟通不及时，将对项目的进度和质量带来极大的影响，可以说信息化手段的应用对于装配式建筑来说具有至关重要的作用。

四、建筑工业化与智能建造协同发展

《住房和城乡建设部等部门关于推动智能建造与建筑工业化协同发展的指导意见》（建市〔2020〕60号）明确提出了推动智能建造与建筑工业化协同发展的指导思想、基本原则、发展目标和重点任务。建造方式工业化，建造过程智能化、平台化，是实现协同发展的关键。

建造通常被分成项目策划、建筑设计、装配式混凝土制造、施工吊装、运营管理等环节，它们也对应着同一栋建筑的不同生命周期过程。由于这些环节由不同的企业分别承接，因此，建造的过程被分割成不同的过程，上游和下游之间还存在“接口”不匹配、“语言”不兼容的情况。因此，智能的建造应当着眼于智能建造的全流程。一方面，智能建造过程一定是由数据驱动的，需要上下游的数据顺畅流转；另一方面，起步阶段的智能化容错能力有限，需要尽可能减少各阶段之间环境差异，要尽可能统一设计，统一“语言”。

工业化改变了传统建筑业的分散、低质量、低效率的手工化生产模式，转而实现了现代化的大批量标准化生产、运输、安装和管理。从长期来看，在工厂集中生产的预制构件比在工地分散浇筑的混凝土质量更好、成本更低、速度更快，这些都得益于工业化制造装备的迭代、工艺的改善和管理的提升；在吊装施工环节，新型产业工人的施工质量也会比传统工地工人的施工质量强。产业链集中度的提高是工业化的副产物，解决了产业链的割裂问题，使产业上下游的关系更加持续、紧密，为数字化提供了信息通路。因此，数字化工具从整合的产业环节中获得了生存土壤。进而，数字化让数据在供应链上下游之间持续流转，“润滑”产业链，发挥数据的巨大价值。工业化既是数字化的前提，又会相互促进滚动发展。工业化的数字化只是特殊场景下暂时的数字化应用不具代表性，且很少能发挥数字化价值。

建筑工业化大幅优化了建筑产品的生产过程，也产生了大量的生产加工设备。而工业物联网，让分布的生产加工设备上网，在设备维修维护服务的同时，整合行业生产能力，构建起巨大的供给侧网络。通过订单拉动供给侧网络生产，通过项目上平台，实现设计、制造、施工多个环节的在线协同；同时，集成现有服务于建造过程中的工程装备，如泵车、搅拌站等，就形成建筑产业互联网，精准为行业赋能。

因此，利用信息化手段，实现装配式建筑的全过程管控需求强烈。装配式建筑的信息化应用需要解决实现设计、生产和施工多阶段的信息化管理与协同，包括实现全过程的成本、进度、合同、物料等各业务信息化管控。

信息化管控是为了提高全过程信息集成、信息共享、协同工作效率。为实现设计、生产、装配一体化的需要，一方面，可以通过装配式混凝土模式，推进装配式建筑一体化、全过程、系统性管理。整合全过程不同参与方的业务，解决工程建设切块分割、碎片化管理的问题。将工程建设的全过程连接为一体化的完整产业链。在此基础上，建立统一的设计、生产、装配一体化信息管理平台，在统一的信息交互标准下集成各专业软件，保证各环节、各专业、各相关方的信息通过标准化接口进行共享与交互。同时，结合各个职能机构的管理流程和业务流程、总包项目层面的部门流程和业务流程，统一对所有参与方和项目全过程的采购、成本、进度、合同、物料、质量安全的信息化管控，有效发挥信息化技术在装配式建筑建造全过程中的深度应用，提高整体建造效率和效益，并相应提升企业管理水平和经营能力。另一方面，可以充分利用 BIM 技术。基于 BIM 技术的信息化管理是以建筑信息模型为项目的信息源，结合企业层面的信息管理平台，以云技术、RFID 等物联网技术和移动终端技术为信息采集和应用手段，通过搭建基于 BIM 技术的一体化信息管理平台，装配式混凝土结构可以实现对装配式建筑设计、生产、装配全过程的采购、成本、进度、合同、物料、质量和安全的信息管理，最终实现资源全过程的有效配置。

在此基础上，可以搭建数据管理平台，把设计、采购、生产、物流、施工、财务、运营、管理等环节集成起来，共享信息和资源，并在数据不断积累的基础上实现大数据分析与深度挖掘。例如，建立协同集成的标准化构配件库，将原来的构件部品库进一步向制造、装配环节创新扩展；形成与各个构件模型相对应的生产模具库和与构件模型相对应的吊钩吊具、支撑架体等工装系统库，从而保证标准构件集成了相应的生产、装配信息，实现 BIM

设计应用已有的标准化构件库快速集成组装建筑模型。

综上所述，建筑业在装配式建筑技术和信息化技术的双重驱动下可以有效改变原有的分散、低质量、低效率的生产模式和建造模式，应该充分发挥装配式建筑和信息化技术的优势协同发展，为建筑业的转型升级探索出切实有效的途径。

第二章　岗位职责与要求

第一节　岗位说明

一、定义

信息管理员是从事构件生产、施工过程中信息数据采集、分析、存储、归档等工作的专业人员。信息管理员能够将信息化产品应用到生产、施工和验收等工程建设全过程的各个阶段，并对各个阶段的数据进行有效整合。信息管理员要熟悉各软硬件工具的基本原理、特点及局限性，同时需要了解各类信息的来源和格式。

二、岗位重要性

信息管理员是生产和施工现场一线的组织者和管理者，在建筑施工过程中具有极其重要的地位，具体表现在以下几个方面：

1）信息管理员是单位工程施工现场的信息管理中心，应根据施工现场动态管理的需要配置信息资源，对生产工厂的信息化和单位工程项目的施工信息化负有直接责任；

2）信息管理员通过信息手段辅助施工员、技术负责人及项目经理等项目管理者对工程施工生产和进度等进行更高效的控制；

3）信息管理员是生产和工程施工现场对外信息联系与交换的枢纽；

4）信息管理员通过组织信息平台的搭建协同生产和施工现场基层专业管理人员、劳务人员等各个方面工作，需要指挥和协调好预算员、质量员、安全员、材料员等基层专业管理人员之间的信息共享与交换。

第二节　岗位职责规定

一、工作职责

信息管理员的主要工作职责见表 2-1。

表 2-1　信息管理员的主要工作职责

项次	分类	主要工作职责
1	信息管理及方案策划	（1）负责接收、登记及分类管理项目信息资料。 （2）负责编制 BIM、物联网等信息技术应用方案。 （3）参与制订信息管理工作计划。 （4）参与培训员工信息管理系统、应用流程、制度及规范
2	深化设计信息管理	（5）负责接收、校核和管理构件深化设计信息数据。 （6）参与构件深化设计流程及管理制度的制订
3	生产厂信息管理	（7）负责管理材料供应商信息和材料采购信息。 （8）负责管理构件加工、堆放、吊运、进出场信息。 （9）负责管理构件质量检验信息。 （10）负责管理与实时跟踪构件物流编码信息。 （11）参与编制、维护及管理构件生产、加工、运输统计报表。 （12）参与建立监控体系并维护。 （13）参与材料采购计划和物料清单管理工作。 （14）参与采购材料的进场验收和质量合格审验工作。 （15）参与编制构件生产计划。 （16）参与成品构件出库、入库验收检查
4	施工现场信息管理	（17）负责采集、管理构件编码信息。 （18）负责采集、管理构件进场、检验、堆放和吊装信息。 （19）参与编制构件需求计划
5	信息系统维护	（20）负责维护系统用户信息。 （21）负责监控系统网络安全。 （22）负责定期备份系统数据。 （23）负责维护系统正常运转。 （24）参与解决项目信息系统、软件的使用问题及故障。 （25）参与信息的分级权限管理、保密管理和安全管理
6	信息对接	（26）负责对接运维系统信息

二、岗位技能

信息管理员应具备的岗位技能见表 2-2。

表 2-2　信息管理员应具备的岗位技能

项次	分类	专业技能
1	信息管理及方案策划	（1）能够使用计算机和移动客户端信息软件。 （2）能够设计构件编码方案。 （3）能够编制信息技术应用方案。 （4）能够编制信息管理工作计划。 （5）能够接收、登记及分类管理项目信息资料
2	深化设计信息管理	（6）能够参与制订构件深化设计信息管理方案。 （7）能够使用相关软件，对接、审核构件编码信息、构件图编号信息，以及与构件生产批次对应关系。 （8）能够整理归纳各关键工序进度信息与质检信息
3	生产厂信息管理	（9）能够采集、整理材料供应商信息和材料采购信息。 （10）能够参与编制构件生产、堆放、编码和运输计划。 （11）能够采集、整理构件生产、堆放、编码和运输信息。 （12）能够操作相关软件、完成生产下单系统和物流系统的工作。 （13）能够进行成品构件的资料核查和验收工作。 （14）能够管理维护构件供应客户信息
4	施工现场信息管理	（15）能够管理构件现场安装计划信息。 （16）能够管理施工现场平面布置、工程进度信息。 （17）能够收集构件检查资料、核对构件信息、检查构件的外观、标识及尺寸，并将所收集的信息与验收记录及时录入信息系统中。 （18）能够采集、整理构件现场堆放和吊装信息。 （19）能够采集、整理施工人员信息
5	信息系统维护	（20）具备计算机软硬件和网络日常运行维护的管理能力。 （21）能够掌握信息管理系统基本安全管理常识，并对信息安全管理权限实施分级管理操作。 （22）能够对项目信息管理系统日常应用进行检查和维护。 （23）能够对各个环节采集的信息规范性进行编辑和维护。 （24）能够监控系统运行。 （25）能够维护用户信息。 （26）能够备份系统数据。 （27）能够汇总、整理和归档信息
6	信息对接	（28）能够制订信息采集的内容、方法、方式和工作计划。 （29）能够与相关人员进行运维系统对接。 （30）能够指导相关人员使用信息系统

三、岗位知识

信息管理员应具备的岗位知识见表 2-3。

表 2-3　信息管理员应具备的岗位知识

项次	分类	岗位知识
1	通用知识	（1）了解施工图绘制的基本要求。 （2）了解施工及验收的相关标准。

续表

项次	分类	岗位知识
1	通用知识	（3）了解常见工程材料和设备的基本知识。 （4）了解装配式混凝土建筑构造与结构的基本知识。 （5）了解装配式混凝土构件制作及安装施工工艺。 （6）熟悉工程项目管理的基本知识。 （7）熟悉国家工程建设相关法律法规。 （8）熟悉环境与职业健康、安全管理的基本知识。 （9）熟悉绿色施工的基本要求。 （10）掌握施工图识读的基本知识
2	专业知识	（11）了解装配式混凝土建筑的发展和信息变革。 （12）熟悉施工进度、材料计划编制知识。 （13）熟悉构件生产基础知识。 （14）熟悉装配式混凝土建筑施工技术基础知识。 （15）熟悉构件验收、存储、供应的基本知识。 （16）掌握计算机网络、网络管理和网络安全基础知识。 （17）掌握操作系统及数据库知识。 （18）掌握相关软件操作与数据转换方法。 （19）掌握信息采集与管理的基本知识。 （20）掌握计算机软硬件、信息管理软件及信息存储设备的安全管理知识。 （21）掌握信息系统的维护及常见故障处理方法。 （22）掌握物资管理、工程预算的基本知识。 （23）掌握物流管理的基本知识。 （24）掌握构件生产流程管理软件、项目管理软件、BIM 软件、城建档案管理等知识

第三章　相关管理规定和标准

第一节　相关标准和图集

一、相关标准

（1）《工程结构通用规范》（GB 55001—2021）
（2）《混凝土结构通用规范》（GB 55008—2021）
（3）《混凝土结构工程施工质量验收规范》（GB 50204—2015）
（4）《混凝土结构工程施工规范》（GB 50666—2011）
（5）《装配式建筑评价标准》（GB/T 51129—2017）
（6）《装配式混凝土建筑技术标准》（GB/T 51231—2016）
（7）《装配式混凝土建筑用预制部品通用技术条件》（GB/T 40399—2021）
（8）《装配式混凝土结构技术规程》（JGJ 1—2014）
（9）《建筑产品分类和编码》（JG/T 151—2015）
（10）《工厂预制混凝土构件质量管理标准》（JG/T 565—2018）
（11）《预制混凝土构件制作与检验规程》（T/BIAS 5—2019）
（12）《预制混凝土构件质量检验标准》（T/CECS 631—2019）

二、装配式建筑相关图集

（1）《装配式混凝土连接节点构造（2015 年合订本）》（G310—1~2）
（2）《装配式混凝土结构表示方法及示例（剪力墙结构）》（15G107—1）
（3）《预制混凝土剪力墙外墙板》（15G365—1）
（4）《预制混凝土剪力墙内墙板》（15G365—2）
（5）《桁架钢筋混凝土叠合板（60 mm 厚底板）》（15G366—1）
（6）《预制混凝土外墙挂板（一）》（16J110—2 16G333）
（7）《装配式混凝土结构预制构件选用目录（一）》（16G116—1）
（8）《装配式混凝土剪力墙结构住宅施工工艺图解》（16G906）

第二节　智能建造相关标准

一、信息化相关标准

（1）《建筑信息模型应用统一标准》（GB/T 51212—2016）
（2）《建筑信息模型分类和编码标准》（GB/T 51269—2017）
（3）《建筑信息模型存储标准》（GB/T 51447—2021）
（4）《建筑信息模型施工应用标准》（GB/T 51235—2017）
（5）《建筑产品信息系统基础数据规范》（JGJ/T 236—2011）
（6）《建筑工程施工现场监管信息系统技术标准》（JGJ/T 434—2018）
（7）《建筑施工企业信息化评价标准》（JGJ/T 272—2012）
（8）《信息分类和编码的基本原则与方法》（GB/T 7027—2002）
（9）《建筑产品分类和编码》（JG/T 151—2015）
（10）《智慧工地管理标准》（T/CECS 651—2019）

二、装配式建筑信息化相关标准

（1）《装配式建筑部品部件分类和编码标准》（T/CCES 14—2020）
（2）《装配式混凝土结构建筑信息模型分类与编码》（T/CSPSTC 49—2020）
（3）《装配式机电工程 BIM 施工应用规程》（T/CSPSTC 47—2020）
（4）《装配式建筑预制混凝土构件产品信息模型数据标准》（T/CECS 1139—2022）

第四章 基础理论知识

本章首先从计算机集成知识和新一代信息技术的角度，介绍了信息技术领域的基本概念、技术和应用示例，随后从工程项目管理需求的角度出发，结合工程项目管理信息化基本理论，描述了工程项目管理的关键任务、阶段和模式等重要概念，同时阐述了项目管理信息化的概念、内涵、作用和意义。最后，对当前新兴的信息技术也做了全面介绍。

第一节 计算机基础知识

一、计算机基础理论

1. 计算机应用与分类知识

（1）计算机应用

1）科学计算。科学计算是指利用计算机来完成科学研究和工程技术中提出的数学问题的计算。在现代科学技术工作中，科学计算问题是大量的和复杂的。利用计算机的高速计算、大存储容量和连续运算的能力，可以实现人工无法解决的各种科学计算问题。

2）数据处理。数据处理是指对各种数据进行收集、存储、整理、分类、统计、加工、利用、传播等活动的统称。

3）计算机辅助技术（或计算机辅助设计与制造）。计算机辅助技术包括计算机辅助设计、计算机辅助制造、计算机辅助教学等：

①计算机辅助设计（Computer Aided Design，CAD）。计算机辅助设计是利用计算机系统辅助设计人员进行工程或产品设计，以实现最佳设计效果的一种技术。它已广泛应用于飞机、汽车、机械、电子、建筑等领域。例如，在电子计算机的设计过程中，利用CAD技术进行体系结构模拟、逻辑模拟、插件划分、自动布线等，大大提高了设计工作的自动化程度；在建筑设计过程中，可以利用CAD技术进行力学计算、结构计算、绘制建筑图纸等，这样不但提高了设计速度，还提高了设计质量。

②计算机辅助制造（Computer Aided Manufacturing，CAM）。计算机辅助制造是利用计算机系统进行生产设备管理、控制和操作的过程。例如，在产品的制造过程中，用计算机控制机器的运行，处理生产过程中所需的数据，控制和处理材料的流动以及对产品进行检测等。使用 CAM 技术可以提高产品质量，降低成本，缩短生产周期，提高生产率和改善劳动条件。将 CAD 技术和 CAM 技术集成，实现设计生产自动化，这种技术被称为计算机集成制造系统（CIMS）。

③计算机辅助教学（Computer Aided Instruction，CAI）。计算机辅助教学是利用计算机系统使用课件来进行教学。课件可以用著作工具或高级语言来开发制作，它能引导学生循环渐进地学习，使学生轻松自如地从课件中学到所需要的知识。CAI 的主要特色是交互教育、个别指导和因材施教。

4）计算机过程控制（或实时控制）。计算机过程控制是指利用计算机及时采集检测数据，按最优值迅速地对控制对象进行自动调节或自动控制。采用计算机进行过程控制，不仅可以大大提高控制的自动化水平，还可以提高控制的及时性和准确性，从而改善劳动条件、提高产品质量及合格率。计算机过程控制已在机械、冶金、石油、化工、纺织、水电、航天等行业得到广泛的应用。

5）人工智能。人工智能（Artificial Intelligence，AI）是计算机模拟人类的智能活动，如感知、判断、理解、学习、问题求解和图像识别等。现在人工智能的研究已取得不少成果，有些已开始走向实用阶段。例如，能模拟高水平医学专家进行疾病诊疗的专家系统，具有一定思维能力的智能机器人等。

6）网络应用。计算机技术与现代通信技术的结合构成了计算机网络。计算机网络的建立，不仅解决了一个单位、一个地区、一个国家中计算机与计算机之间的通信，各种软硬件资源的共享，也大大促进了国家间的文字、图像、视频和声音等各类数据的传输与处理。

（2）计算机分类

计算机按照功能可以分为 5 大类，分别是超级计算机、网络计算机、工业控制计算机、个人计算机和嵌入式计算机。

1）超级计算机（Super computer）。超级计算机是指能够执行一般个人电脑无法处理的大量资料与高速运算的电脑。就超级计算机和普通计算机的组成而言，构成组件基本相同，但在性能和规模方面却有所差异。超级计算机主要特点包含 2 个方面：极大的数据存储容量和极快速的数据处理速度，因此它可以在多个领域进行一些人们或普通计算机无法进行的工作。

2）网络计算机。网络计算机是指客户计算模式下的一种交互式信息设备，其典型应用程序行为分析对于处理器设计、系统开发有着重要意义。网络计算机是用来在网络上使用的计算机，去掉了传统的硬盘、软盘等部件，属于瘦形计算机，由服务器提供网络上的程序或存储。网络计算机具有自己的处理能力，但除核心软件外，其他软件都需从网络服务器下载，省去了频繁的软件升级和维护，也降低了成本。

3）工业控制计算机。计算机在近几十年中，极大地改变了我们的生活。在工业中，计算机也得到了相应的应用，这就是工业控制计算机。简单来说，工业控制计算机就是把计算机应用在工业中，也正是因为应用在工业中，工业计算机和普通计算机有了不同的特点。它主要用于工业控制、测试等方面。一个工业计算机的典型应用是通过标准的串口

（RS232/485 等）获得外部的数据，通过计算机内部的微处理器进行计算，最后通过显示屏或串口输出，这样，在工业计算机上，我们就实现了一个计算的过程。这和普通计算机在娱乐、办公、编程方面的应用是完全不同的。

4）个人计算机。个人计算机是指一种大小、价格和性能适用于个人使用的多用途计算机。台式机、笔记本电脑、小型笔记本电脑和平板电脑以及超级本等都属于个人计算机。

5）嵌入式计算机。通俗来讲，嵌入式技术就是“专用”计算机技术，这个“专用”是指针对某个特定的应用，如网络、通信、音频、视频、工业控制等。从学术的角度来说，嵌入式系统是以应用为中心，以计算机技术为基础，并且软硬件可裁剪，适用于应用系统对功能、可靠性、成本、体积、功耗有严格要求的专用计算机系统，它一般由嵌入式微处理器、外围硬件设备、嵌入式操作系统以及用户的应用程序等部分组成。

（3）计算机系统的基本结构

一个完整的计算机系统由计算机硬件系统和计算机软件系统组成。硬件是计算机的实体，又称为硬件设备，是所有固定装置的总称。它是计算机实现其功能的物质基础，其基本配置可分为主机和外部设备。软件是指挥计算机运行的程序集，按功能分系统软件和应用软件（图 4-1）。

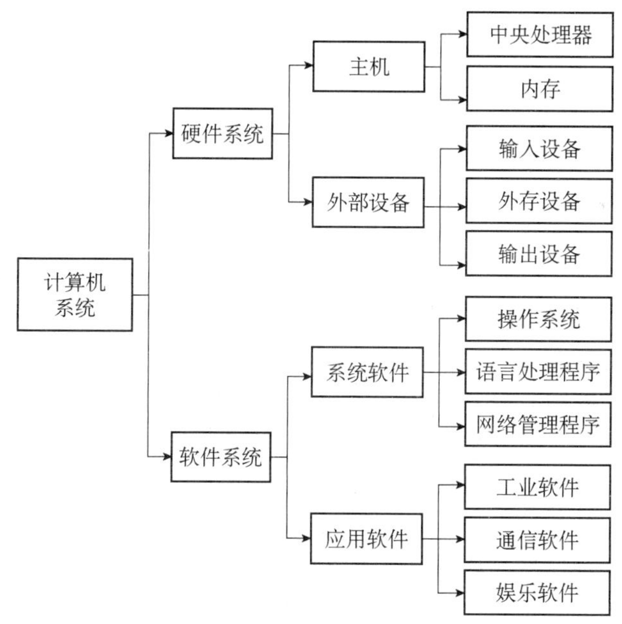

图 4-1 计算机系统的基本结构

2. 操作系统基础知识

操作系统（Operating System，OS）是管理计算机硬件与软件资源的计算机程序。操作系统需要处理如管理与配置内存、决定系统资源供需的优先次序、控制输入设备与输出设备、操作网络与管理文件系统等基本事务。操作系统也提供一个让用户与系统交互的操作界面。

计算机的操作系统对计算机来说是十分重要的。从使用者的角度来说，操作系统可以对计算机系统的各项资源板块开展调度工作，包括软硬件设备、数据信息等，运用计算机操作系统可以减少人工资源分配的工作强度，使用者对计算机的操作干预减少，计算机的智能化工作效率就可以得到很大的提升。从资源管理的角度来说，如果由多个用户共同管理一个计算机系统，就可能会有冲突矛盾存在于两个使用者的信息共享当中。为了更加合理地分配计算机的各个资源板块，协调计算机系统的各个组成部分，就需要充分发挥计算机操作系统的职能，对各个资源板块的使用效率和使用程度进行一个最优的调整，使每个用户的需求都能够得到满足。操作系统在计算机程序的辅助下，可以抽象处理计算机系统资源提供的各项基础职能，以可视化的手段向使用者展示操作系统功能，降低计算机的使用难度。

二、计算机网络

1. 计算机网络基础知识

21 世纪的重要特征就是数字化、网络化和信息化，是一个以网络为核心的信息时代。要实现信息化就必须依靠完善的网络，因为网络可以非常迅速地传递信息。因此网络已经成为信息社会的命脉和发展知识经济的重要基础。网络对社会生活和经济生活的很多方面及发展已经产生了不可估量的影响。

2. 计算机网络的体系结构知识

计算机网络的体系结构一般分为开放系统互联（OSI）七层体系结构、传输控制协议/网际协议（TCP/IP）四层体系结构、五层协议的体系结构（图 4-2）。

OSI 七层体系结构[图 4-2（a）]的概念清楚，理论也较完整，但它既复杂又不实用。TCP/IP 四层体系结构则不同，它已得到了非常广泛的应用。TCP/IP 四层体系结构[图 4-2（b）]包含应用层、运输层、网际层和网络接口层（用网际层这个名字是强调这一层是为了解决不同网络的互联问题）。不过从实质上讲，TCP/IP 的体系结构只有应用层、运输层、网际层，因为网络接口层并没有什么具体内容。因此，在学习计算机网络的原理时往往采取折中的办法，即综合 OSI 七层体系结构和 TCP/IP 四层体系结构的优点，采用一种只有五层协议的体系结构[图 4-2（c）]，这样既简洁又能将概念阐述清楚。有时为了方便，也可把数据链路层、物理层合并称为网络接口层。

在互联网所使用的各种协议中，最重要和最著名的就是 TCP 和 IP 两个协议。现在人们经常提到的 TCP/IP 并不一定是单指 TCP 和 IP 这两个具体的协议，而是表示互联网所使用的整个 TCP/IP 协议族。

图 4-3 说明的是应用进程的数据在各层的传递过程中所经历的变化。这里假定两台主机通过一台路由器连接起来。

3. 网络协议基础知识

在计算机网络中要做到有条不紊地交换数据，就必须遵守一些事先约定好的规则。这些规则明确规定了所交换数据的格式以及有关的同步问题。这里所说的同步不是狭义的

（同频或同频同相），而是广义的，即在一定的条件下应当发生什么事件（如应当发送一个应答信息），因而同步含有时序的意思。这些为进行网络中数据交换而建立的规则、标准或约定称为网络协议（Network Protocol）。网络协议也可简称为协议。

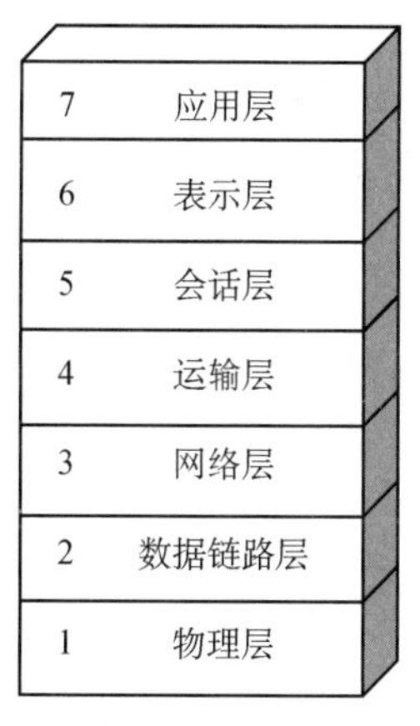

(a) OSI七层体系结构

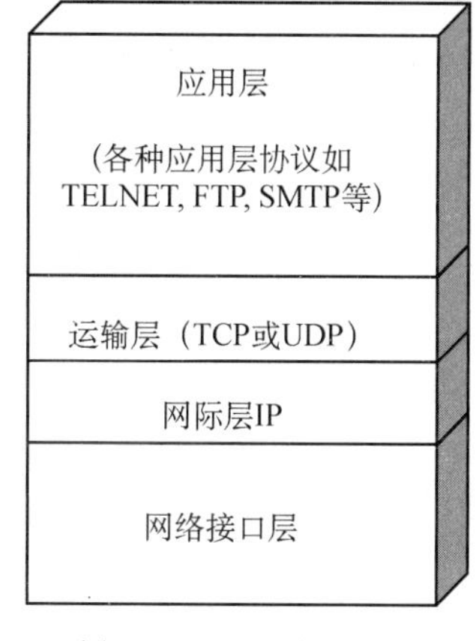

(b) TCP/IP四层体系结构

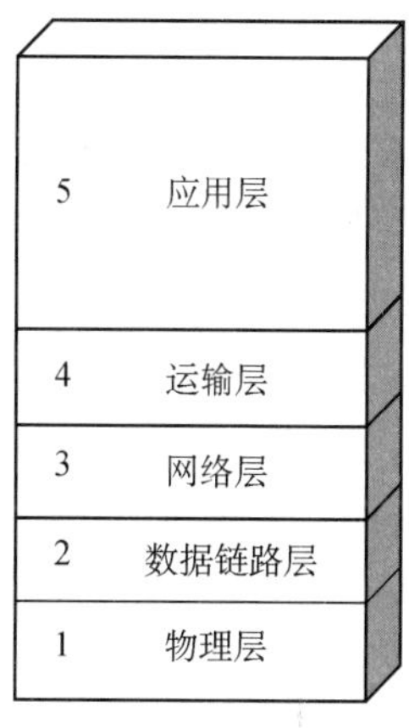

(c) 五层协议的体系结构

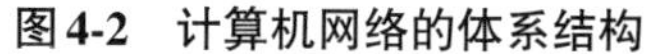

图 4-2　计算机网络的体系结构

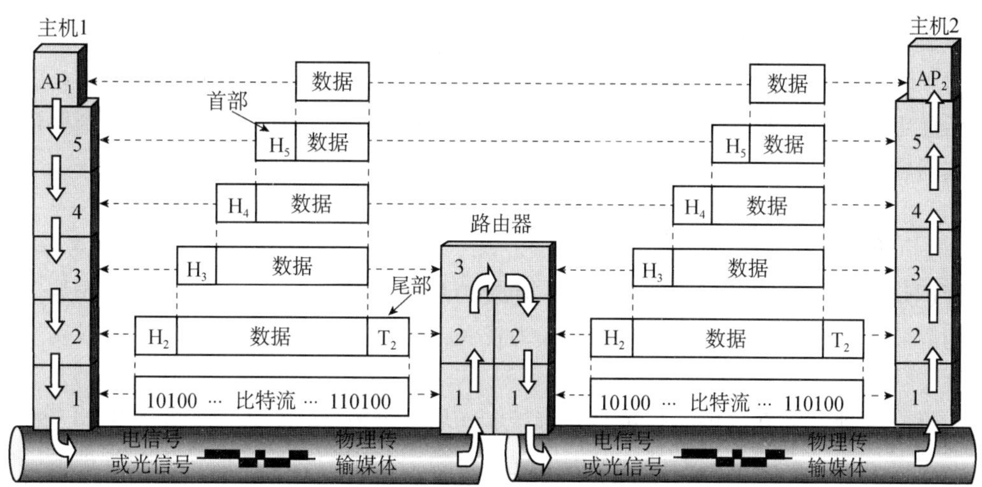

图 4-3　数据在各层之间的传递过程

第二节　建设工程项目管理基本理论

一、建设工程项目管理含义及任务

1. 建设工程项目的含义和特点

人类社会一直存在着各类有组织的活动，一般分为 2 种类型：一种是连续不断、周而复始的活动，可称其为“作业”（Operations），如一个正常的生产活动；另一种是非常规的、一次性的活动，可称其为“项目”（Projects），通常项目有确定的目标和明确的约束条件，如工程项目有明确的时间、费用和质量目标等。

在建设领域中，建造一栋大楼、一个工厂、一个体育场都属于项目。项目一般具有以下基本特点：目标性、唯一性、整体性、寿命周期性、相互依赖性、冲突性。

一般而言，建设工程项目是指为特定目标而进行的投资建设活动。现行国家标准《建设工程项目管理规范》（GB/T 50326）中，建设工程项目的定义：为完成依法立项的新建、扩建、改建工程而进行的、有起止日期的、达到规范要求的一组相互关联的受控活动，包括策划、勘察、设计、采购、施工、试运行、竣工验收和考核评价等阶段，简称为项目。

建设工程项目有以下特点：

（1）建设周期长

建设工程项目一般需要较长时期的建设才能完工、运营，回收资金。

（2）整体性强

每一个建设工程项目都有独立的设计文件，在总体设计的范围内，各单项工程具有不可分割的联系，一些大的项目含有许多配套工程，缺一不可。

（3）受环境制约性强

建设工程项目建设的环境包括自然环境和社会环境。建设工程项目一般在露天作业，受水文、气象等因素影响较大；建设地点的选择受地形、地质等多种因素的影响；建设过程中所使用的建筑材料、施工机具等的价格会受到物价因素的影响，从而使控制投资成为一个大问题。

2. 建设工程项目管理的含义和任务

管理是指组织中的以下活动或过程：通过信息获取、决策、计划、组织、领导、控制和创新等职能的发挥来分配、协调包括人力资源在内的一切可以调用的资源，以实现预期的目标。

建设工程项目管理的核心任务是目标控制，尽管一般都认为人的因素是影响工程成效好坏的主要原因，事实上，无效的工程管理才是效力低下的首要原因，无效管理的影响程度比人的因素所带来的影响程度更高。建设工程管理者可以通过规划、正确的决策、控制和利用资源，以及提供和反馈信息增加生产力，建设工程管理的重要作用是预见问题，在问题发生前提出并实施解决方案。

工程项目管理就是针对建设项目的需求和期望将理论知识、技能、工具和技巧应用到建设工程项目的活动中去。从整体上看，工程项目管理实质是对建设工程项目全寿命周期的管理。

二、建设工程项目各阶段的管理

1. 建设工程项目的周期

美国项目管理协会（PMI）将项目全寿命周期划分为 4 个阶段：概念阶段、开发阶段、执行阶段以及终止阶段，且每个阶段所完成的任务以及取得的成果都是实实在在可以计算的可交付物。也可以将项目周期划分为 6 个阶段：项目策划、项目设计、项目采购、项目建造、项目运营及维护、项目报废。其中，项目策划阶段包括从项目构思到项目立项的全部工作；项目设计阶段包括各种不同专业的设计，如建筑设计、结构设计、管道设计、电力系统设计等。

综上所述，建设工程项目的项目周期是指从建设意图产生到项目废除的全过程，包括项目的决策阶段、实施阶段和运营阶段，如图 4-4 所示。

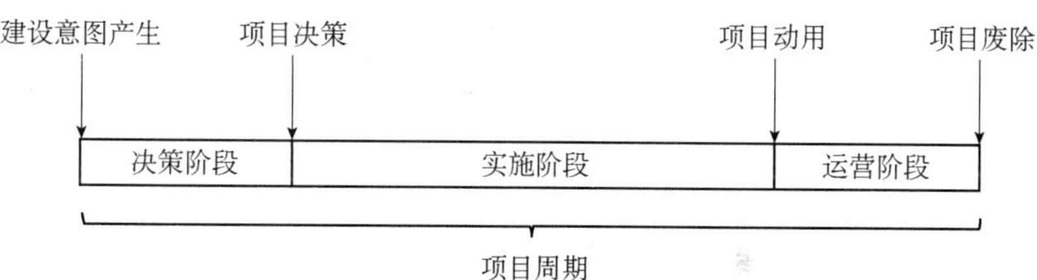

图 4-4　建设工程项目的项目周期

决策阶段的主要任务是确定建设项目的目标，即确定建设项目的任务和确定建设项目的投资、质量和工期目标等。实施阶段的主要任务是完成建设任务并使建设项目的目标尽可能好地实现。运营阶段的主要任务是确保项目的运行或运营，使项目能保值增值。

2. 建设工程项目各阶段的管理

建设工程项目管理是对工程项目全寿命周期的管理，按项目的阶段划分，主要包括建设工程项目策划管理（或称开发管理，Development Management，DM）、建设工程项目管理（Project Management，PM）、建设工程项目设施管理（Facility Management，FM）。

（1）建设工程项目策划管理

建设工程项目策划管理将对项目在技术、工程、经济和外部协作条件等进行全面的调查研究，根据项目建设的要求和可能条件，拟订出项目的发展框架及项目实施和项目经营的相关管理内容。

建设工程项目策划是项目实施的重要基础，项目策划工作的充分与否很大程度上影响了项目建设和项目经营的效果好坏。因此，DM 对于投资商和经营商是非常有价值的。它是项目全寿命周期管理的一个重要部分。

（2）建设工程项目管理

根据管理主体的不同，建设工程项目管理可以分为业主方的建设工程项目管理、设计方的建设工程项目管理、施工方的建设工程项目管理、供货方的建设工程项目管理等。

业主方的建设工程项目管理工作涉及项目实施阶段的全过程，即在设计前的准备阶段、设计阶段、施工阶段、运营前准备阶段和保修阶段分别进行以下工作：安全管理、投资控制、进度控制、质量控制、合同管理、信息管理。

设计方的建设工程项目管理工作主要在设计阶段进行，也涉及设计前的准备阶段、施工阶段、运营前的准备阶段和保修期。其主要任务包括与设计工作有关的安全管理、设计成本控制和与设计工作有关的工作造价控制、设计进度控制、设计质量控制、设计合同管理、设计信息管理、与设计工作有关的组织和协调。

施工方的建设工程项目管理工作主要在施工阶段进行，但它也涉及设计前的准备阶段、设计阶段、运营前的准备阶段和保修期。在工程实践中，设计阶段和施工阶段往往是交叉的，因此施工方的项目管理工作也涉及设计阶段。其主要任务包括施工安全管理、施工成本控制、施工进度控制、施工质量控制、施工合同管理、施工信息管理、与施工方有关的组织与协调。

供货方的建设工程项目管理工作主要也在施工阶段进行，但它也涉及设计前的准备阶段、设计阶段、运营前的准备阶段和保修期。其主要任务包括供货的安全管理、供货方的成本控制、供货的进度控制、供货的质量控制、供货合同管理、供货信息管理、与供货有关的组织与协调。

（3）建设工程项目设施管理

建设工程项目设施管理（运营期）是以下一个或几个概念的集合：

1）设施管理是一种技术功能，维持实物设施的实际效用以确保它支持组织的核心活动（业务维护）；

2）设施管理是一种经济功能，通过控制成本确保高效率地利用实物资源（财务控制）；

3）设施管理是一种战略性的职能，通过物质基础设施资源的前期规划以支持组织机构的发展和减少风险（变更管理）；

4）设施管理是一种社会功能，确保实物基础设施的工作符合组织中用户的需要（用户界面）；

5）设施管理是一种服务功能，提供非核心支持服务（支持服务）；

6）设施管理是一种专业责任功能，对工作场所的人有社会责任（宣传）。

三、建设工程项目管理模式

建设工程项目管理模式是指将工程项目对象作为一个系统，通过一定的组织和管理方式，使系统能够正常运行，并确保其目标得以实现。常见的建设工程项目管理模式主要有以下几种：

1）设计—招标—建造（Design-Bid-Build，DBB）模式；

2）建筑管理（Construction Manager，CM）模式，根据实际情况又可分为代理型 CM 模式和风险型 CM 模式；

3）设计—采购—施工（Engineering-Procurement-Construction，EPC）模式；

4）设计—管理（Design-Management，DM）模式；

5）项目管理服务（Project Management，PM）模式；

6）项目管理承包（Project Management Contract，PMC）模式；

7）建造—运营—移交（Build-Operate-Transfer，BOT）模式等。

1. 设计—招标—建造（DBB）模式

设计—招标—建造（DBB）模式（图 4-5），是一种通用的模式。这种模式最突出的特点是要求工程项目的实施必须按设计—招标—建造的顺序进行，只有当一个阶段结束后另一个阶段才能进行。在 DBB 模式中，参与项目的主要三方是业主（Owner）、工程师（Engineer）和承包商（Contractor）。业主分别与工程师和承包商签订合同，形成正式的合同关系。在这种模式中，业主首先聘用设计公司或工程咨询公司工程师为他完成项目的规划和设计；然后与承包商签订施工承包合同。

DBB 模式的优点是参与工程项目的三方即业主、设计机构、承包商在各自合同的约定下，各自行使自己的权利和履行义务。缺点是设计施工方案可能较差；工期较长，不利于工程事故的责任划分等。此外，这种方式把对方互视为对手，大量时间都用在研究合同条款上，缺少预测问题和解决争论的高效机制和方法。

2. 代理型 CM 模式

代理型（CM）模式是业主委托建设经理来负责整个工程项目的管理，包括可行性研究、设计、采购、施工、竣工试运行等工作，但不承包工程费用。采用代理型 CM 模式（图 4-6）进行项目管理，关键在于选择 CM 经理。CM 经理的工作是负责协调设计和施工之间及不同承包商之间的关系。优点是招标前可确定完整的工作范围和项目原则，完善的管理与技术支持；缩短工期，节省投资。缺点是 CM 经理不对进度和成本做出保证，可能索赔与变更的费用较高，业主风险较大。

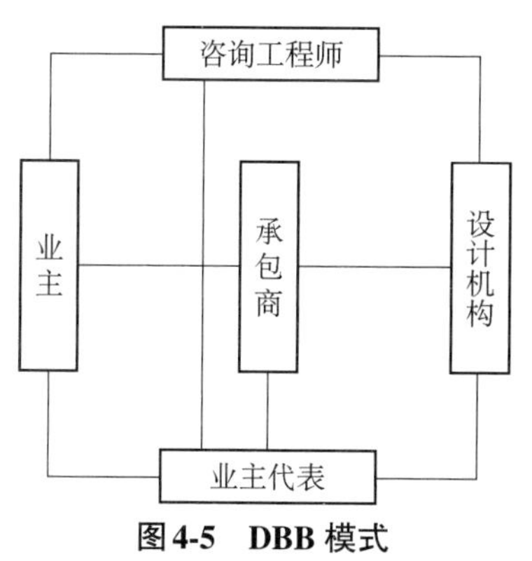

图 4-5　DBB 模式

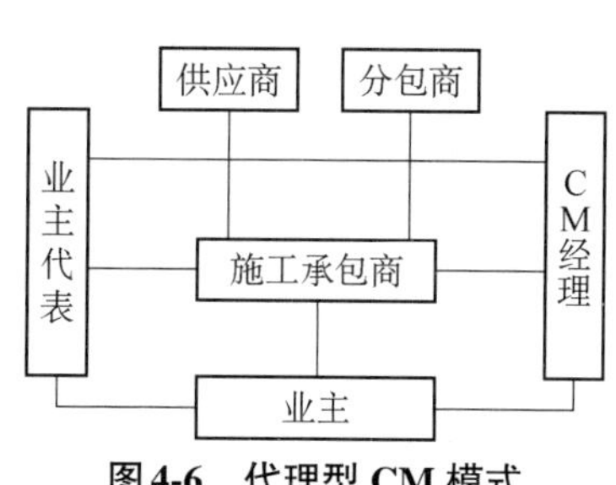

图 4-6　代理型 CM 模式

3. 风险型 CM 模式

风险型 CM 模式（图 4-7）中，CM 经理担任类似承包商的角色，但又不是总承包商，工程承包费用由业主直接支付给分包商。业主要求 CM 经理提出保证最大工程费用（GMP），GMP 包括工程的预算总成本和 CM 经理的酬金，CM 承包商不直接从事设计和施工，主要从事项目管理工作。其优点是可提前开工提前竣工，业主任务较轻，风险较小。缺点是总成本中包含设计和投标的不确定因素；不宜选择风险型 CM 公司。

4. 设计—采购—施工（EPC）模式

设计—采购—施工（EPC）模式是将设计与施工委托给一家公司来完成的项目实施方式，这种方式在招标与订立合同时以总价合同为基础，设计、建造总承包商对整个项目的总成本负责（图 4-8）。

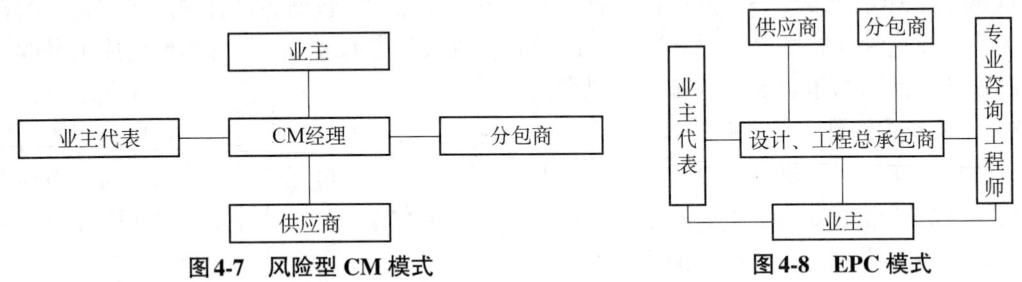

图 4-7　风险型 CM 模式　　图 4-8　EPC 模式

这种模式的主要特点是业主把工程的设计、采购、施工等工作全部托付给工程总承包商负责组织实施，业主只负责整体性的、原则性的目标管理和控制。业主可以自行组建管理机构，也可以委托专业的项目管理公司代表业主对工程进行目标管理和控制。这种模式的缺点是业主不能对工程进行全程控制；总承包商对整个项目的成本工期和质量负责，加大了总承包商的风险。

当项目较复杂时，要求设计、建造承包商有相当的组织协调能力。当业主技术、管理能力较弱，要回避较多的合同签订量和烦琐的合同管理时，可以考虑这种模式。

5. 设计—管理（DM）模式

设计—管理（DM）模式类似于 CM 模式，但它比 CM 模式更为复杂。主要表现为 2 种形式：形式一（图 4-9）是业主与设计—管理公司和承包商分别签订合同，由设计—管理公司负责设计并对项目实施进行管理。形式二（图 4-10）是业主只与设计—管理公司签订合同，由该公司分别与各个单独的承包商和供应商签订分包合同。由于要管理好众多的分包商和供应商，这对设计—管理公司的项目管理能力提出了更高的要求。

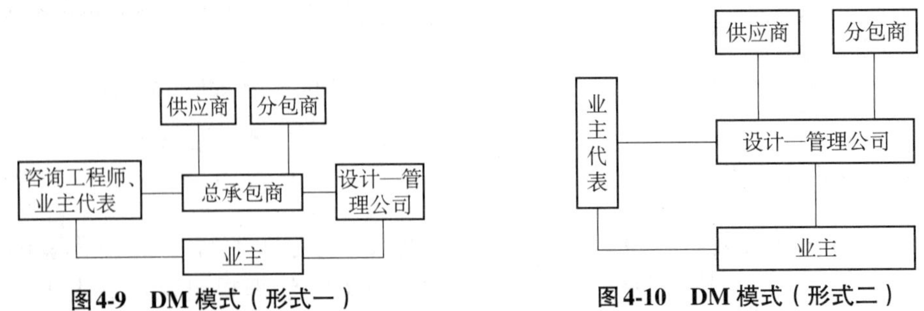

图 4-9　DM 模式（形式一）　　图 4-10　DM 模式（形式二）

6. 项目管理服务（PM）模式

项目管理服务（PM）模式，是应用的比较成熟的一种模式，通常是指业主委托专业工程师为其提供全过程项目管理服务。业主首先委托专业工程师完成项目前期工作，如可行性研究，待项目评估立项后再委托设计单位进行设计，在设计阶段进行施工招标文件的准备，并通过招标把工程委托给报价合理且最具备资质的承包商，项目实施阶段有关管理工作也由业主授权工程师进行。也就是说，业主要分别与承包商和专业工程师签订合同，承包商和专业工程师没有合同关系，但承担业主委托的管理和协调工作。这种项目管理模式在国际上也被称为传统（Traditional）模式，随着建设工程项目管理模式的快速发展，PM模式的内涵也不断扩大，我国的工程建设监理实际上也是一种PM模式，只是与通用的PM模式相比，我国的工程建设监理大多只提供施工阶段的监理工作，不承担项目前期的策划工作。

7. 项目管理承包（PMC）模式

项目管理承包（PMC）模式是指项目管理承包商（Contractor）代表业主对工程项目进行全过程、全方位的项目管理，包括进行工程的整体规划、项目定义、工程招标、选择EPC承包商，并对设计、采购、施工过程进行全面管理。项目管理承包商除了全过程、全方位的项目管理外，一般也承担部分的具体工作（如初步设计等）。PMC是业主机构的延伸，从定义阶段到运营全过程的总体规划和计划的执行，对业主负责，与业主的目标和利益保持一致（图4-11）。

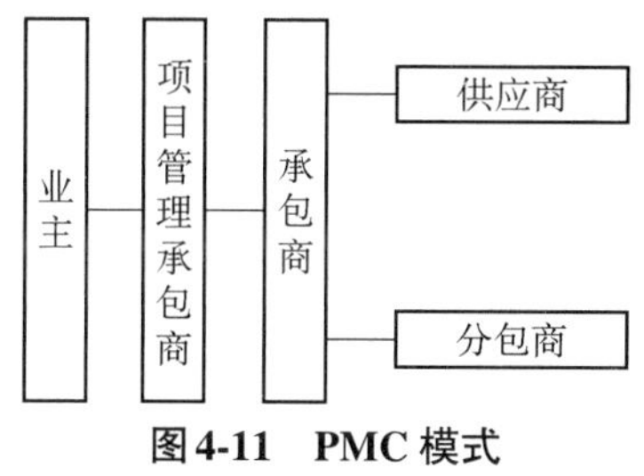

图4-11　PMC模式

8. 建造—运营—移交（BOT）模式

建造—运营—移交（BOT）模式是指以投资人为项目的发起人，从政府获得某个项目基础设施的建设特许权，然后由其独立联合他方组建项目公司，负责项目的融资、设计、建造和经营。其基本运作程序：项目确定—项目招标—项目发起人组织投标—成立项目公司，签署各种合同和协议—项目建设—项目经营—项目移交（图4-12）。

建造—运营—移交（BOT）模式的最大优点是由于获得政府的许可和支持，有时可得到优惠政策，拓宽了融资渠道。此外，BOT项目若由境外的公司来承包，这会给项目所在国带来先进的技术和管理经验，促进了国际经济的融合。建造—运营—移交（BOT）模式的缺点是项目发起人必须具备很强的经济实力（大财团），资格预审及招投标程序复杂。

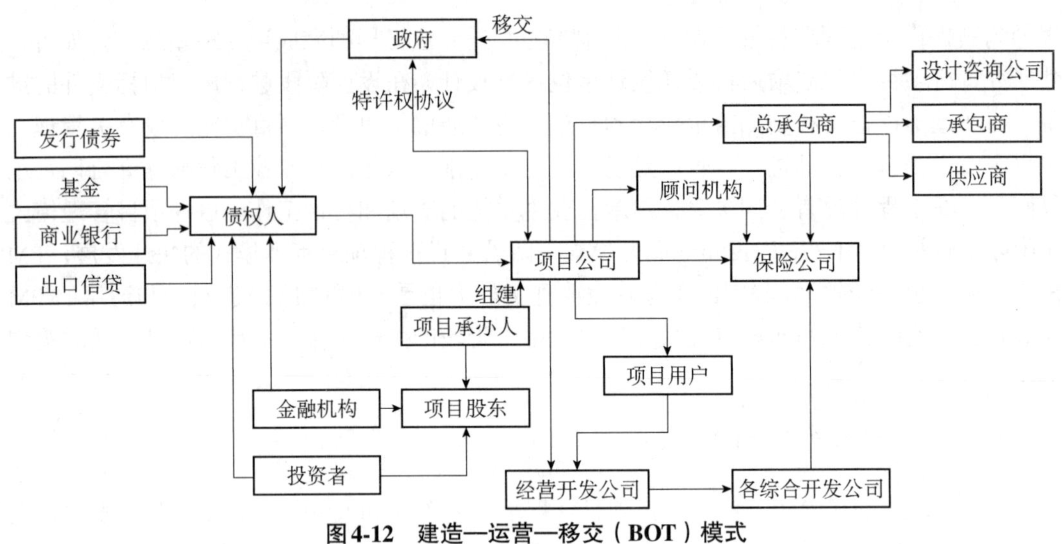

图4-12　建造—运营—移交（BOT）模式

四、建设工程项目全寿命周期管理

建设工程项目全寿命周期管理把工程项目管理的范围从传统的仅局限于实施阶段的管理，扩展到全过程的管理（包括项目前期的策划管理，项目实施期的项目建设管理，项目运营使用期的设施管理）。它通过信息获取、决策、计划、组织、领导、控制和创新等职能的发挥来分配、协调包括人力资源在内的一切可以调用的资源，以实现工程项目系统目标。

建设工程项目全寿命周期管理的主要方法是集成化管理。集成化管理是指为确保项目各项工作能够有机地协调和配合所开展的综合性和全局性的项目管理工作和过程。它是将项目管理的各个方面整合在一起的活动，其核心是在多个相互冲突的目标和方案中做出权衡，以实现项目的总目标和要求，本质上就是从全局出发，以项目整体利益最大化作为目标。

综上所述，建设工程项目决策阶段的开发管理、实施阶段的建设工程项目管理和运营阶段的设施管理都服务于同一个工程，但按传统的管理模式它们被人为分割成项目独立、各成系统和互不沟通的管理系统，并且由三个不同的组织实施。实际上，这三项管理之间具有内部联系，如项目建设管理的核心任务是项目的目标控制，而项目目标来源于开发管理确定的项目定义；设施管理的一个重要依据是土建承包合同、设备采购合同及合同执行过程中的有关文档，而这些原始资料都由项目管理方保存。将这三项管理经过下列几个方面的统一化，就有可能将它们集成为全寿命周期的管理系统：

1）建立这三项管理共同的（统一的）目标系统；

2）为这三项管理建立统一领导下的组织系统；

3）确定三项管理统一的管理思想；

4）建立为这三项管理服务的共同（统一的）管理语言；

5）建立这三项管理共同遵守的管理规则；

6）建立为这三项管理服务的共同（统一的）信息处理系统。

由于工程项目的全寿命周期很长（一般为50～100年），管理者通常无法全过程参与一个工程项目的全寿命周期管理，这就要求对工程实行制度化、结构化管理，实施不以管理者的变化而变化的管理方式。要实行工程项目全寿命周期管理，最好的手段就是采用信息化管理方式。工程项目全寿命信息管理系统的核心工作任务是进行项目建设和使用过程的管理（Process Management），以及项目建设和使用过程的界面管理（Interface Management）。

工程项目全寿命周期管理涉及的信息处理包括以下几点：

1）项目决策过程的信息处理；

2）项目设计过程的信息处理；

3）项目采购过程的信息处理；

4）项目施工过程的信息处理；

5）项目运行（运营）过程的信息处理；

6）项目综合信息处理。

第三节　建设工程项目管理信息化基础理论

一、建设工程项目管理信息化的概念

从广义上讲，信息化是全面利用信息技术，充分开发信息资源，提高各部门、各行业效率和效能的活动过程和结果。工程项目管理领域的信息化则是信息技术在工程项目管理中的应用。

建设工程项目管理信息化，就是要将信息技术渗透到项目管理业务活动中，提高工程项目管理的绩效，其属于建设领域信息化的范畴，与建设领域其他业务信息化紧密相关。建设工程项目管理信息化顺应当前工程项目规模日益扩大、参与主体越来越多、技术日益复杂，对工程质量、工期、费用、安全等的控制要求越来越高的趋势，其应用对象既可以是项目决策阶段的宏观管理，也可以是项目实施阶段的微观管理等。

二、建设工程项目管理信息化的内涵

建设工程项目管理信息化包括对工程信息资源的开发和利用，以及信息技术在建设工程管理中的开发和应用。一方面，应在工程项目决策阶段的开发管理、实施阶段的项目管理和使用阶段的设施管理中开发和应用信息技术；另一方面，需要注重这些阶段信息资源的生产、收集、处理、存储、检索和应用，保证在适当的时候、适当的地点，将信息资源以适当的方式送给适当的人员。因此建设工程项目管理信息化具有丰富的内涵。

（1）以现代信息技术为基础

建设工程项目管理信息化就是信息技术在建设工程管理活动中的广泛应用过程。与工程项目管理信息化相关的信息技术，包括计算机技术、网络技术、网格计算技术、数据管理技术、知识管理技术、管理信息系统、决策支持系统、虚拟现实技术、信息化标准等。

（2）以建设工程项目信息资源开发利用为核心

建设工程项目的决策、实施和运营过程，不仅是物质生产过程，也是信息的生产、处理、传递及应用过程。从信息资源管理的角度来看，可以把纷繁复杂的工程项目建设过程归纳为两个主要过程：一是信息过程，二是物质过程，如图 4-13 所示。开发和应用这些信息资源是建设工程项目管理信息化的出发点，在整个建设工程项目管理信息化体系中处于核心地位。

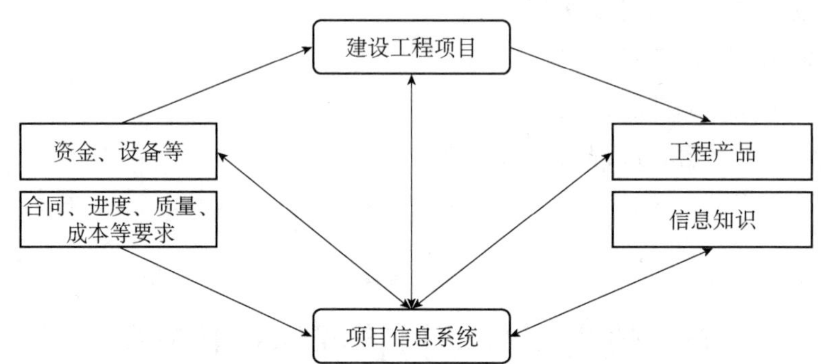

图 4-13　建设工程项目的信息过程和物质过程

（3）以管理理念的信息化为先导

建设工程项目管理信息化首先应该是管理理念的信息化，它以现代建设工程管理理论、管理模式的发展和完善为内在推动力。应该重视建设工程理论对信息化的支撑和渗透作用，缺乏现代建设工程管理理论，管理的信息化只能是原有工作流程的模拟，其作用是十分有限的。因此，建设工程管理信息化应该包括工程管理理念的信息化、与管理理念相适应的组织结构和决策的信息化。

（4）由建设工程项目参与各方共同参与，覆盖建设全过程、全方位的系统工程

建设工程项目管理信息化涵盖了工程全生命周期各阶段，包括工程决策过程、实施过程、运行过程的管理信息化；还涵盖了建设工程管理活动的各个方面，涉及工程信息资源的开发利用，以及在此基础上的建设工程管理流程的重组、项目组织结构的重新设计等多个方面。同时，只有工程建设各方（如投资方、管理方、实施方）均实现信息化，才能更大范围发挥信息化的效益。因此，建设工程项目管理信息化是一项系统工程。

（5）建设工程项目管理信息化是一个持续改进的过程

建设工程项目管理信息化不可能一蹴而就，它随着建设工程项目管理理念和信息技术的发展而持续改进，并与建设工程项目管理理念和管理模式的变化相互影响，形成良性循环。信息化除了有计算机、通信和联网等硬软件设备外，其关键是对信息持续不断的收集、正确的加工整理及提供科学的综合应用；同时硬软件设备也要不断地更新或增加。建设工

程项目管理信息化需要对信息持续不断地收集、加工和应用，如果哪一天停止了，信息系统就失去了相应的价值；同时，信息化还需要适应管理理念和管理流程的不断变化，并随着信息技术的发展而不断发展。

（6）最终目标是提高管理的绩效，使工程增值

建设工程项目管理信息化以管理数据的信息化实现精确管理，以流程的信息化实现规范的业务处理，以协同决策的信息化改善组织运营，从而提高建设工程项目管理的效率和有效性，使工程增值，并最终使建设工程项目管理信息化的实施主体受益。只有这样实施主体才有动力去推动信息化进程，建设工程项目管理信息化才能够持续进行。

三、建设工程项目管理信息化的意义

目前，建设工程项目管理信息化工作在国内已陆续展开，一批各有特点的信息系统开始在具有代表性的建设工程项目中使用，这些系统的使用在优化工作流程、改善项目管理状况、提高项目管理水平、监控工程成本等方面发挥了重要作用。

建设工程项目管理信息化的意义体现在以下几个方面：

（1）提高建设工程项目管理效率

建设工程项目管理信息化的实施能有效地降低劳动强度和差错率，通过计算机处理和网络的传输，办公效率大大加强，通常计算能够完成许多人力不能完成的工作，如数据的统计、分析、报表的生成等，使建设工程管理中的业务能力得以拓展。为项目参与人提供完整、准确的历史信息，方便浏览并支持这些信息在计算机上的粘贴和拷贝，使部位不同而内容上基本一致的项目管理工作的效率得到极大提高，减少了传统管理模式下大量的重复抄录工作。另外，它适应建设工程项目管理对信息量急剧增长的需要，允许将每天的各种项目管理活动信息数据进行实时采集，并对各管理环节进行及时的督促与检查，实行规范化管理，从而促进了各项目管理工作质量的提高。借助信息化工具对工程项目的信息流、物流、资金流进行管理，可以及时准确地提供各种数据，杜绝人为因素造成的错误，保证流经多个部门信息的一致性，避免由于口径不一致或版本不一致造成的混乱。

（2）辅助科学决策

信息化系统确保建设工程项目管理过程中信息的共享性、准确性、实时性、唯一性和便捷性，大大提高了管理工作效率和领导决策的科学性。建设工程项目管理信息化减少了管理层次，使决策层与执行层能够直接沟通，缩短了管理流程，加快了信息传递。项目管理者可以通过项目数据库方便快捷地获得需要的数据，通过数据分析，减少决策过程中的不确定性和主观性，增强决策的理性、科学性和实施者的快速反应能力。

（3）优化管理流程、提高管理水平

实践表明，采用建设工程项目信息系统作为管理的基本手段，不仅增强建设工程项目管理工作的效率和目标控制工作的有效性，还在一定程度上促进了建设工程项目管理的变革，包括建设工程项目管理手段的变革、建设工程项目管理组织的变革、建设工程项目管理思想的变革、新的建设工程项目管理理论的产生。

建设工程项目管理信息化的建设与实施一方面是信息技术、计算机技术等的体现，另

一方面还承载着管理模式，系统中信息的流转、处理以及表现都体现了一定的管理模式，因此，信息化能使管理流程得到一定程度的优化，而信息系统的建设与实施促使参与各方都能在这个平台上进行业务处理，从而使管理模式得以规范。

（4）提高建设工程项目参与各方的协同能力

建设工程项目管理涉及众多参与方，各方的协调都十分重要，信息化使得参与建设工程项目的各方可以通过统一的信息平台进行工程管理，在统一的信息平台支撑下，协同管理项目，提高了彼此的协作能力。例如，在信息共享的环境下，通过自动完成某些常规的信息通知，减少了项目参与者之间需要人为信息交流的次数，并保证信息传递地及时和通畅。以某地铁工程建设管理中的质量协同监控流程为例，如图 4-14 所示。施工现场质量员采集各种质量监测数据，填入监控电子表格；或检测数据通过检测数据接口，自动转为要求的数据格式并记录于监控电子表格中对应的位置。模板数据填写区即刻调用内嵌的标准要求值，将检测到的质检数据与标准要求值进行比较，给出质量检测数据相对于标准要求值的偏差，并根据偏差的程度，分别利用不同的警示符号（三角、圆圈等）加以提示；同时输出质量偏差列表；超出一定偏差容忍范围的，被视为质量缺陷，列出质量缺陷列表，并立即发送给相应的施工方，提示其采取质量纠偏和处理措施，弥补缺陷；与此同时，这些检测数据瞬间传送到相应的承包商和监理单位的协同控制平台，以便业主对工程质量进行总体监控。在工程完工后，所有的质量监测数据都自动备案到质量监督部门的系统，实现质量数据的远程电子备案。

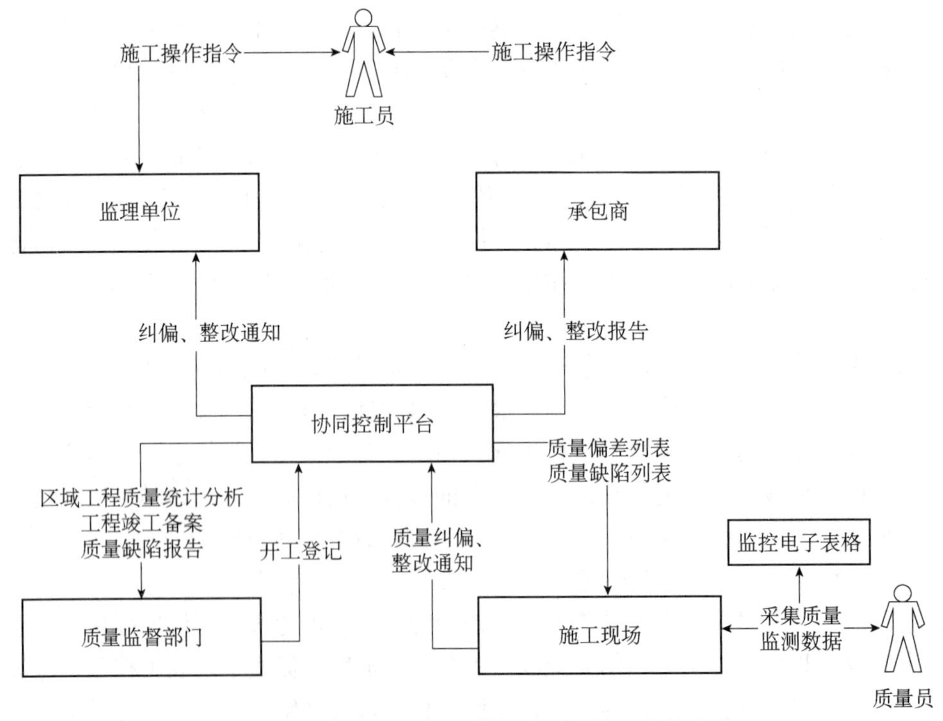

图 4-14　某地铁工程建设管理中质量协同监控流程

此外，建设工程项目管理信息化系统能够减少管理层次、缩短管理链条、精减管理人员，使得决策层与执行层能够直接沟通，缩短管理流程，加快信息传递，提高参与各方及时协同的能力。

在物联网时代，钢筋混凝土、电缆将与芯片、宽带整合为统一的基础设施，在此意义上，建设工程项目管理信息化将进入一个新发展时期。

第四节　信息技术在装配式建筑中的应用

信息技术在现浇建筑和装配式建筑的建造过程中均已有一定程度的应用基础。由于装配式建筑的建造过程信息技术应用从内容和深度上均能覆盖信息技术在现浇建筑建造场景的应用，因此本节重点针对各项信息技术在装配式建筑的建造过程中的应用进行阐述。

一、建筑信息模型（BIM）与虚拟现实技术应用

1. BIM 技术应用

建筑信息模型（Building Information Modeling，BIM）是以建筑工程项目的各项相关信息为基础，集成建筑物所有的几何形状、功能和结构信息，通过数字信息模拟建筑物所具有的真实信息，建立三维建筑模型。BIM 包含了从规划设计、建造施工到运营管理阶段全生命周期的所有信息，并把这些信息存储在一个模型中。它具有信息完备性、关联性、一致性、可视化、协调性、模拟性、优化性和可出图性等特点。

BIM 技术的应用可以使建筑工程项目的所有参与方从建筑规划设计、建造施工到运行维护的整个生命周期，都能够在三维可视化模型中操作信息和在信息中操作模型，进行协同工作，从根本上改变依靠符号和文字形式表达的蓝图进行项目建设和运营管理的工作方式，实现在建筑项目全生命周期内提高工作效率和质量、降低资源消耗、减少错误和风险的目标。

由于 BIM 技术与管理手段类似，且具有协同工作、信息资源共享的优势特征，在建筑信息化中有重要的应用。在装配式建筑中应用 BIM 技术，可以打通设计、生产、施工、运维各阶段的信息通道，实现装配式建筑设计、深化设计、构件生产、物流运输、现场施工到物业运维等全过程的信息有效传递和共享，实现建筑工业化和信息化深度融合。BIM 技术在装配式建筑中的应用，如图 4-15 所示。

有效应用 BIM 技术能够增加装配式建筑信息化应用价值，通过 BIM 技术集成/关联装修，机电、结构、建筑等多专业设计、生产和施工等信息，可大大加强建筑各环节各参与方之间的协同促进作用，提升建筑工作的综合效率。装配式建筑信息化应用在 BIM 技术的支撑下，能够使整个建筑过程各环节有序、有效地联动，减少二次返工、重新设计方案等现象，有助于建筑项目质量的提升。

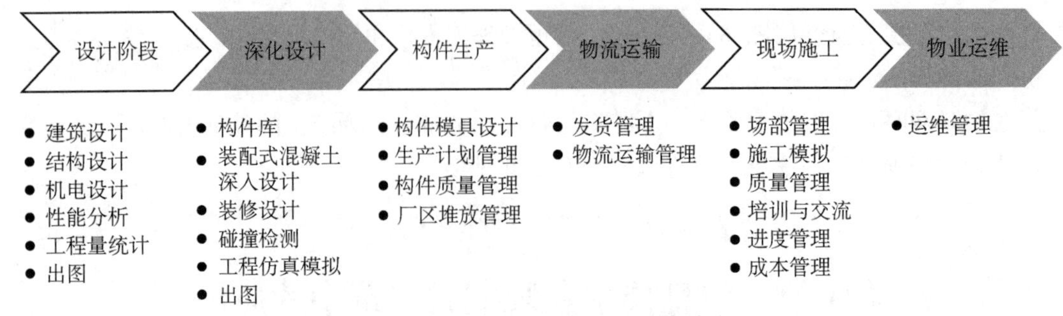

图4-15　BIM技术在装配式建筑中的应用

2. 虚拟现实（VR）技术应用

虚拟现实（VR）技术是融合三维显示技术、计算机图形学、三维建模技术、传感测量技术和人机交互技术等多种前沿技术的综合技术。虚拟现实以临境、交互性、想象为特征，创造了一个虚拟的三维交互场景，用户借助特殊的输入输出设备，可以体验虚拟世界并与虚拟世界进行交互。

广义的虚拟现实技术包括虚拟现实（VR）技术、增强现实（AR）技术、混合现实（MR）技术。其中，增强现实（AR）技术是以虚实结合、实时交互、三维注册为特征，将计算机生成的虚拟物体或其他信息叠加到真实世界中，从而实现对现实的“增强”。混合现实（MR）技术是指将虚拟世界和真实世界合成，创造一个新的三维世界，实现物理实体和数字对象并存实时相互作用的技术。本书中在不刻意区分的情况下，用“虚拟现实”指代包含VR技术、AR技术、MR技术在内的全部内容。

虚拟现实技术在建造各阶段不同场景时有不同的应用，并可与BIM技术相结合解决施工难题。

1）建筑设计阶段，虚拟现实技术可以提高设计可视化程度，辅助决策。

目前行业内最通用的可视化设计成果就是效果图及动画，其背后的技术是预渲染技术。而虚拟现实技术能实现传统效果图完全无法达到的可视化效果。

①虚拟现实具有超高的还原精度及真实性的特点，能实现现场施工深度的效果还原，所有内容均严格按照图纸和封样材料制作，突出真实性；

②虚拟现实能实现无空间死角及无时间死角的观看，使用者可随意选择观看位置和观看方向，同时能观看日夜景、四季变化，及水景开关、泛光方案切换等不同场景下的项目效果；

③设计是各专业设计公司分工进行，目前设计阶段始终缺少所有专业效果整合的强大工具，而虚拟现实成果体系实现了所有专业的效果整合。

2）在建筑施工阶段的安全教育、技术培训等方面，虚拟现实技术可以提高教育、学习的质量，提高工作效率。

传统教学偏于生硬，虚拟现实技术的应用可以提高工人学习兴趣，减少对枯燥科目的排斥，还原部分实操场景，增强工人实际操作感及对装置应用的肌肉记忆，以此达到教学目的。

虚拟现实在建筑施工阶段的现场施工工序训练、质量交底、智能建造现场模拟事故发生进行安全教育、智能建造设备操作培训交底等场景中，都有典型的应用。

3）BIM 技术与虚拟现实技术的结合，可以解决“所见非所得”和“工程控制难”的问题。

VR 沉浸式体验，加强了具象性及交互功能，大大提升了 BIM 的应用效果，从而使其在建筑业中得到推广和应用。BIM 技术＋VR 技术的使用，可利用虚拟现实技术提升 BIM 应用效果，通过 VR、AR、MR 等技术，将现实的建筑进度与虚拟的计划进度叠加对比，通过 BIM 模型的对比，了解工程进度及质量，加深对工程的了解，提高对项目的把控能力。

二、云计算技术应用

云计算技术是指将大量用网络连接的计算、存储等进行资源统一管理和调度，构成一个资源池，通过网络向用户提供服务。云计算可以使用户摆脱具体终端设备、软件的束缚，随时随地用任何网络设备访问云服务，实现云服务的共享。云计算包括基础设施级服务（IaaS）、平台级服务（PaaS）、软件级服务（SaaS）和数据级服务（DaaS）。

在装配式建筑中 BIM 技术的应用离不开云计算技术的配合参与。装配式建筑信息化应用需要将 BIM 技术和云计算技术进行集成，二者的集成机制如图 4-16 所示。其中，各类 BIM 专业软件以云计算为枢纽，BIM 数据统一存储在云端并与所有 BIM 专业软件共享，从而形成跨业务、跨单位、跨岗位、跨软件的数据协同，形成基于 BIM 技术和云计算技术的协同解决方案。

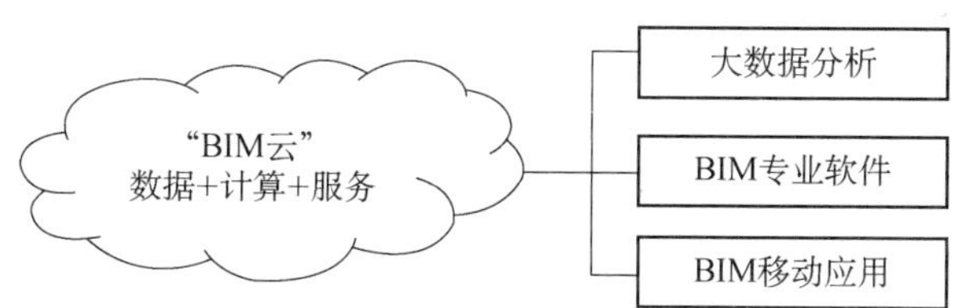

图 4-16　BIM 与云计算的集成机制

在装配式建筑信息化中，云计算应用主要包括以下几个方面：

（1）BIM 专业软件与云计算的集成应用

利用云计算实现基于 BIM 技术的协同。用户将 BIM 专业软件所创建的业务数据保存到云端，从而能随时随地访问到相应的业务数据。同时，数据也能便捷地在多个协作者之间共享，实现多人协同工作。

利用云计算实现基于 BIM 技术的复杂计算工作。BIM 专业软件所涉及的一些复杂计算过程（如模型渲染、结构分析、工程量计算等）可以从本地计算机转移到云端服务器进行，大幅度提升计算效率，减少用户等待时间，提高工作效率。

利用云计算提供的大规模数据存储和处理能力，BIM 专业软件能够高效访问庞大且实时更新的数据（如地理信息数据、气象数据等），提升 BIM 技术集成应用功能的准确性和智能性。

（2）BIM 技术移动应用与云计算的集成

BIM 技术的应用场景大部分发生在办公室里，使用个人计算机进行，现场的专业技术人员使用不方便，通过云计算技术的应用，可将 BIM 能力从电脑延伸到移动设备（如手机、PAD 等），克服移动设备计算能力的限制，有效拓展 BIM 技术在装配式建筑生产、运输、施工等环节中的应用价值。现场专业技术人员可通过移动设备从云端获取 BIM 数据信息，访问各类项目数据（如文档、图纸、三维模型等），并利用移动设备在信息采集（如定位、拍照、录像、录音等）方面的优势，现场及时采集信息、存储到云端并与 BIM 模型进行整合，从而方便现场专业技术人员开展如质量验收检查等各项工作。

（3）基于 BIM 技术的产业链协同云平台

为了充分发挥 BIM 技术与云技术的集成应用价值，还需要打破装配式建筑设计、生产、施工等各阶段的信息壁垒，实现装配式建筑产业链上不同厂商、不同单位的协同配合，形成面向整个项目、整个产业链的 BIM 协同云服务。通过建立基于 BIM 技术的产业链协同云平台，利用云技术使装配式建筑产业链各利益相关方实时准确地获取管理所需的数据，实现数据的协同和共享。如通过云平台将设计阶段生成的最终 BIM 模型导入预制构件生产厂家生产管理系统中，实现装配式建筑设计和生产的有效协同；在构件生产过程中，将 BIM 数据库中各预制构件的基本信息、预制构件质量检查记录等数据写入构件预埋的路由标识中，使装配式建筑设计、生产信息向施工阶段有效传递和共享，实现装配式建筑设计、生产和施工的有效协同。

三、物联感知与通信技术应用

1. 物联网技术应用

物联网技术是互联网技术的延伸和拓展。互联网技术实现了人与人之间的联网，物联网技术实现了物与物之间的联网，在物与物之间进行信息交换和通信。物联网技术种类繁多，在装配式建筑信息化领域，主要应用的物联网技术有 RFID 技术、卫星定位技术（GPS/北斗）和低功耗广域网（LPWAN）技术。

（1）RFID 技术

RFID 技术即无线射频识别，俗称电子标签。RFID 技术是一种不需识别系统，与特定目标之间建立光学或机械接触就能通过无线电信号识别特定目标并读写相关信息的无线电波通信技术，具有信息容量大、安全性高和读取率高的特点。整个识别过程不需要人为干预，能够在多种不利环境中正常工作，高速运动物体及多个不同无线标签也可以被 RFID 技术捕捉识别，操作方便快捷。

在装配式建筑信息化中，应用 RFID 技术为每个构件赋予唯一的电子标签，以电子标签为载体实现对预制构件设计、生产、运输及装配阶段所产生的实时信息的追踪和监控，加速信息在项目利益相关者之间的传递，解决了装配式建筑建设管理过程中信息传递缺乏时效性的难题。

（2）卫星定位技术

卫星定位是指通过定位卫星和接收机的双向通信来确定接收机的位置，可以实现全球范围内实时为用户提供准确的位置坐标及相关的属性特征。如果采用差分技术，其精度甚至可以达到米级。国内应用的卫星定位技术主要有 GPS 和北斗定位技术。在装配式建筑信息化应用中，卫星定位技术可应用在预制构件物流运输、预制构件的精准装配等环节。

（3）低功耗广域网技术

低功耗广域网（LPWAN）是物联网的一种，专为低带宽、低功耗、远距离、大量连接的物联网应用而设计。与传统的物联网技术相比，LPWAN 技术有着明显的优点：与蓝牙、Wi-Fi、Zigbee、802.15.4 等无线连接技术相比，LPWAN 技术可使用距离更远；与蜂窝技术（如 GPRS、3G、4G 等）相比，连接功耗更低。LPWAN 技术大致可分为两类：一类是工作于未授权频谱的 LoRa、SigFox 等技术：另一类是工作于授权频谱下，3GPP 支持的 2G/3G/ 4G/5G 蜂窝通信技术，比如 EC-GSM、eMTC、NB-IoT 等。

在装配式建筑信息化应用中，单纯使用二维码和 RFID 对预制构件进行信息采集时，采集的信息是静态的，且只能进行信息匹配，查看构件信息是否有误，不能满足对吊装、安装过程中垂直度等构件实时状态的智能监测。应用 LPWAN 技术，结合卫星定位技术和倾角传感器组成的主动式定位传输标签，可实现对预制构件的自动定位、信息沟通以及垂直度的主动检测。吊装过程中施工人员可利用移动设备接收预制构件上主动式标签发送的信息，实时查看构件状态，通过 GPS 或北斗定位实时掌握预制构件的位置信息，并随时与 BIM 模型进行信息匹配，避免出错。预制构件就位后，主动式标签的传输模块中的倾角传感器将对预制构件的角度进行感应，使施工人员可以在手持终端设备上得到构件垂直度是否符合要求的相关信息，高效地完成构件吊装施工工作。

2. 移动通信技术应用

移动通信是指沟通移动用户与固定点用户之间或移动用户之间的通信方式，即通信双方有一方或两方处于运动中进行信息交换的通信方式，包括陆、海、空移动通信，采用的频段覆盖低频、中频、高频、甚高频和特高频。

移动通信技术目前已经迈入了第五代（5G）发展的时代。5G（第五代移动通信技术）是最新一代蜂窝移动通信技术，是 4G（LTE-A、WiMax）、3G（UMTS、LTE）和 2G（GSM）系统的延伸，其性能目标是高数据速率、减少延迟、节省能源、降低成本、提高系统容量和大规模设备连接。5G 作为一种新型移动通信网络，不仅要解决人与人的通信，为用户提供增强现实、虚拟现实、超高清（3D）视频等身临其境的极致业务体验，更要解决人与物、物与物的通信问题，满足移动医疗、车联网、智能家居、工业控制、环境监测等物联网应用需求。最终，5G 将渗透到经济社会的各个行业和各个领域，成为支撑经济社会数字化、网络化、智能化转型的关键新型基础技术。

国际电信联盟（ITU）定义了 5G 的 3 大类应用场景，即增强移动宽带（eMBB）、超高可靠低时延通信（uRLLC）和海量机器类通信（mMTC）。5G 在智能建造领域的典型应用场景如下：

（1）塔吊设备远程操控

通过 5G 网络，实现塔机现场全要素工况信息（视频监控数据、物联网采集数据）实时可靠传输，真实还原人工俯瞰操作界面及作业区域，同时将操作指令高速率、超低时延地传输至控制台，使操作人员远程操控多台设备。

（2）远程协作

5G+AI 眼镜可以解放工人双手，在巡查过程中保证行走安全，获取第一视角现场视频画面，实现远程巡检、隐检、预检并留存佐证记录；远程连线专家，实时进行语音、文字、视频交互，同步指导，及时解决施工技术难题。

（3）5G 实名制双防监管

5G 高速网络搭载人脸识别技术，自动进行安全着装检查、联网核查实现身份甄别，精确统计人员进出工作情况，实现劳务实名制高效管理。

四、智能制造技术应用

智能制造技术是工业化和信息化深入融合的产物，是在工业制造领域广泛应用的信息化技术，可实现工业生产制造的自动化、智能化和精益化。在装配式建筑生产中涉及的智能制造技术主要有上层企业资源计划（ERP）、制造执行系统（MES）、底层工程控制系统（PCS）。

装配式建筑生产中需要建立工厂级的构件数字化生产管理系统。工厂数字化生产管理系统的核心功能构建，需要用到 ERP 及 MES 的相关技术。运用 ERP 技术结合 BIM 技术，实现对预制构件工厂的生产进度、物料需求、财务、采购、人力资源、物流运输等信息化的管理，打通上下游的业务流和信息流。运用 MES 技术，自动编制车间级构件生产加工计划，生成模板计划、构件生产计划、存储计划、发货计划、每日生产任务单、每日发货计划单，并通过生产、发货反馈进行进度控制。

在装配式建筑的生产加工环节，实现构件计算机辅助制造智能化加工，需要用到 PCS 技术和各种智能化自动化生产加工设备。装配式建筑生产环节的信息化，需要实现将预制构件的三维信息导入 PCS 系统，由 PCS 系统控制生产加工设备完成构件加工，从而实现预制构件的流程化和智能化制造。

五、大数据技术与人工智能技术应用

1. 大数据技术应用

大数据指的是大小超出常规的数据库工具获取、存储、管理和分析能力的数据集，即由数量巨大、结构复杂、类型众多的数据构成的数据集。

大数据技术具有重要意义，当前在我国已经上升为国家战略。装配式建筑信息化的发展，也离不开大数据技术的参与。装配式建筑信息化的一个主要出发点即是实现产业链各参与方的广泛协同，为此要利用 BIM 技术和云计算技术，构建 BIM 协同云平台。通过云平台，利用大数据处理、存储和分析技术，收集大量数据，在此基础上形成装配式建筑行业大数据。装配式建筑行业大数据可以强化装配式建筑的生产、施工质量控制，提高服务效率，优化产业发展环境，加强责任可追溯性，促进政府市场监管，建立行业诚信体系，为产业发展提供诸多创新可能性。例如，利用大数据技术，可以建立工程项目各参与方的征信信息，有利于建立公平、公正的市场环境，并基于行业征信，引入产业金融，为各方提供金融保险、贷款等服务。

典型应用场景：

（1）利用建筑设计大数据自动生成设计方案

建立建筑设计大数据平台，可以通过逐步积累的用户设计方案，形成建筑设计大数据，使用者或参与者可以共享数据。用户在确定容积率、绿化率等若干指标后，系统可以根据大数据，搜索筛选出目前系统中实际被采用最多的户型设计、空间规划设计等，或是给出每种设计图的应用排名，为用户提供参考，实现大数据对设计师的辅助设计。

（2）利用施工管理大数据快速预测项目成本

建立施工管理大数据平台，对平台中项目合同的财务数据等进行处理分析，识别出每个项目的成本构成及影响因素，快速实现对项目成本的预测。包括不同工种、不同熟练程度人员的平均薪资，主要机械设备、原材料的采购成本或租赁成本、物流及仓储成本、管理成本等，根据项目规模关联人员、物料、设备及管理等方面的需求，快速预测项目成本。

（3）利用采购大数据实现智慧采购

通过对采购大数据全维度的收集、分析，构建行业招标采购大数据平台。对供应商、商品交易、信用数据、股权数据等进行收集分析，形成多主题画像系统，从而形成对企业采购管理优化、集采可行性分析、智能化包管理、分包供应商推荐等交易全流程辅助性能力。

2. 人工智能技术应用

人工智能技术的定义有许多，《人工智能标准化白皮书（2018 版）》中给出的人工智能的定义：人工智能是利用数字计算机或由数字计算机控制的机器模拟、延伸和扩展人类的智能，感知环境、获取知识并使用知识获得最佳结果的理论、方法、技术和应用系统。

人工智能的核心思想在于构造智能的人工系统，利用机器模仿人类完成一系列的动作。人工智能不是使机器真的实现人的智能，但能实现像人那样思考，甚至可能发展出超过人的智能。

人工智能技术在建造过程中已有众多典型场景的应用。以机器视觉、指纹识别、人脸识别为基础，人工智能技术在智能建造领域进行实际应用的系统有施工现场违章采集系统、劳务作业人员身份识别系统、智能机械无人驾驶系统、施工机器人技术等。

第五章　建造全过程信息资源管理

第一节　概　述

当今建筑行业的主流趋势是与工业化和信息化融合发展。智能建造是建筑与信息化的融合，意味着在建筑工程设计、生产、施工等各阶段，充分利用云计算、大数据、物联网、移动互联网和人工智能等新一代信息技术，以及建筑信息模型（BIM）、地理信息系统（GIS）、自动化和机器人等新兴应用技术，通过智能化系统，提高建造过程的智能化水平。

装配式建筑是建造与工业化的融合，是用工业化方式预制部品部件在工地装配而成的建筑。工业化的建造方式，给建筑设计、生产和施工全过程带来显著改变。例如，在设计阶段，增加了构件深化设计；在生产阶段，需要完成构件生产与物流运输等。

装配式建筑的建设过程具有标准化设计、工厂化生产、装配式施工、一体化装修的特点。装配式建筑建造过程有别于传统现浇混凝土建筑，传统现浇建造方式在设计阶段可分阶段、分专业出图，图纸之间经常出现接口和配合误差，靠现场变更方式来补救。而工业化生产的产品一旦进入装配线开始批量生产后，设计阶段的一点小错误都会造成巨大的损失，甚至无法达到产品最初设计的目的。

因此，信息化的管理在装配式建筑的建造过程中显得尤为重要。一方面，对各设计专业之间的协同要求高。装配式设计产品通过一张完整的产品图纸呈现，需要协同建筑、结构、机电、装修的各专业模数尺寸，避免多专业由于尺寸碰撞导致的二次返工，影响质量；协同建筑、结构、机电、装修的各专业性能要求，保证建筑功能、结构体系、机电布置、装修效果相匹配；协同建筑、结构、机电、装修的各专业接口标准，统筹精确预留预埋，保证安装的精确。同时，在进行空间模块化拆分时，不仅要考虑建筑功能，还要考虑设备系统设置、运输条件限制、现场吊装场地限制、吊装顺序、吊装装置、防水抗渗措施等多种因素。空间模块化设计信息非常重要，对后期建造速度、成本管控均有较大影响。另一方面，装配式建筑强调建造全过程一体化集成化需求。通过设计先行，统筹考虑项目从策划、生产、运输、施工、运维等各环节需求，协调建筑结构、机电设备、内装部品、成本控制等各专业技术要求，通过部品部件与系统之间的集成设计，达到空间灵活、功能齐备、使用舒适、易于维护的工业建筑产品要求。

建筑设计、生产和施工各阶段的业务过程对信息的采集、存储、计算和应用可以看作是建筑产业对信息技术的需求。建造全过程的信息是建筑产业需求侧和信息技术供给侧之间的桥梁，通过对信息资源的管理可以有效地打通需求侧和供给侧的资源配置。因此，本章对工程项目管理中的信息资源分类、编码、采集、加工、存储和流通等管理要素进行了介绍，同时将装配式建筑部品部件库作为装配式建筑特有的信息资源进行介绍。

第二节　工程项目管理中的信息资源

工程项目管理中的信息资源是工程建设与管理过程中所涉及的一切文件、资料、图表和工程数据等信息的总称。其内涵是建设管理活动过程中所产生、获取、处理、存储、传输和使用的一切信息资源，贯穿于工程项目管理的全过程。

一般认为，数据是反映客观事物属性的记录，它是离散的、互不关联的客观事实，是信息的具体表现形式，任何事物的属性都是通过数据来表示的，数据经过处理后，成为信息；信息是客观事物属性的反映，是经过加工整理并对人类客观行为产生影响的数据表现形式，是对数据的解释，具有主观性；知识是通过对信息使用归纳、演绎的方法得到，表现信息和信息间的关系，是规律性的总结。知识位于数据与信息之上，因为它更接近行动，与决策相关。

一、建设工程项目管理信息资源的分类

信息的分类是信息管理的基础和前提。根据建设工程项目管理的需求，可以从不同的角度对信息进行分类，如图 5-1 所示。

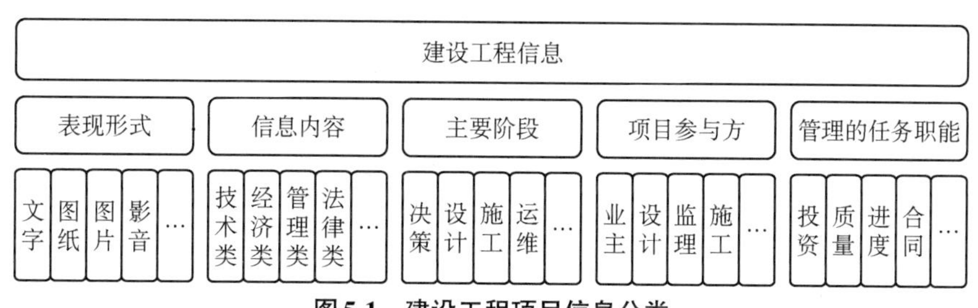

图 5-1　建设工程项目信息分类

1. 按照建设工程项目信息的表现形式划分

按照信息的表现形式，建设工程项目信息主要包括文字、图纸、图片、影音等类型。传统的建设工程项目管理中，文字、图纸信息占很大一部分。

2. 按照建设工程项目信息的内容划分

按照信息内容，建设工程项目信息具体包括项目的组织类信息，如项目参与方的组织

信息、建筑业相关的机构组织信息和专家信息等；技术类信息，如与设计、施工过程和物资采购有关的技术信息等；经济类信息，如建设物资的市场信息、项目融资的信息等；管理类信息，如与投资控制、进度控制、质量控制、合同管理和信息管理有关的信息等；也包括法律类信息等。

3. 按照项目参与方的需求划分

按照项目参与方的需求划分，建设工程项目信息包括业主单位的信息、勘察设计单位的信息、监理单位的信息、施工单位的信息、设施管理单位的信息等。业主单位对项目信息的需求贯穿于项目全寿命周期，如决策阶段掌握的市场信息；规划设计阶段的勘察设计文件资料；施工阶段监理单位的监理月报，施工单位的施工档案等；项目运营维护阶段的使用状况和工程维修信息等。勘察设计单位对项目信息的需求包括勘察任务书和勘察合同，业主单位对勘察任务的具体要求；设计单位的项目信息包括设计任务书、项目前期相关资料、项目基础资料和技术文件、设计合同，业主单位对设计任务的要求等。监理单位信息需求包括监理委托合同、工程承包合同以及与项目开展有关的所有资料（如监理日志、整改通知单等）。施工单位信息需求包括施工招标文件、工程承包合同、设计文件以及与项目施工有关的所有技术基础资料等。设施管理单位的信息需求主要包括项目接管验收资料、客户档案等，在日常的物业管理阶段，设施管理公司的信息还包括日常管理文件、工程使用维修状况等技术文件。

4. 按照建设工程项目管理的任务和职能划分

按照建设工程项目管理的任务和职能划分，建设工程项目信息包括投资控制信息、质量控制信息、进度控制信息、合同管理信息等。投资控制信息，如各种投资估算指标、概预算定额、设计概预算、合同价款、工程进度款支付、竣工结算与决算、投资控制的风险分析等。质量控制信息，如相关的质量标准和规范、质量计划、质量控制工作流程、质量控制工作制度、质量控制的风险分析、质量抽样检查结果、工程质量备案、质量事故等。进度控制信息，如项目总进度计划、进度目标分解结果、里程碑事件、进度控制工作流程、形象进度、进度控制的风险分析、施工进度记录等。合同管理信息，如国家有关法律规定、工程项目招投标文件、工程建设监理合同、工程项目勘察设计合同、土木工程施工合同、合同变更协议、合同支付信息等。

二、建设工程项目信息的特点

建设工程项目信息是在不同的时空（建设阶段、建设的实体位置）形成的，与建设工程项目管理活动密切相关，开发利用好建设工程项目信息资源，就需要对建设工程项目信息有明确的认识。除了具有信息资源的非消耗性、共享性等一般特性外，建设工程项目信息还具有以下特点：

1. 数量庞大、类型多样

建设工程项目信息数量庞大、类型多样，并随着工程建设的推进，呈现加速递增的趋势。据统计，一个大型工程在项目实施全过程中产生的文档纸张可以以“吨”计。在某奥运场馆的建设中，仅仅合同文档就达到4 000多份，如此众多的文档用人工管理，困难可想而知。而且，这些信息来自工程的各个参与方，为不同的参与主体所拥有，并分散存储在不同的位置，导致常常会出现“信息孤岛”的现象。因此，对建设工程项目信息的电子化、数字化管理是很有必要的。

2. 来源广泛、存储分散

建设工程项目信息来自于业主（建设单位）、设计单位、施工承包单位、材料供应单位、监理组织以及内部各个部门；来自于建设全过程的各个阶段中的各个环节，乃至各个专业；来自于质量控制、投资控制、进度控制、合同管理等专业方面。

3. 信息的时效性强

建设工程项目信息资源的时效性很强，有一个完整的信息生命周期，绝大多数信息只在工程建设的某一阶段起主要作用。以工程设计图纸为例，在不同的阶段，由于工程设计的变更，便会产生适用于不同需求的多份设计图纸。又如在地铁工程建设中，需要及时监测地表沉降，并通过分析软件进行信息分析，若不能及时将这些信息处理，就会发生地表沉降超过警戒值而没有报警，错失采取措施的机会，给工程造成更大的风险。

4. 信息之间关联复杂

建设工程项目信息之间存在复杂的关联性，大多数的信息都是从别的信息中提取和派生出来的，一种信息的变化会引起相关信息的变化，如设计信息的变更会引起施工进度信息、造价信息和合同信息的变化。

建设工程项目信息的复杂关联，要求实施主体在建设工程项目信息的处理方面要有协同性。

5. 信息的创建和管理复杂，应用环境差异性大

在一个建设工程项目中，业主方、设计方、承包商、材料供应商等参与方创建和管理自身需要的信息。各个团队又各自拥有专业的工程师，如质量控制工程师、投资控制工程师、进度控制工程师等，他们根据需要也对不同的信息进行创建和管理。同时，不同的工程参与方对工程信息有不同的应用要求，同一信息也有不同层次的信息处理和应用的要求。需要考虑针对不同的使用主体、不同层面、不同用途，对工程项目信息进行组织和管理。

第三节　工程项目信息资源的管理和利用

工程项目信息管理贯穿工程项目全过程，衔接工程项目各个阶段、各个参建方的各个

方面。对信息资源的开发利用，涉及信息的收集、加工、整理、检索、分发和存储等环节。良好的工程信息管理，将使工程项目信息的收集、加工、传递和反馈形成一个连续的闭合环路，并呈螺旋式上升，不断推动信息资源更好的开发利用。

一、建设工程项目信息的收集

建设工程项目的各种信息来自工程，在项目实施的全过程中不断产生，信息的收集工作不能忽视建设工程项目的任何一个阶段，不能遗漏任何一个方面或任何一类信息。以建筑工程质量监管为例，从信息覆盖到工程建设的各个阶段，涉及施工单位、监理单位、建设单位、监督机构等各参与方需要的信息，内容涉及施工动态管理、施工技术管理、施工工序管理等方面，具体包括工程管理资料、工程技术资料、工程物资资料、工程测量记录、工程记录、工程试验记录、工程验收资料 7 大类，超过 300 多类控制点的数据。

如图 5-2 所示，在建设工程施工阶段的工程质量控制中，不同的参与方需要的信息不同。施工单位需要的信息包括各种行政通知、文件、新颁布的法规、政令等，以便及时贯彻上级精神，调整相应的管理制度和规范；质量事故通报信息，质量事故发生部位、类型、原因统计信息，以便从事故的教训中得到可借鉴的经验，同时对事故多发点提高警惕，做好有效的预防措施；质量评比信息，便于施工方关注其在质量评比活动中的动态，充分了解该企业在行业中的水平和地位，为下一阶段的发展目标和战略制订措施；新工艺、新材料的应用信息，便于企业对新技术市场及时跟进，增强企业的适应性和竞争力。监理单位需要提取的信息包括新颁布的法规、政令、通知等，便于协助施工单位对施工方案、技术要求、管理措施的调整；质量事故通报信息，质量事故发生部位、类型、原因统计信息，便于协助施工单位做好有效的预防；施工单位、材料供应商信誉信息。质量监督单位需要的信息包括质量事故发生频率、伤亡程度、发生区域分布等信息，便于行政部门把握区域内质量安全的走势，有针对性地制订维持和改善质量状况的政策和措施；一定时间内的质

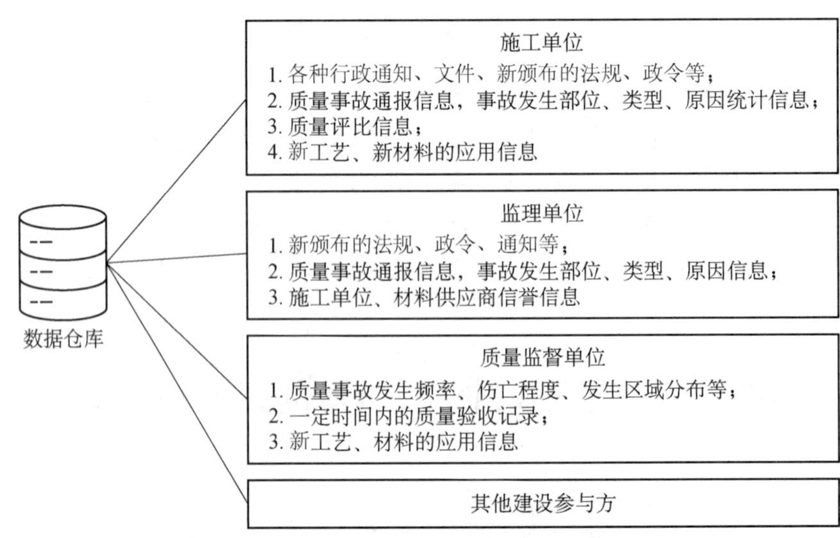

图 5-2　不同参与方对工程质量控制信息的需求

量验收记录，有利于把握工程质量发展的整体趋势；新工艺、新材料的应用信息，有利于政府对新技术的大力推广，提升行业的技术水平，把握工程质量发展的整体趋势。

无论采取什么方法、手段、工具进行信息收集，整个收集过程都需要参与各方的共同努力。建设工程项目的信息大量地产生于设计、施工、安装、材料供应、咨询和项目管理过程等方面，没有这些方面的配合和共同参与，很难保证收集信息的准确性和完整性。

二、建设工程项目信息的加工整理

建设工程项目信息的加工整理主要是对工程中得到的数据信息进行鉴别、选择、核对、合并、排序、更新、计算、汇总、转储，生成不同形式的报告，提供给不同需求的管理人员使用。

建设工程项目信息的加工整理需要面向不同的参与方，按照不同的需求、不同的使用角度，以不同的加工方法分层进行加工。建设工程项目信息加工整理的更高要求就是能够形成建设工程项目管理的新知识。例如，在工程质量监管中，通过调查分析某市工程质量的历史统计数据，并访谈先进企业相关专家，可以提炼出本地区工程质量重点监控对象、关键部位或薄弱环节，进一步设置符合本地区的工程质量控制点，从而形成质量控制的新知识。组合这些质量控制点形成具有地区工程质量控制特点的质量控制数据模板，以质量控制数据模板为载体，制订相应的工程质量控制表格提供给工程参与各方使用，就可以实现知识的重新利用。

三、建设工程项目信息的分发与检索

建设工程项目信息具有很强的时效性，在通过对收集的数据进行分类加工处理产生信息后，要及时提供给需要使用的部门。必须指出：绝大多数信息只在工程项目建设的某一阶段起主要作用，且有些信息如不能及时处理，就可能错失机会，并增大工程项目的安全风险。

建设工程项目信息的分发要根据需要进行，信息的检索则要建立必要的分组管理制度，确定信息使用权限。实现信息分发、检索的关键是要决定分发和检索的原则。

四、建设工程项目信息的存储

信息的存储一般需要建立统一的数据库，各类数据以文件的形式组织在一起，组织的方式要考虑规范化。

建设工程项目信息的存储既是工程信息加工处理的基础，也是建设工程项目信息分发与检索的支撑。对于一个组织而言，信息的价值在于将其转化为知识。建设工程项目信息的存储，除了信息的保存之外，更进一步的是对知识的保留。对建设工程项目信息的加工整理能够形成很多宝贵的知识，对这些知识的保留、分享和复用是工程信息存储的更高要求。在竞争日益激烈的现代社会，知识管理越来越显示其重要性，知识管理已经渗透到包括建筑业在内的各行各业。很多工程实施主体通过知识管理获益，如设计单位、施工企业和工程咨询企业等，这些企业利用已有的工程数据、信息和知识，在策划、设计、投标、施工方案的制订和计划编制等方面显示出很强的竞争力。在我国，建设工程项目的参与员工流动性大，工程项目实施经验流失严重，通过知识的存储和管理保留积累下来的知识，甚至可以形成企业级、行业级知识共享平台，以供在企业内部、行业内部、团队内部共享和传递。

第四节　建设工程项目管理中的信息沟通

建设工程项目管理中的信息沟通就是交换和共享数据、信息和知识的过程，是指建设工程项目参与各方在项目全过程中，运用信息和通信技术及其他合适的手段，相互传递、交流和共享项目信息与知识的行为及过程。许多国外的研究在分析未来建设工程项目信息管理发展趋势时，都把信息沟通置于非常重要的位置。建设工程项目管理中的信息沟通的要点包括以下几点：

1）沟通者，包括建设工程项目参建各方；

2）沟通过程，贯穿建设工程项目全过程；

3）沟通手段，主要基于计算机网络的现代信息沟通技术，但也不排除面对面的沟通及其他传统的沟通方式；

4）沟通内容，包括与建设工程项目有关的所有知识和信息，特别是需要在参建各方之间共享的核心知识和信息。

建设工程项目信息沟通的重要目的是在项目参与各方之间共享项目信息和知识，良好的信息沟通是努力做到在恰当的时间、恰当的地点，为恰当的人及时地提供恰当的项目信息和知识。建设工程项目参与各方之间的信息沟通将形成工程信息流。

一、建设工程项目管理信息流

建设工程项目管理信息流是指信息供给方与需求方进行的信息交换和交流，包括信息的生产、加工、存储和传递等过程。

从总体上可以将整个工程项目建设划分为信息处理过程（Information Process）和建设生产过程（Construction Process），而后者直接受到前者的支持。建设工程项目的实施除了显而易见的物质流之外，还有潜在但又十分重要的信息流，物质流在生产工程产品的过程中离不开信息流的支持与驱动。从某种意义上说，建设工程项目的整个建设过程就是项目信息的流动与交换过程。

1. 建设工程项目参与各方间的信息流动

除了建设工程项目管理方内部的信息沟通外，建设工程项目管理方组织和它的外部环境之间也有着频繁的信息往来。例如，业主方的指令通过工程项目管理方，再传达到施工方、供货方等；施工方的施工签证先经过工程项目管理方审批后，再传递至业主方等；建设工程项目管理方通过协调会议等方式，组织各施工分包单位、材料供应单位、设备供应单位、设计单位进行横向的信息交流。图 5-3 为建设工程项目主要参与方间的信息流结构。此外，政府有关部门虽然不是项目的直接参与方，但与企业之间也存在信息的流动和共享；社会公众同样对可共享信息有需求。上述各种信息流都应当畅通无阻，以保证工程项目管理工作的顺利实施。

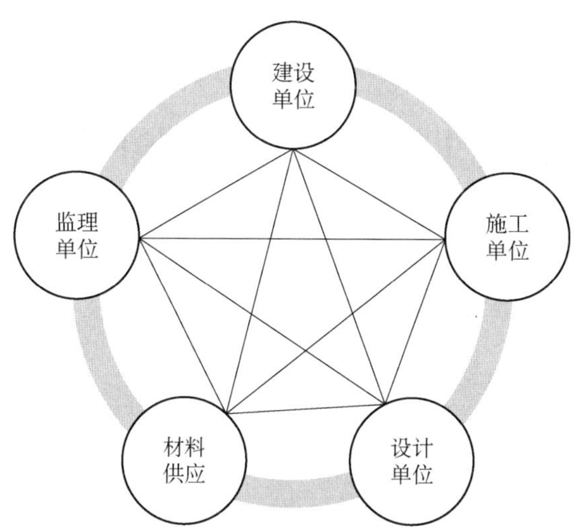

图 5-3　建设工程项目主要参与方间的信息流结构

2. 建设工程项目各阶段的信息流动

建设工程项目的建设过程总是伴随物质流和信息流的同时产生，两者相互支持驱动，因此，工程项目的建设过程也是信息的流动与交换过程。

从全寿命周期的角度来分析，建设工程项目在某一阶段产生的一些信息不会立刻消失或失效，往往会继续进入下一个阶段使用、更改。如建设工程项目前期策划阶段的策划书文件等，在项目建设完毕后的营销、运营阶段仍要使用。在信息的产生、转化、消亡的过程中，项目建设的不同阶段均存在信息的流动过程。

二、建设工程项目管理信息沟通的发展

随着现代信息和通信技术的发展，产生如视频会议、远程在线讨论组等，沟通技术使本地沟通和分布沟通的界限不再明显。在虚拟建设模式中，分处异地的参建各方可以利用功能丰富的现代信息和通信技术实现“遥控式”和“异处本地化”沟通，使传统的时空距离在沟通中不再成为障碍。

按照建设工程项目信息沟通方式不同，可以将信息沟通分为人与人、人与计算机、计算机与计算机之间的沟通。在传统建设模式中，信息沟通主要是人与人之间的沟通，包括面对面的会议、电话交谈等。近年来，随着计算机辅助工程设计及项目管理软件的广泛应用，人与计算机之间的沟通量有了大幅的增长。目前，计算机与计算机之间的沟通（包括

简单的信息传递或信息集成）仍然相当有限，但随着现代通信技术和信息建模技术的迅猛发展，这种状况有望大大改观。

未来建设工程项目的信息管理和沟通具有以下特征：

1）在建设工程项目各组成部分之间、各实施阶段、参建各方都能随时随地获得所需要的各种项目信息；

2）用虚拟现实的、仿真的建设工程项目模型指导工程项目的决策、设计与施工全过程；

3）减少距离的影响，使项目团队成员相互沟通时有同处一地的感觉。

第五节　建设工程项目信息编码与标准化

一、建设工程项目信息编码

1. 建设工程项目信息编码的概念

建设工程项目信息编码是指对已经分类的信息赋予计算机或人工能识别的符号或代码（信息的分类是信息编码的基础和前提）。信息的分类、编码，排列组合，赋予的代码或符号均有实用价值，其目的是将计算机中的数据与实际处理的信息建立联系，方便工程管理过程中信息的存储、检索、交换、传递和使用，因此，信息分类与编码得当与否会直接影响信息的传递速度和自动化信息管理的运转效率。

2. 建设工程项目信息编码的基本原则

（1）唯一性原则

必须保证一个编码对象仅赋予一个编码，一个编码只反映一个编码对象，即“一物一码”原则。如果两种不同业务对象的编码一样，系统可能会将两个不同业务对象的信息资料混在一起，容易造成信息混乱，失去应有的管理价值。

（2）标准化原则

信息编码应尽可能采用已颁布的国际、国内有关标准，统一编码形式，对没有国家标准或行业标准的，应尽可能根据企业标准进行信息编码，但必须与相关的国家标准和行业标准兼容。

（3）简短性原则

信息编码应服从全局、注意实用，在考虑发展扩充的前提下尽量压缩编码位数，以减少差错率和数据处理，节省存储空间和传送时间。

（4）分类性原则

应根据不同行业、不同组织实际情况，对系统的编码进行分类整理，以工程项目全部相关信息为分类编码对象，根据相互依存、相互制约和相互补充的内在联系，建立工程项目信息分类编码体系结构。

（5）柔性原则

编码系统在描述不同类别事物时，在编码位数和码位顺序上要具有弹性，各码段与信息特征之间形成内在的逻辑对应关系。

（6）稳定性原则

编码不宜频繁变动，编码时要考虑其变化的可能性，尽可能保持编码系统的相对稳定。

（7）可扩展性原则

编码要考虑可扩展性，防止因数据扩充而重构编码结构。

（8）识别性原则

编码应尽可能反映编码对象的特点，以助于记忆并便于人们了解和使用。

3. 建设工程项目信息分类编码内容体系

根据建设工程项目管理的职能和业务需求，建设工程项目信息分类编码内容体系见表 5-1。

表 5-1　建设工程项目信息分类编码内容体系

序号	信息分类编码体系	主要内容
1	与建设工程项目产品相关的信息编码体系	工程分解体系编码、材料编码等
2	与项目组织和人员相关的信息编码体系	人员编码、部门编码、岗位编码、供应商编码、客户编码等
3	与项目管理活动相关的信息编码体系	文档标准编码、变更申请等各种工作联系单编码
4	与项目资源相关的信息编码体系	设备编码、库房编码等

4. 建设工程项目信息分类编码策略与方法

常用的信息编码有两类，一类是有意义的代码，即赋予代码一定的实际意义，便于分类处理；另一类是无意义的代码，仅仅是赋予信息元素唯一的代号，便于对信息进行操作。常用的代码类型：

1）顺序码，即按信息元素的顺序依次编码；

2）区间码，即用代码区间代表某一信息组；

3）记忆码，即能帮助联想记忆的代码。

建设工程项目信息分类编码策略和方法的选择一般与信息编码对象的复杂性以及应用需求有关，建设工程项目信息分类编码策略和方法的选择见表 5-2。

表 5-2　建设工程项目信息分类编码策略和方法的选择

信息对象分类	信息对象特点	编码策略方法
基本信息对象	广泛应用于围绕产品全生命周期的各个业务过程中，构成了项目全域数据模型中作为“主键”的信息集合	一般依照国家、行业和地方标准，统一设立一个编码库对这类对象进行管理，采用的编码形式主要包括顺序码和区间码等

续表

信息对象分类	信息对象特点	编码策略方法
简单信息对象	通过自身包含属性特征对其进行分类编码和准确标识的一类信息对象，如设备、材料、成品、人员等	这类码表内容具有相对的稳定性，可以组织力量一次编制出来，编码方法包括层群码分类法和面群码分类法等
复杂信息对象	相对于简单信息对象的定义。除包含核心的属性信息外，还与其他信息对象关联密切。在项目不同的应用系统中做业务处理时，要求这些信息对象间能够准确地相互调用，如产品部件和安装工艺等	一般需要通过确定组合规则来实现这类信息对象的编码设计，采用的方法主要包括组合法和结构模型法

二、信息分类编码标准化

信息分类与编码是信息标准化的基础。信息分类与编码标准化，能够最大限度地避免对信息的命名、描述、分类和编码不一致所造成的误解和歧义，减少诸如一名多物、一物多名、对同一名称的分类和描述不同的现象；以及同一信息内容具有不同代码等混乱现象，做到使事物（或概念）名称和术语含义统一化和规范化，并确立与事物（或概念）之间的对应关系，从而保证了对信息表述的唯一性、可靠性和可比性。

近年来随着人们对于建筑信息模型的日益关注，对以建筑对象为基础的软件数据交换形成高效连续的工作流渐渐成为热门话题。建筑对象的工业基础类（Industry Foundation Class，IFC）数据模型标准，就是支持这种交互性的公共标准。

建筑对象的工业基础类（Industry Foundation Class，IFC）数据模型标准是由国际协同联盟（International Alliance for Interoperability，IAI）在 1995 年提出的面向对象的数据模型标准。该标准是为了促成建筑业中不同专业，以及同一专业中的不同软件可以共享同一数据源，从而达到数据的共享及交互。

IFC 数据模型的体系结构由四个层次构成，从下到上分别是资源层（Resource Layer）、核心层（Core Layer）、交互层（Interoperability Layer）和领域层（Domain Layer）。每个层次都包含一些信息描述模块，并且遵守一个原则：每个层次只能引用同层次和下层的信息资源，不能引用上层资源。这样上层资源变动时，下层资源不会受到影响，保证信息描述的稳定。

IFC 数据模型作为建筑产品数据表达与交换的国际标准，支持建筑物全生命周期的数据交换与共享，基于 IFC 数据模型开发的软件使信息传递更准确快捷。在横向上支持各应用系统之间的数据交换，在纵向上解决建筑生命周期的元素数据管理。

一幢建筑从规划、设计、施工，一直到后期物业管理，其档案资料数据需要不断积累和更新，也需要统一的标准。应用 IFC 数据模型标准，解决了工程项目数据管理方面的不足，使建筑数据模型作为真实建筑的资料信息，与之同步进化和发展，随时供工程与管理人员查询分析。

第六节　装配式混凝土建筑信息库的建立

部品部件是装配式混凝土建筑技术核心的也是与现浇式建筑相比特有的设计、生产和施工内容，因此，对装配式部品部件的信息化及其应用是装配式混凝土建筑信息库建设的主要内容，也是装配式建筑施工信息化管理的基础。建筑信息模型（BIM）技术是对装配式部品部件进行信息化的有效技术手段，同时建立部品部件的编码规则，从而结合信息化系统对信息库中的部品部件 BIM 模型融入施工过程进行应用。

《装配式建筑部品部件分类和编码标准》（T/CCES 14—2020）主要依据现行国家标准《建筑信息模型分类和编码标准》（GB/T 51269）的分类方法对装配式混凝土建筑部品部件进行了分类。装配式混凝土结构主要包括框架结构、剪力墙结构、框架—剪力墙结构和筒体结构。

（1）框架结构

框架结构是由柱、梁、板为主要构件组成的承受竖向和水平作用的结构。框架结构包括装配整体式混凝土框架结构及其他装配式混凝土框架结构。装配整体式混凝土框架结构是指全部或部分框架梁、柱采用预制构件通过可靠的连接方式装配而成，连接节点处采用现场后浇混凝土、水泥基灌浆料等将构件连成整体的混凝土结构。其他装配式框架主要指各类干式连接的框架结构，主要与剪力墙、抗震支撑等配合使用。

框架结构主要构件为预制框架柱、预制框架梁、预制叠合板、预制外挂板等。

（2）剪力墙结构

由剪力墙组成的承受竖向和水平作用的结构、剪力墙与楼盖一起组成的空间体系。是全部或部分采用预制墙板构件，通过可靠的连接方式后浇混凝土、水泥基灌浆料形成整体的混凝土剪力墙结构。这是近年来在我国应用最多、发展最快的装配式混凝土结构技术。

剪力墙结构主要构件为预制混凝土剪力墙外墙板、预制混凝土剪力墙叠合板、预制钢筋混凝土阳台板、空调板及女儿墙等。

（3）框架—剪力墙结构

框架—剪力墙结构是由柱、梁和剪力墙共同承受竖向和水平作用的结构，由框架和剪力墙结构两种不同的抗侧力结构组成的新的受力形式，在框架结构中布置一定数量的剪力墙，构成灵活自由的使用空间，满足不同建筑功能的要求，同时又有足够的剪力墙承受荷载。

框架—剪力墙结构主要构件为预制框架柱、预制框架梁、预制混凝土剪力墙外墙板、预制混凝土剪力墙叠合板、预制钢筋混凝土阳台板、空调板及女儿墙等。

（4）筒体结构

筒体结构是由密封框架形成的空间封闭式的筒体，它将抗侧力结构集中设置于房屋的内部或外部而形成空间封闭的筒体。筒体是空间整截面工作的结构，如同竖立在地面上的悬臂箱形截面梁，它使结构体系具有很大的抗侧刚度和抗水平推力的能力，并随房屋高度的增加而具有明显的空间作用。

筒体结构主要构件为预制外挂墙板、预制叠合楼板、预制框架柱、预制框架梁、预制钢筋混凝土阳台板、空调板及女儿墙等。

一、结构的组成

结构可分为柱、梁、楼梯、剪刀墙、楼板、基础 6 类，每类融合混凝土结构、钢结构，组合结构构件，见表 5-3。

表 5-3　结构系统分类

<table>
<tr><th>一级分类</th><th>二级分类</th><th>三级分类</th></tr>
<tr><td rowspan="4">柱</td><td rowspan="2">预制混凝土柱</td><td>预制混凝土实心柱</td></tr>
<tr><td>预制混凝土空心柱</td></tr>
<tr><td rowspan="2">预制组合柱</td><td>预制型钢混凝土柱</td></tr>
<tr><td>预制钢管混凝土柱</td></tr>
<tr><td rowspan="2">梁</td><td rowspan="2">预制混凝土梁</td><td>预制混凝土实心梁</td></tr>
<tr><td>预制混凝土叠合梁</td></tr>
<tr><td rowspan="2">楼梯</td><td rowspan="2">预制混凝土楼梯</td><td>预制混凝土版式楼梯</td></tr>
<tr><td>预制混凝土平台板</td></tr>
<tr><td rowspan="3">剪力墙</td><td rowspan="3">预制混凝土剪力墙</td><td>预制混凝土实心剪力墙板</td></tr>
<tr><td>预制混凝土夹芯剪力墙板</td></tr>
<tr><td>预制混凝土叠合剪力墙板</td></tr>
<tr><td rowspan="6">楼板</td><td rowspan="3">预制混凝土楼板</td><td>预制混凝土空心板</td></tr>
<tr><td>预制预应力 SP 板</td></tr>
<tr><td>预制混凝土双 T 板</td></tr>
<tr><td rowspan="3">预制楼板底板</td><td>混凝土叠合板</td></tr>
<tr><td>压型钢板</td></tr>
<tr><td>钢筋桁架楼承板</td></tr>
<tr><td rowspan="2">基础</td><td rowspan="2">预制混凝土桩</td><td>预制混凝土实心桩</td></tr>
<tr><td>预制混凝土管桩</td></tr>
</table>

BIM 技术应用是将预制构件数字化的有效手段，也是管理预制构件生产的全流程的适宜技术，是预制构件模型信息及流程过程中管理信息交织的过程，是有效进行质量、进度、成本以及安全管理的支撑。利用 BIM 技术在项目管理中独特的优势，贴合预制构件特有的生产模式，可极大地提高预制构件的生产效率，有效保证预制构件的质量、规格。BIM 技术在预制构件生产中的作用主要体现在以下几个方面：①预制构件的加工制作图纸内容理解与交底；②预制构件生产资料准备，原材料统计和采购，预埋设施的选型；③预制构件

生产管理流程和人力资源的计划；④预制构件质量的保证及品控措施；⑤生产过程监督，保证安全准确；⑥计划与结果的偏差分析与纠偏。

基于 BIM 模型的装配式建筑部件计算机辅助加工（CAM）技术及构件生产管理系统，实现 BIM 信息直接导入工厂中央控制系统，与加工设备对接，PLC 识别设计信息，设计信息与加工信息共享，实现设计加工一体化，无须设计信息的重复录入，大大减轻了工作量，从而提高了工厂的生产效率。

部分结构构件 BIM 三维展示如图 5-4 所示。

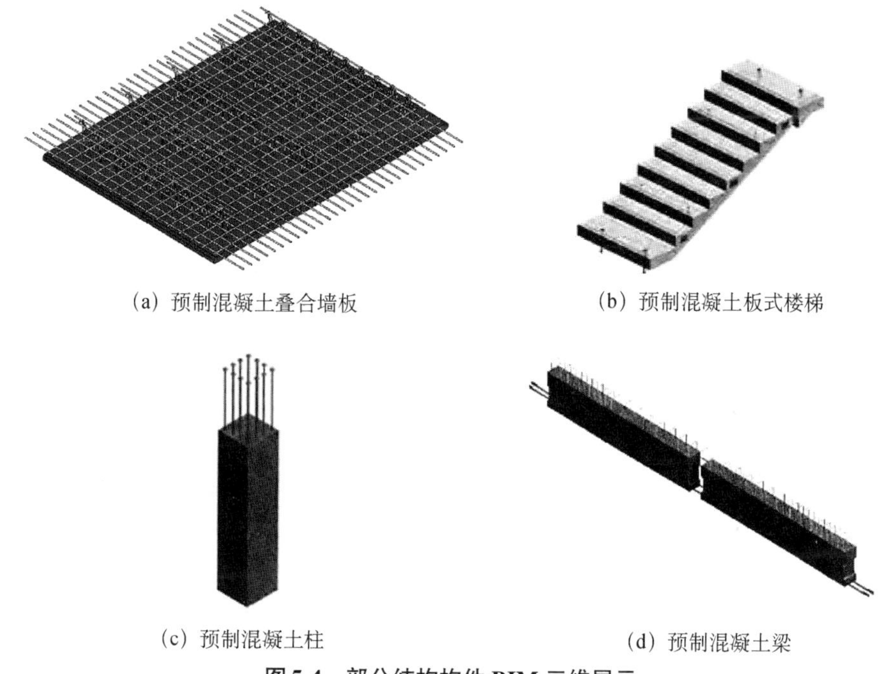

(a) 预制混凝土叠合墙板　　(b) 预制混凝土板式楼梯

(c) 预制混凝土柱　　(d) 预制混凝土梁

图 5-4　部分结构构件 BIM 三维展示

利用信息化系统可以将 BIM 模型进行建模并应用到设计、生产和施工过程中，某公司开发了装配式混凝土 Maker 系统针对预制构件建立 BIM 模型和支撑应用，具体流程如图 5-5 所示。

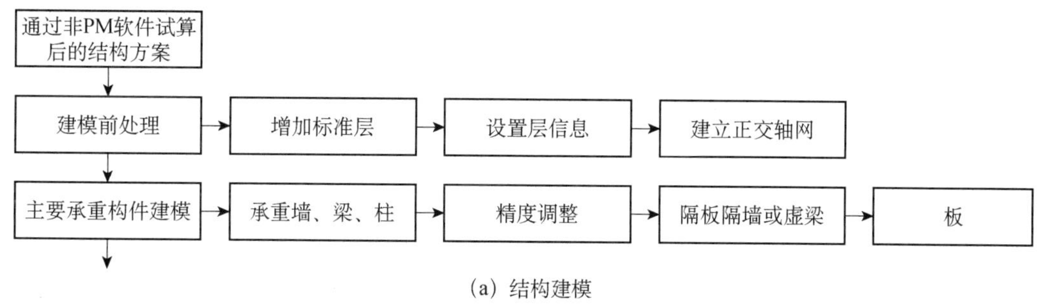

(a) 结构建模

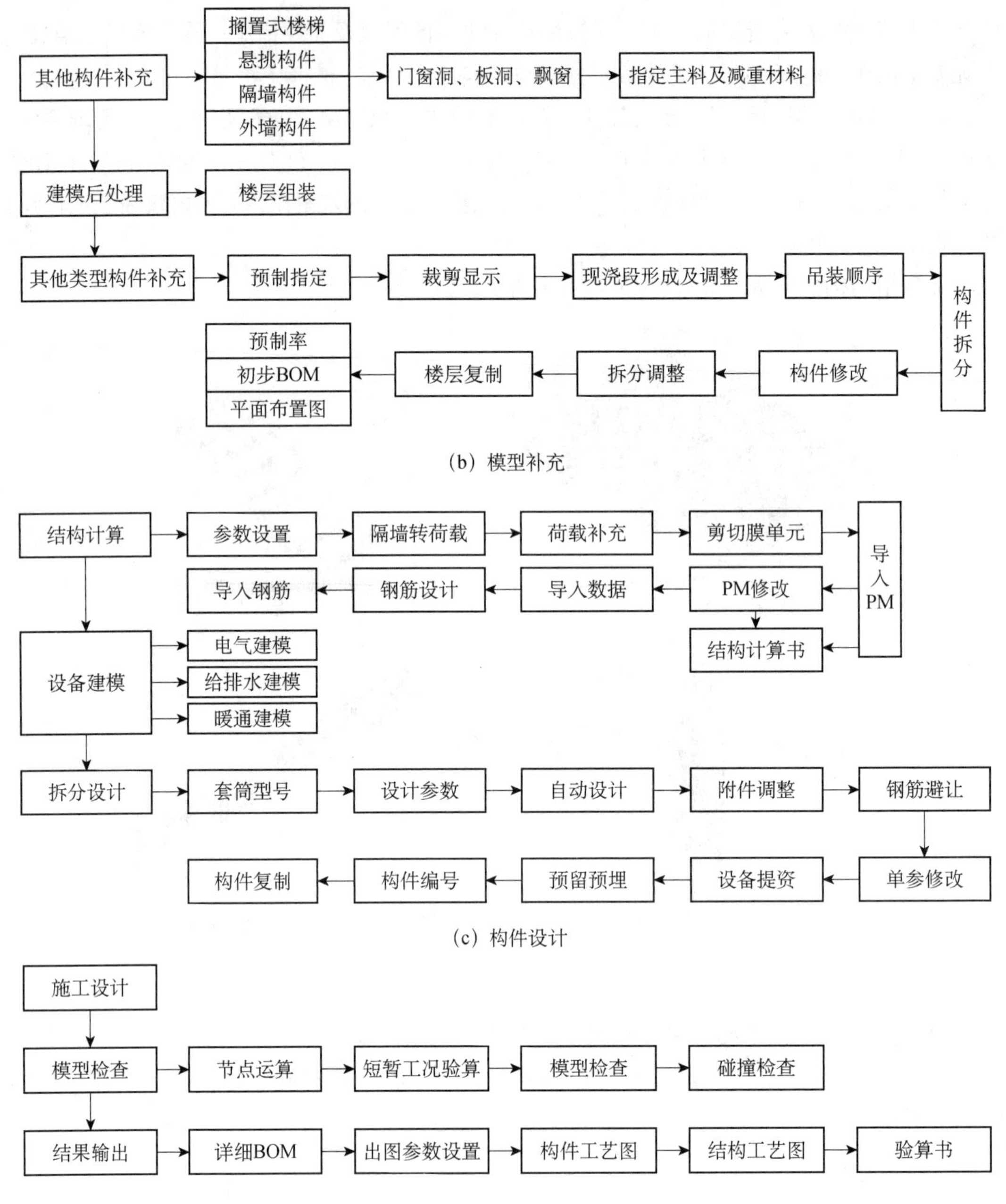

（b）模型补充

（c）构件设计

（d）结果输出

图5-5　Maker系统中BIM建模及应用流程

二、外围护系统的组成

外围护系统可分为墙板、门窗、屋面、阳台与空调、遮阳与排水5类，见表5-4。

表 5-4　外围护系统分类

一级类目	二级类目	三级类目
墙板	保温装饰复合板	聚氨酯外墙装饰保温板
		岩棉外墙装饰保温板
		酚醛外墙装饰保温板
		EPS 外墙装饰保温板
		STP 外墙装饰保温板
	外墙夹芯板	岩棉金属面夹芯板
		EPS 苯板夹芯板
		聚氨酯外墙装饰保温板
		钢丝网混凝土预制夹芯板
	外墙实心板	蒸压轻质加气混凝土板
		预制混凝土柱实心板
		轻集料预制混凝土条板
门窗	实木门窗	木门
		木窗
	金属门窗	钢门窗
		铝合金门窗
	复合门窗	铝塑复合门窗
		铝木复合类门窗
		钢木复合门窗
屋面	防水保湿装饰一体化板	岩棉金属面夹芯板
		玻璃丝棉金属面夹芯板
		聚氨酯金属面夹芯板
		聚苯乙烯金属面夹芯板
阳台与空调	空调板	预制混凝土空调板
	阳台构件	叠合板式混凝土阳台
		GRC 阳台
遮阳与排水	遮阳构件	固定式遮阳构件
		活动式遮阳构件
	排水构件	雨水斗
		天沟
		檐沟
		PVC 排水管

通用可以利用 BIM 技术对部分外围护部品进行数字化应用，部分外围护部品 BIM 三维展示如图 5-6 所示。

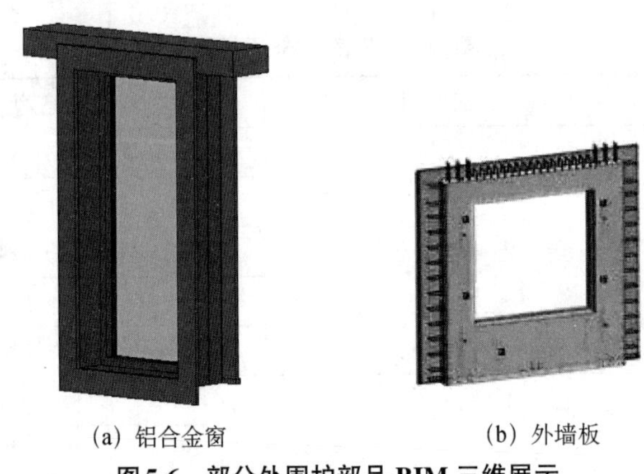

(a) 铝合金窗　　(b) 外墙板

图 5-6　部分外围护部品 BIM 三维展示

三、编码规则

装配式建筑项目中对于结构构件进度、质量、成本等的信息化管理，应以编码作为数据关联的基础。装配式建筑结构构件编码与扩展基本原则和方法应符合现行国家标准《信息分类和编码的基本原则与方法》（GB/T 7027）和现行行业标准《建筑产品分类和编码》（JG/T 151）的规定。

装配式建筑结构构件编码应满足可追溯性、唯一性、合理性、可扩充性、简明性、适用性与规范性的基本原则。

装配式建筑结构构件的编码应满足以下要求：

1）按结构构件材料特性、功能特性和其他基本特性分类，并符合行业惯例；

2）与相关标准协调一致；

3）兼容新增类目。

装配式建筑构件的编码应包括以下组成部分，见图 5-7：

1）类目代码；

2）项目代码；

3）楼（区）号代码；

4）层（节）号代码；

5）构件类型代码；

6）构件名称代码；

7）轴线位置代码；

8）识别码。

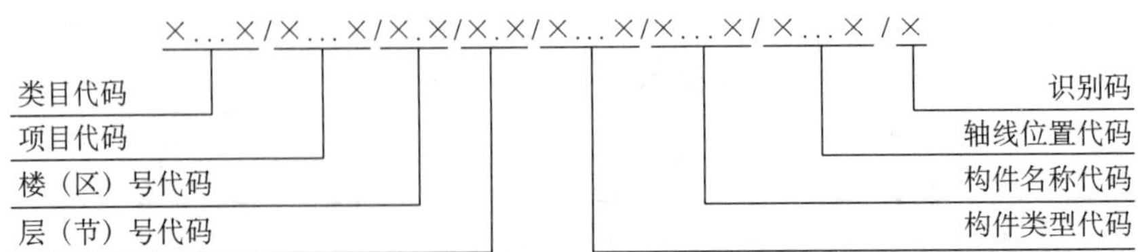

图 5-7　装配式建筑构件的编码结构

编码应采用数字和字母组合编码方式，各层级代码间加“/”。结构构件的类目代码应符合表 5-5 的规定。

表 5-5　结构构件的类目代码

类目代码	构件类型
01.10.00	预制混凝土构件
01.10.10	预制混凝土柱
01.10.20	预制混凝土梁
01.10.30	预制混凝土楼板
01.10.40	预制混凝土墙板
01.10.40.10	钢筋混凝土板
03.00.00	金属
03.10.00	钢筋
03.20.00	钢丝
03.30.00	型材
03.40.00	板（带）材
03.50.00	棒材
03.60.00	线材
03.70.00	管材
03.80.00	金属制品

建设工程项目代码应由 7～16 位数字表示，由行政区划代码（数字码）和地方项目编号组成。其中前 6 位表示行政区划代码。行政区划代码应符合现行国家标准《中华人民共和国行政区划代码》（GB/T 2260）的规定。

1）楼（区）号代码应由 1～3 位数字或字母表示。

2）层（节）号代码应由 1～3 位数字或字母表示。

3）构件类型代码应由 4～6 位字符表示，其中第 3 位字符为“-”。

4）构件名称代码应由 2～10 位字符表示，采用施工图纸中对应构件的名称。

5）轴线位置编码应由 3～11 位字符表示，由构件所处纵向轴线范围和横向轴线范围组成。轴线范围由跨越构件的两个连续轴线号组成，中间用“-”分隔。纵横向轴线范围间用“*”分隔。

6）识别码应由 1～2 位数字表示。

7）构件类型的专业代码应符合表 5-6 的规定。

表 5-6　构件类型的专业代码

构件类型	专业代码
预制混凝土构件	装配式混凝土
钢结构构件	GJ

从应用角度考虑，装配式建筑结构构件的设计、加工制作、进场验收、隐蔽工程验收、吊装定位、构件连接等关键环节应以编码为基础进行控制，实现实时、可追溯管理。装配式建筑结构构件编码宜在设计时生成，供后续阶段、各方主体使用。采用其他编码规则的局部阶段编码、企业内部编码等，应与装配式建筑结构构件编码建立关联规则，实现数据共享和工作协同。装配式建筑结构构件在编码时，应具有明确的构件名称、楼层及轴线位置等设计信息。装配式建筑结构构件的表面可根据管理需要标识编码的全部或部分内容。宜采用 RFID、二维码等身份识别技术，将构件与编码关联。装配式建筑结构构件的编码宜采用信息技术自动生成。

第六章　设计管理

第一节　概　述

随着建筑产业的发展，面向全建造过程的协同越发重要；随着建筑技术的发展，设计师已不能仅仅依靠传统设计模式来表达设计思想和表现设计成果。因此，利用信息技术，进行协同设计和智能设计是当今建筑设计发展的两大趋势。

协同设计是指在设计的不同阶段，协同参建各方及时、准确地进行信息沟通，提升设计效率。设计分为前期勘察、概念设计、方案设计、初步设计、施工图设计和深化设计等阶段，从设计形式上分为标准设计和参数设计。在设计的各阶段无论采用什么样的形式都需要协同建设方、设计方、施工方、构件工厂等参建各方，可以通过引入协同平台、BIM建模和智能分析等技术手段，实现设计数字化（图 6-1）。

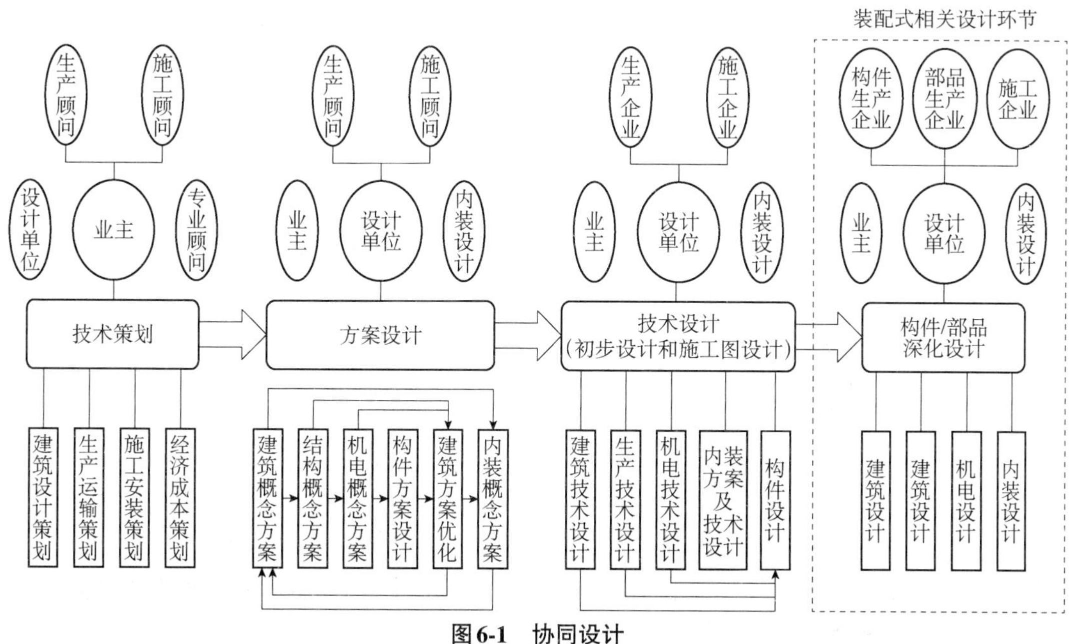

图 6-1　协同设计

智能设计的最大特点是与BIM技术结合。通过BIM三维建模及相关信息的集成可以系统化、标准化、规范化、专业化地表达各建造阶段的信息，设计阶段BIM模型除了体现三维空间信息外，还集成了各专业相关设计信息。通过相关设计软件可以便捷或自动化地进行BIM建模，通过BIM引擎的支撑，相关业务软件系统可以展示、利用和分析BIM数据，从而提高设计效率和设计质量。

第二节　基本设计信息

一、设计深度

设计深度是设计图纸的深浅程度。民用建筑工程一般应分为方案设计、初步设计和施工图设计三个阶段；对于技术要求简单的民用建筑工程，经有关主管部门同意，并且合同中有不做初步设计的约定，可在方案设计审批后直接进入施工图设计。

各阶段设计文件编制深度应按以下原则进行：

1）方案设计文件，应满足编制初步设计文件的需要；对于投标方案，设计文件深度应满足标书的要求；若标书无明确要求，设计文件深度应满足国家相关规定的要求。

2）初步设计文件，应满足编制施工图设计文件的需要。

3）施工图设计文件，应满足设备材料采购、非标准设备制作和施工的需要。对于将项目分别发包给几个设计单位或实施设计分包的情况，设计文件相互关联处的深度应当满足各承包或分包单位设计的需要。

设计单位应根据国家相关规定和标准编制设计文件深度，如《建筑工程设计文件编制深度规定（2016年版）》。

二、设计文件编码

目前，设计文件编码没有统一的标准，各设计单位可自行定义编码规则。工程资料应按以下形式编号：××（1）—××（2）—××（3）—×××（4）。

“(1)”为分部工程代号（2位），按自行规定的代号填写。

“(2)”为子分部工程代号（2位），按自行规定的代号填写。

“(3)”为资料的类别编号（2位），按自行规定的类别编号填写。

“(4)”为顺序号，按资料形成时间的先后顺序从001开始逐章编号。

分部工程中的每一个子分部工程，应根据资料属性不同按资料形成的先后顺序分别编号，使用表格相同但检查项目不同时应按资料形成的先后顺序分别编号。

相关基建文件可按文件形成的先后顺序和类别，由行业主管部门确定编号原则。相关监理资料可按资料形成的先后顺序编号。

三、设计变更

设计变更是指项目自初步设计批准之日起至通过竣工验收正式交付使用之日止，对已批准的初步设计文件、技术设计文件或施工图设计文件所进行的修改、完善、优化等活动。设计变更应以图纸或设计变更通知单的形式发出。

改变有关工程的施工时间和顺序也属于设计变更。变更有关工程价款的报告应由承包人提出。承包人在施工过程中须更改施工组织设计的，应经业主和监理同意。

1. 变更类型

1）在建设单位组织的有设计单位和施工企业参加的设计交底会上，经施工企业和建设单位提出，各方研究同意而改变施工图的做法，都属于设计变更，为此而新增的图纸或设计变更说明都由设计单位或建设单位负责。

2）施工企业在施工过程中，遇到一些原设计未预料到的具体情况，需要进行处理，因而发生的设计变更。如工程的管道安装过程中遇到原设计未考虑到的设备和管墩、在原设计标高处无安装位置等，需改变原设计管道的走向或标高，经设计单位和建设单位同意，填写设计变更或设计变更联络单。这类设计变更应注明工程项目、位置、变更的原因、做法、规格和数量，及变更后的施工图，经甲方签字确认后即为设计变更。

3）工程开工后，由于某些方面的需要，建设单位提出要求改变某些施工方法，或增减某些具体工程项目等，如在一些工程中建设单位要求增加管线，须征得设计单位的同意后出设计变更。

4）施工企业在施工过程中，由于施工、资源的原因，如由于材料供应或施工条件不成熟，须改用其他材料代替，或需要改变某些工程项目的具体设计等引起的设计变更，经双方或三方签字同意后可作为设计变更。

2. 设计变更应遵循相应原则

设计变更无论是由哪方提出，均应由监理部门会同建设单位、设计单位、施工单位，经确认后由设计部门发出相应图纸或说明，并由监理工程师办理签发手续，下发到有关部门付诸实施。但在审查时应注意以下几点：

1）确属原设计不能保证工程质量要求，设计遗漏和确有错误，及与现场不符无法施工非改不可。

2）一般情况下，即使变更要求可能在技术经济上是合理的，也应全面考虑，将变更后所产生的效益（质量、工期、造价）与现场变更所引起的施工单位索赔等损失，加以比较，权衡轻重后再作出决定。

3）工程造价增减幅度是否控制在总概算的范围内，若确需变更但有可能超概算时，更要慎重。

4）设计变更应简要说明变更产生的背景，包括变更产生的提出单位、主要参与人员、时间等。

5）设计变更必须说明变更原因，如工艺改变、工艺要求、设备选型不当，设计者考虑需提高或降低标准、设计漏项、设计失误或其他原因。

6）建设单位对设计图纸的合理修改意见，应在施工之前提出。在施工试车或验收过程中，只要不影响生产，一般不再接受变更要求。

7）施工中发生的材料代用，填写材料代用单。

8）要杜绝内容不明确，没有详图或具体使用部位，而只是增加材料用量的变更。

9）设计变更的实施后，由监理工程师签注实施意见，并与结算严格关联。

第三节　协同设计信息化

一、协同设计

协同设计是以在设计院各专业间、项目各参与方/角色之间展开基于设计过程和设计成果的信息交互共享为特征的设计组织形式。数字化和信息技术的发展，重新定义了协同设计、协同设计转变为基于网络设计通信手段和设计过程的组织管理方法，可以实现各专业之间的数据可视化和共享。

随着 BIM 技术的发展，基于 BIM 的协同设计也日趋成熟。基于 BIM 的协同设计是以 BIM 模型及承载数据为基础，实现依托一个信息模型及数据交互平台的项目全过程可视化、标准化及高度协同化的设计组织形式。基于 BIM 的协同设计有 2 个典型场景：

（1）专业间协同

在设计的各个专业之间，通过专业间智能提资进行协同的方式，如建筑结构模型转化、机电管线智能开孔与预留预埋等促进专业间协同，使设计由离散的分步设计向基于同一模型的全过程设计转变，通过 BIM 模型连接各专业设计数据，使协同效率更高，设计质量更优。

（2）跨角色协同

在设计企业内，借助 BIM 的数模一体化和可视化优势，各参与方以统一的设计数据源为基础，以可视化的方式开展全参与方的设计交底，各参与方围绕设计模型开展成果研讨，改变了传统二维协作方式，以可视化和参数化使设计成果更加合理落地，满足全参与方的数据交互需求。

二、装配式建筑协同设计

设计环节是装配式建筑方案从构思到形成的过程，也是建筑信息产生并不断丰富的过程。装配式建筑涉及多系统的集成，且部品部件的三维信息是集成各类信息的载体与核心。BIM 技术天然具有基于三维模型进行信息集成的优势，可以利用 BIM 技术建立装配式部品部件的三维模型信息库，结合协同设计信息系统可将 BIM 模型与其他文本、图片等信息集成融合形成多维数据模型供各系统应用。在装配式建筑设计中，利用 BIM 三维可视化设计技术，搭建基于 BIM 的装配式协同设计平台，可实现多专业、多环节、相关方信息互通和共享，实现装配式建筑、结构、机电、装修的多专业横向一体化；同时可在装配式建筑设计过程中，实现施工方、构件生产方提前介入，进行更广更深的协同设计，使设计模型关联设计、生产及装配相关信息，有效地解决各环节信息不对称的问题，提前避免项目可能遇到的困难，保证设计成果满足生产及施工的需求，实现装配式建筑设计、加工、装配的纵向一体化。

基于 BIM 的装配式协同设计平台主要功能包括项目各参与方共同参与 BIM 模型及文档管理，各参与方信息交互及权限管理，BIM 模型数据提取，BIM 模型操控，平台统一数据接口，移动 App 应用（实现模型查看和信息查询等功能）。

基于 BIM 的装配式协同设计平台具体应用功能包括以下几点：

1）基于统一的基点、轴网、坐标系、单位、命名规则、深度和时间节点，开展建筑、结构、机电、装修等各专业建模并实现专业模型的综合组装。在此过程中，各专业还可以从建筑标准化、系列化构件库和部品库中选择相互匹配的构件和部品等模块来组建模型、提高建模的标准化程度和效率。此外，各专业需要进行各自设计流程的协同，通过协同工作不断丰富 BIM 模型数据，最终形成集成各专业设计信息的综合设计模型。

2）在各专业整合模型的基础上，进行结构构件内部、机电管线内部、机电管线与结构构件、机电管线与内装装修之间的碰撞检查，在设计阶段解决碰撞问题。系统自动提醒碰撞，建筑、结构、机电、装修等各专业同步进行模型修改和规避。

3）对完成碰撞检查与规避的各专业整合模型，通过三维可视化手段将模型拆分成模数化、体系化的预制构件，同时对构件连接节点的细部拆分进行展示，创建视图、材料明细表，最终生成构件深化设计图纸。

（1）协同优化

在施工图设计阶段，通过整合各专业的模型，运用 BIM 软件检查各专业间的构件错误和冲突，并从合规性及合理性方面优化三维模型，有效利用空间，减少设计中的“错、漏、碰、缺”，避免设计错误传递到施工阶段。

（2）管线综合

通过 BIM 技术对机电专业的水管、风管、桥架等在空间上进行整合，优化调整各专业管线、设备的位置及标高，使管线排布更加合理。管线综合在满足设计规范的同时，既降低了安装成本，又优化了建筑净空；既加快了施工进度，又减少了二次拆改，同时还兼顾机电安装的可靠性和整体性。

（3）预留孔洞

根据管线穿过墙、梁、板的部位，生成预留洞口报告或排布图，协助现场进行管线优化施工，指导现场预留洞口施工，从而减少因图纸问题造成的返工，提高现场施工效率。预留洞口是随着管线排布而自动智能生成的（图 6-2）。

（4）净空分析

通过对建筑方案的局部调整和对机电管线的优化排布，最大化提高建筑空间的净高值。同时对建筑空间净高分布进行智能分析，有利于对整个建筑体的空间利用和功能分布进行统筹规划（图 6-3）。

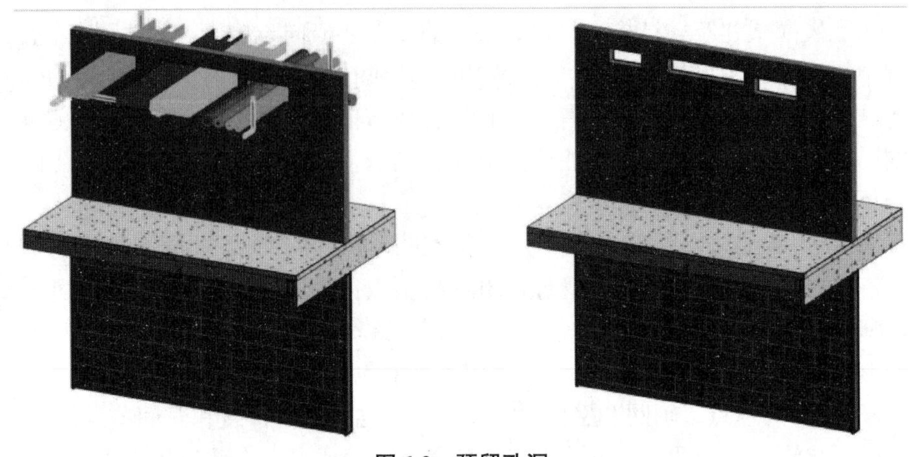

图6-2　预留孔洞

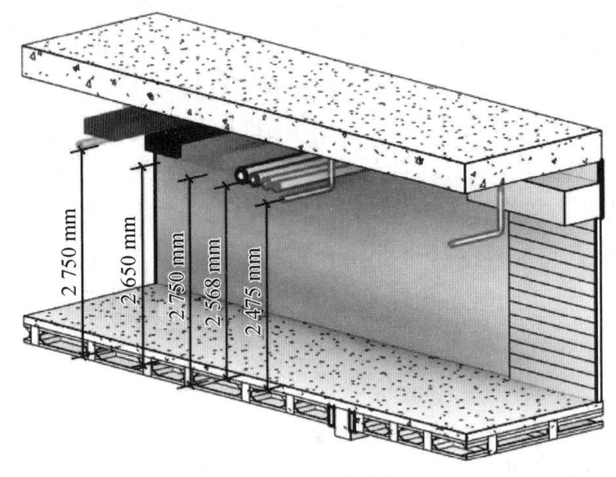

图6-3　净空分析

净空分析报告可与大数据结合，便于业主对建筑空间的使用价值进行合理的评估。

（5）工程量统计

工程造价贯穿整个设计阶段，而工程量的精确统计是工程造价的难点和重点，在设计阶段，只要设计按照标准化流程进行，则在整个智能设计过程中，可根据各个专业的设计模型实时生成与设计构件相对应的模型工程量清单。如果在模型构件中添加材质属性及综合单价等信息，便可直接利用 BIM 模型对项目总造价进行精细化智能计算（图 6-4）。

BIM 模型与工程量清单智能联动，通过 BIM 模型直接生成相对应的工程量清单。

（6）BIM 虚拟漫游

BIM 虚拟漫游是虚拟现实技术与 BIM 技术结合的新兴产物，具有沉浸性、交互性和数据性 3 个特点，通过漫游可以直观地发现建筑设计中的问题，并查找和解决构件的碰撞点。同时，也可以对整个建筑设计进行全方位动态展示。

虚拟漫游可借助 VR、AR 等工具实现，同时，也可利用云计算进行渲染，以体验到更加真实的动态三维漫游效果。

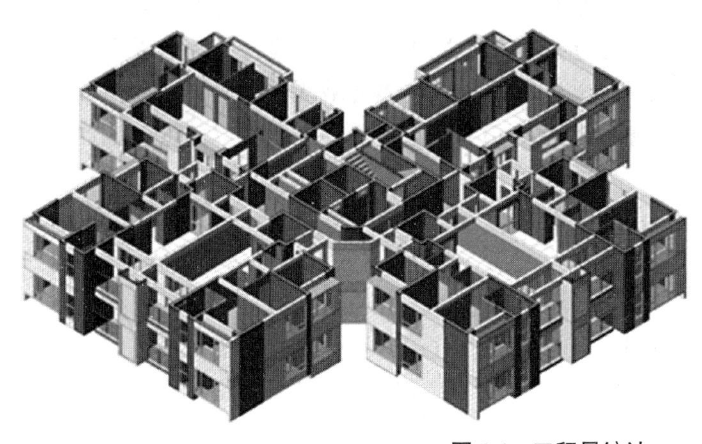

墙明细表	
墙体种类	面积/m^2
基本墙内墙公区蒸压加气混凝土砌块100	37.64
基本墙内墙公区蒸压加气混凝土砌块100	19.78
基本墙内墙公区蒸压加气混凝土砌块200	110.99
基本墙内墙分户蒸压加气混凝土砌块200	93.5
基本墙内墙户内加气混凝土条板100	18.49
基本墙内墙户内加气混凝土条板200	19. 11
基本墙外墙现浇钢筋混凝土承重200	996.15
基本墙外墙现浇钢筋混凝土承重300	12.39
基本墙外墙现浇钢筋混凝土承重400	9.44
基本墙外墙现浇钢筋混凝土承重200	505.15
基本墙外墙蒸压加气混凝土砌块100	38.36
基本墙装修卫生间墙1	255.09
基本墙装修卫生间墙2	79.44
基本墙装修白色乳胶漆	4.84
幕墙卫生间隔断	30.55
幕墙	788.71

图6-4　工程量统计

三、设计与管理相结合的平台

1. CBIM设计协同平台

CBIM设计协同平台是在Revit基础上开发的设计软件平台。CBIM协同平台具有集成化、云端化、模块化、可视化、实时化的特点，以Web云平台产品为核心和基础，将建设行业全生命期各阶段的应用功能集成在云平台系统上，将数字化建设全过程以可视化方式呈现，项目信息数据实时统计分析，跨专业、跨部门、跨企业、跨地域项目云端协同，是一个数字化的协同平台。

CBIM协同平台软件（CBIM Collaboration Easier-Work），是CBIM协同平台管理的核心功能。通过CBIM协同平台软件，用户可以在任何时候、任何地方进行高效的项目进度和成果管理，可在线浏览、审核BIM模型及图纸等，进行高效项目协调，从而大幅提升企业各级项目管理人员的管理效率，该平台不仅适用于设计、施工、监理、业主/建设单位的项目管理（包括BIM工程项目及传统的CAD类工程项目），也适用于其他工程建设行业，甚至非工程建设行业的工作进度管理（通过企业站点系统管理员在后台的企业组织架构设置、工作类型和阶段、工作流程和成果模板等的设置，满足不同类型企业、不同类型工作的管理要求）。

CBIM设计协同平台提供了丰富的BIM工具，为设计人员提供了一系列可以提高建模效率、提升建模准确性、提升模型数据质量和应用效率的工具。

2. 基于BIM的汉尔姆设计协同平台

基于BIM的汉尔姆设计协同平台集成所有文件并按设计院存放标准保存；能够协同设计和实时共享；能够按权限实现分层管理，保密传输协议能够切实保证安全；可以从电脑客户端、手机移动端等多端进行工作；可与其他平台进行数据交换，确保设计院选择的多样性。

基于BIM的汉尔姆设计协同平台是基于Revit软件开发的。它采用点与中心的协同方式。首先在服务器上建立中心文件，然后每个参与的设计师打开中心文件就可以在本地创建副本，每间隔一段时间就将成果同步至服务器；同步之后每个设计师都可以看到整个项目的最新进展，并可以通过工作集的方式来隐藏一些与本专业无关的信息；而中心文件可以根据项目大小按单体、楼层、区域建立，中心文件与中心文件之间以链接的方式互相关联。

3. 设计与生产、施工信息化平台的对接

某集团的信息化平台支持各专业基于同一个 BIM 模型进行协同工作，可在线基于模型数据进行协同对话，并通过对部品部件的研究，将建筑产业化工作前置到设计端，直接输出工厂部品部件模型，对接生产。施工时，各方根据平台上模型进行工序安排、工艺规划等工作，做到先虚拟后施工。建筑师、结构工程师、生产协同厂家、安装工程师从方案到实施的全过程密切配合和共同创作，实现设计生产施工一体化。

第七章　生产管理

第一节　概　述

生产阶段是装配式混凝土建筑相较于现浇混凝土建筑特有的建设阶段。装配式混凝土建筑部品部件的生产与管理贯穿装配式混凝土建筑建造全过程，是装配式混凝土建筑的核心环节。预制构件生产企业目前进入爆发式发展阶段，面临管理人才严重短缺、技术标准和管理标准不健全、生产工艺和管理手段极度落后、产品质量严重依赖劳务用工等诸多问题，迫切需要以信息化技术为核心实现企业管理的创新升级。

实现装配式混凝土建筑部品信息化管理，有利于促进建筑业与工业、信息产业、物流产业、现代服务业等的深度融合，有利于提高工程质量和安全水平，有利于提高劳动生产率和降低成本，有利于装配式建筑的规模化推广。以预制构件生产与管理为例，国外企业的信息化管理水平已经达到很高水平。欧洲针对双墙板结构体系开发的预制构件信息化管理系统，可实现 BIM、MES（生产信息化管理系统）及 ERP（企业资源计划系统）的完美结合，真正践行装配式混凝土建筑标准化设计、工厂化生产、装配化施工、一体化装修、信息化管理、智能化应用的理念，对于提高质量和效率、减少人工、减少浪费效果明显。国内预制构件信息化系统研发处于起步探索阶段，从国外引进的信息化管理系统无法满足标准化设计程度低、配筋复杂的预制构件生产与管理需求。

与其他行业相比，我国预制构件行业的信息化应用水平明显偏低。一方面与我国的装配式混凝土结构体系相对复杂有很大关系。以装配整体式剪力墙结构为例，国内主要借鉴日本“等同现浇”概念，节点和接缝多，连接构造和配筋复杂，标准化水平低导致构件品种多、型号多。另一方面与上下游企业缺乏装配式混凝土建筑经验有很大关系。设计单位主要采用传统的 CAD 设计方法，BIM 设计成果还很难与预制构件生产管理活动相结合。大多数设计人员缺乏装配式建筑经验，对预制构件生产和安装施工不够了解，造成图纸版本多变，错误率高。施工总承包企业缺乏装配式经验，对施工阶段各种预留预埋件提供信息滞后，施工进度计划控制偏差大，多数项目采用传统管理方式。工程项目边决策、边设计、边施工现象严重，而且产业链企业之间缺乏有效的沟通。近年来，随着装配式混凝土建筑政策快速落地，全国各地的装配式混凝土建筑项目越来越多，单体项目规模越来越大，预制构件企业主动采用现代化信息化管理手段的趋势也越发明显，主要原因如下：

（1）预制构件生产和供应的管理难度越来越大

装配式混凝土建筑预制构件品种多、数量大，施工安装要求按楼栋、按层生产等特点，对模具加工计划、材料计划、生产计划、生产调度、质量管控、库存规划、物流配货、供需双方沟通等环节均提出了要求，预制构件厂迫切需要能实现全流程集成管理的信息化管理平台。

（2）计划管理手段落后，供应矛盾突出

大多数工厂各种计划管理还依靠管理人员的经验和责任心，主要手段没有摆脱各种记录表格，面对预制构件品种多、数量大、图纸版本多变、施工安装计划多变的现状，产品差错率大，承接订单后无法保证产品及时供应，甚至毁约的现象也屡见不鲜。

（3）生产过程数据收集难度大，报表决策分析能力差，质量追溯困难

车间现场的原始数据无法准确反馈，对原始数据的收集难度大，无法完全为生产销售、原料采购过程订制分析报表。无法通过实时监控生产过程及时采集各个生产工序加工信息（作业顺序、工序时间、过程质量等）、构件库存信息、运输信息等来实现生产全过程数据实时采集。由于数据采集信息的不完善，无法进行信息汇总分析以供再优化及管理决策。原材料质量检验、生产过程隐蔽工程检查记录、产成品质量检验及质量证明文件的可追溯性差，对生产质量提供缺乏指导作用。

（4）预制构件储存、装运等物流环节成为安装进度制约因素

由于构件标识错误率高，构件储存管理难度大，造成装车效率低下。多数企业要自备汽车吊，承担工地卸车任务，运输效率低下。多数企业将构件运输分包给民营运输企业，运输随意性大，基本不采取防磕碰、防污染等措施，影响外观质量。因标识不明显，总承包企业经常发生构件安装错误的情况。构件厂、运输企业及总承包企业之间矛盾突出。

装配式建筑生产阶段的业务流程如图 7-1 所示，根据设计阶段的设计参数进行招投标，工厂中标以后进入生产阶段，进行深化设计形成 BOM 清单，依据清单进行原材料采购，并对原材料及构件的配送、存储和厂内运输进行管理，材料检测合格后进行生产，构件质量合格后，将生产的成品构件运输到施工工地进入施工阶段。各环节产生的关键信息也在图 7-1 中进行了相应展示。

近年来，RFID、BIM、互联网、物联网和云计算等先进技术得到快速发展，在预制构件生产阶段，与企业 ERP、MES 相结合，基于全产业链、全生命周期、多工厂、多项目等特点，打通设计、生产、物流、施工等相关环节，对于优化工厂管控流程、提高产品质量、提高工厂生产效率和应变能力、优化库存、降低构件成本意义重大。基于 BIM 的信息化管理技术在未来装配式建筑部品生产与管理中应用潜力巨大。

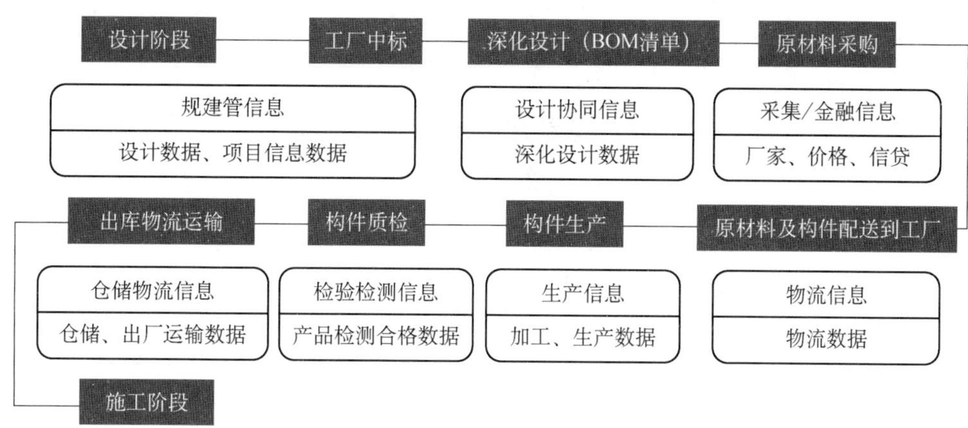

图7-1　装配式建筑生产阶段的业务流程

第二节　智能深化设计

一、深化设计概述

深化设计应结合施工现场实际情况，对原设计方案进行细化、补充和完善，以满足施工要求。其主要内容包括：

1）预制构件设计详图：平面图、立面图、剖面图，预埋吊件及其他预埋件的细部构造图等；

2）预制构件装配详图：构件的装配位置、相关节点详图及临时斜撑、临时支架的设计结果等；

3）施工方法：构件制作、装配的施工及检查验收方法，装配顺序的要求、临时斜撑及临时支架的拆除顺序的要求等。

二、深化设计流程

预制构件深化设计流程如图 7-2 所示，包括方案设计阶段、初步设计阶段和施工图设计阶段，具体的设计实施方式又可以分为 2 种：

1）施工图设计阶段介入。

①收到项目施工图；

②与原设计单位沟通，确定预制构件种类及范围，对项目进行预制装配率计算；

③根据项目预制装配率进行科学系统深化拆分，做到“两少一多”（少种类、少规格、多组合）。

2）方案设计阶段介入。

①项目方案阶段配合设计院和项目建设方做项目方案深化合理性建议；

②按照深化后的方案做预制装配率计算，项目方案应符合“少户型，多组合，少异形，多方正”的原则；

③根据项目预制装配率进行科学系统深化拆分，做到“两少一多”（少种类、少规格、多组合）。

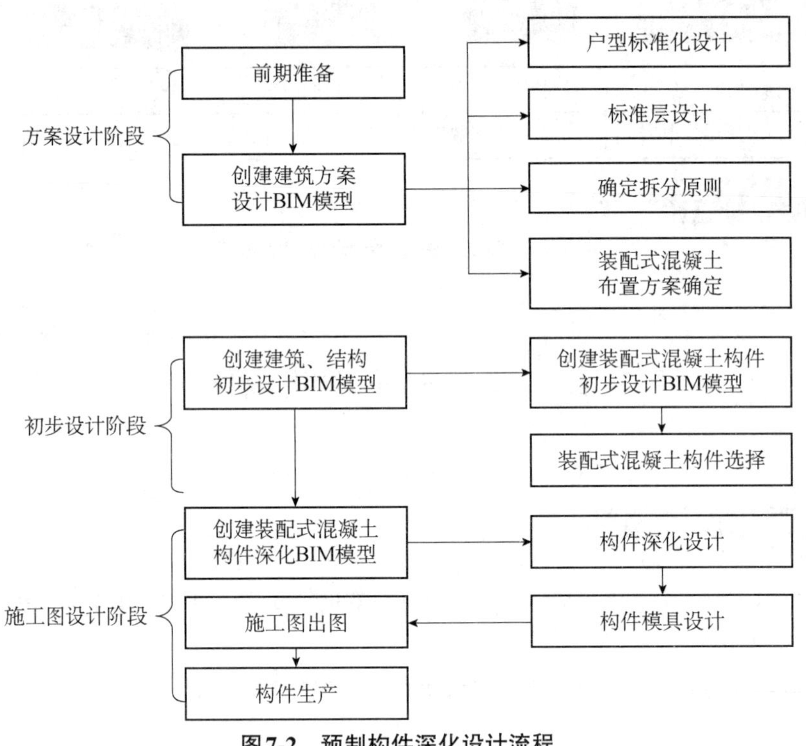

图7-2　预制构件深化设计流程

三、深化设计要求

1）方案设计阶段：要注意各专业的协调配合，把装配式设计因素考虑进来。

2）拆分深化设计阶段：标准化、模数化、模块化、轻型化、少规格、多组合。避免出现用传统施工图纸“硬性”拆分的情况。

①标准化

建筑户型标准化设计、建筑立面标准化设计、预制部品部件标准化设计、连接接口标准化设计。

②模数化

预制构件应按照相关标准给出的模数表进行合理的拆分设计。

③模块化

预制部品部件采用模块及模块组合的设计方法，遵循“少规格、多组合”的原则，方便不同构件的拼装。

④轻型化

拆分设计时单块预制剪力墙和填充墙应控制长度，以减小构件重量，方便吊装。对于超过控制长度的剪力墙和填充墙，将其拆分为两个预制构件，构件拼缝采用后浇段连接。

⑤少规格、多组合

按照标准化、模数化、模块化的要求，以“少规格、多组合”的原则，实现建筑及部品部件的系列化和多样化。

3）构件深化设计阶段：精装修图纸要在深化设计之前完成。

4）构件深化设计图纸要考虑水电的集成，进行精细化设计。

5）建筑外立面线条宜简单规整，以减小预制构件模具加工难度，降低成本。

6）减小现浇量，增加装配率。

7）模型碰撞检查如图 7-3 所示。

8）合规性检查，满足国家相关图集、规范等要求。

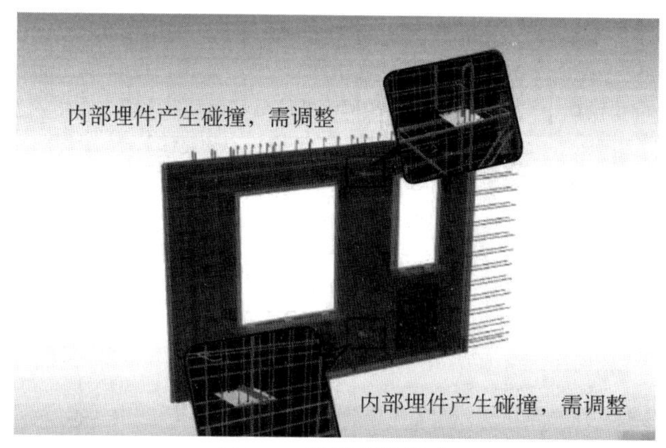

图 7-3　模型碰撞检查

四、BIM 三维模拟及校审

（1）标准送审格式

1）应统一以“m”为计量单位；

2）所有模型轴心点定义应统一；

3）每个模型应为独立对象；

4）在满足各级模型细节层次要求的情况下，应尽量减少几何模型的面数；

5）不应存在漏缝、共面和废点等；

6）对重复利用的模型，宜建立模型库；

7）应真实反映建模物体的颜色、质地和图案等，同一区域同种类物体纹理应协调一致；

8）应与几何模型细节层次相匹配，纹理应清晰可辨；

9）纹理尺寸应为 2 的 n 次幂，且不宜超过 2 048×2 048 像素；

10）对重复利用的纹理，宜建立纹理库。

（2）模型信息

模型信息应包括 3 个部分的内容：框架数据信息、纹理数据信息及属性数据信息。其中，框架数据信息应包括地表及其特征点的位置、高程，建构（筑）物的位置、高度、基底形状、立面和屋顶结构，交通设施的位置，形状和结构，管线特征点的位置、高程、管线的断面尺寸，植被的位置和高度，其他地物的位置、形状和尺寸等。

第三节　材料信息化管理

材料信息化管理范围应涵盖材料需求、采购、入库、质检、领用、配送各环节，其基本内容包括套料管理、采购管理、材料质量管理、库存管理。同时明确材料管理中的信息流程，装配式混凝土建筑企业材料信息化管理流程如图 7-4 所示。

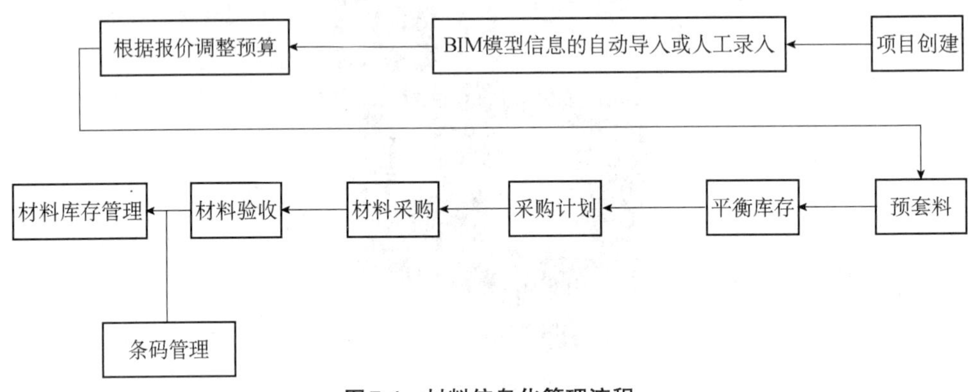

图 7-4　材料信息化管理流程

通过软硬件结合、借助互联网手段对大宗物资验收环节全方位管控，提高磅房人员的工作效率，堵塞物料验收环节管理漏洞，避免材料进场时产生损失，提高企业及项目部经济效益。

在地磅周边配置物联网设备，监控过磅行为，精准采集数据，实现刚性管控（图 7-5）。系统跟地磅仪表直接对接，避免手工填单失误；材料实称实入库，保证材料真实到场，确保项目交付。红外对射设备监测回皮车辆是否完全上磅，并提示预警，避免车身皮重变轻，净重增加。摄像头全方位监控，过磅监控车前/车后/车斗、磅房，卸料时监控料场，并抓拍图片，发现问题及时制止，惩罚和追溯有依据。车牌识别设备自动识别、填写车牌，留存车牌照片，提升过磅效率，可视化监管。即时拍留存原始信息，包括运单、质量证明材料等，以备核查。

物料验收系统与项目管理系统物料管理模块集成，过磅单直接推送至项目管理系统入库单模块。项目管理系统内提供多种分析报表及丰富的分析维度，可随时查询某时间段的材料收料、发料及库存情况，如期初、本期增加、本期减少、期末的单价、数量、金额，及所有材料或供应商的收发综合查询分析。

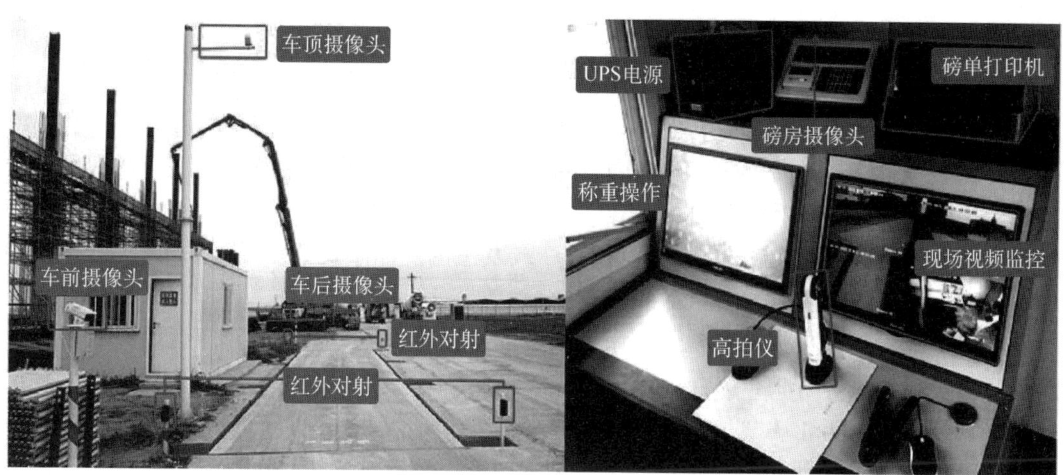

（a）称重区　　　　（b）磅房内部

图7-5　物料管理现场物联网设备

从时间、组织等维度快速、准确、真实地为企业领导层提供不同层次的物料指标数据。运用BI商业智能的灵活可配置，查询某时间段内的材料收料、发料、收发料的综合情况。对需用计划或采购计划，跟踪合同签订情况、实际到货情况。查询租赁材料的费用情况、进出场情况、结存情况等数据。查看材料合同的签订、履约、结算及付款情况。查看供应商或合同的签约、履约、结算、付款情况及追溯查询结果。

一、采购管理

采购管理包括采购计划管理、采购过程管理和供应商管理，并应满足下列要求：

1）对采购计划进行编码，并建立采购计划与采购申请单、采购合同、原材料库存、进度信息等之间的联系。

2）收集并录入原材料到货、出库、进场和耗用信息，并与计划进行对比分析，依据进度管理信息及时调整采购量。

3）供应商管理应对供应商资质进行审查，对于合格供应商，应收集和录入其相关信息并编码管理，依据供应商信息定期分析评价供应商服务质量情况。

①建立采购计划、采购申请单、采购合同。

采购计划：根据生产部门或其他使用部门的计划制订的包括采购物料、采购数量、需求日期等内容的采购计划。

采购合同：合同管理围绕项目合同的整个履约周期，实现合同签订、合同交底、合同履约付款、过程变更的全过程信息化管理。

②采购量动态调整要求。

根据客户工期调整每月生产计划，根据生产计划生成采购订单，采购订单包含多个单日的采购子订单；到达每日采购订单动态调整时间点时，获取当日所生产商品的剩余库存量，根据剩余库存量确定采购订单中次日的采购子订单的第一调整量并更新该采购子订单。

③供应商资质审查和供应质量管理。

数据收集：供应商送货时，上传附带该批部品出货检查报告书和原材料证明文件，检验人员按生产批次、送货的先后顺序对其进行抽样检验，按事先制订好的《确认部品检验指导书》进行检验，部品检验发生不良，达到规定比例，此批部品拒收，并联系供应商进行处理。检验员填写来料检验记录。对每日产线发生的部品不良数据进行原始数据的统计，填写供应商不良统计表。

供应商的考核：根据来料检验记录、供应商不良统计表、供应商对应速度、对应态度及不良再发概率进行评估，综合给出相应分数（即为供应商月度品质综合得分），将所有供应商最终成绩分成 A、B、C、D、E 五个等级，处于 E 级的供应商直接进入黑名单。

④材料的质量管理和库存管理。

a. 制定各项材料管理制度，相关人员按照制订的计划实时上传数据；

b. 材料定额和余废料管理（包括产品材料定额管理、办公用品与劳保用品）；

c. 消耗定额管理、工具使用周期与备查账管理、余废料回收与处置管理；

d. 材料流转管理（包括协调、接货、验货、计量、入库、出库、登记、生产现场材料管理、材料处置）；

e. 材料仓储管理（包括仓储区域管理、ABC 分类管理、库房“5S”（整理、整顿、清理、清洁、素养）现场管理、库存安全储备与库存资金管理、盘点管理）。

采购管理的“智能化”应用，包括利用项目信息化管理系统对采购供应商名录、物资采购计划、采购合同、物资采购评价等方面进行综合管控，具备保障现场生产、材料成本量价节超分析等能力，实现公司对项目物资采购过程的控制和监管。

项目生产过程中多采取按月、按周、按指定期间编制材料需用计划，用于采购进场。在信息化系统中灵活设置管控参数，通过材料总量计划、部位计划来指导合同采购数量，还可以对物资采购、入库进行限额控制，实现材料的成本管控。如系统可以对超过部位计划的需用计划进行预警，入库量不能超过需用计划量等。

二、仓储管理

物料管理应包括材料入库、出库、盘点、余料等仓储管理全过程，并应满足下列基本要求：

1）应对原材料和库存区域进行编码，并建立原材料信息与库存区域信息、供应商信息之间的联系。

2）应结合 RFID 或条码技术，收集和录入原材料信息，并依据原材料库存信息统计分析项目的用料情况、库存情况、成本情况及编制各类报表（图 7-6）。

（1）物料清单的建立、流转、变更、结算

系统使用物品的商品条码和自定义的条码作为识别，每个条码标识唯一的一种物品，方便进行物料的管理。同时对 BOM 的建立、流转、变更、结算等环节进行全流程的系统维护和控制。

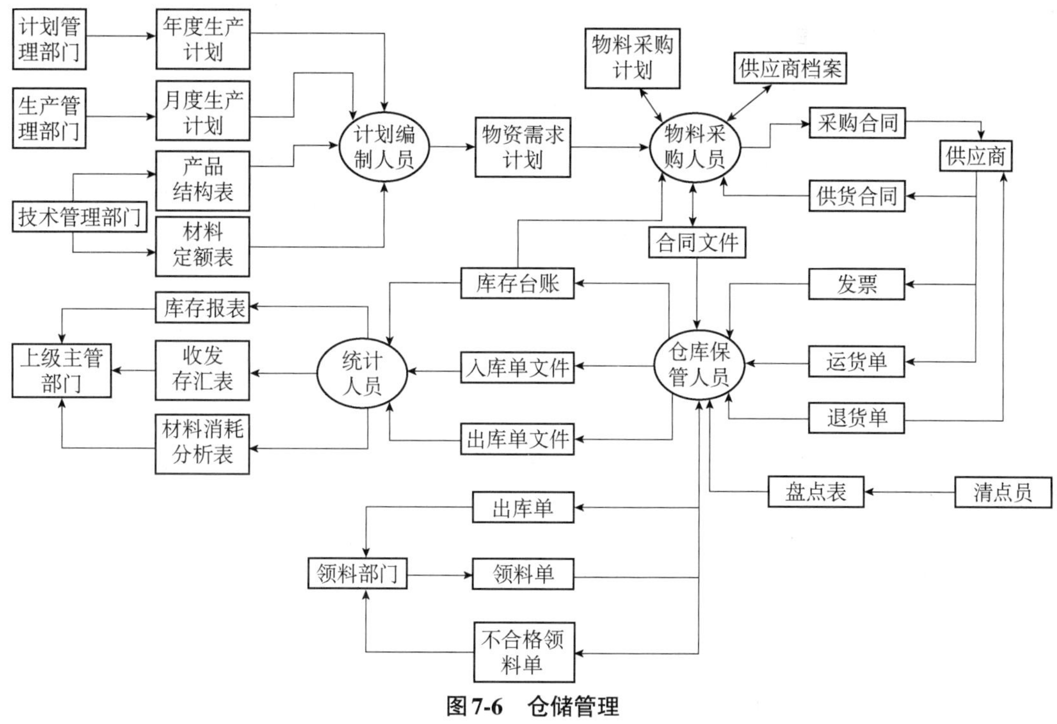

图7-6　仓储管理

（2）预期呆滞料

1）系统每月统计、分析最新仓存呆滞情况，对呆滞物料依呆滞品定义区分需处理的呆滞品；

2）业务部对由客户责任并处理的呆滞部分，通过系统及时上传反馈处理进度，确保呆滞及时处理；

3）经工程、研发部评估确认后，对无法消耗的物料进行处理，处理方式包括销售或报废，采购部应在7个工作日内作出回复；

4）确认销售处理的，由采购部组织外部销售询价、比价，最终销售由总经办审核。财务监督销售处理；

5）确认报废处理的，由仓库提交报废申请，报废经品质、工程、研发、业务等部门会签，总经办核准后，由仓储部执行。

三、领料管理

生产车间根据工单和生产计划组织生产，生产所需原材料应严格按照工单信息填写领料单，领料单上必须填写工单号、领用部门、物料名称、必要的物料规格描述、计量单位、领用数量等信息，仓库根据生产部的领料需求发料，并在领料单中填写实发数量。仓库见领料单方可发料，生产车间不得私自从原材料仓库领取原材料。

四、料仓管理

（1）收货验收

1）货物进仓：核对送货单与订单（采购订单）物料号、名称、规格型号、数量等与订单相符合方可收货。必须采用合适的方法计量、清点准确。大批量收货可采用一定的比例拆包装抽查，抽查时发现实际数量小于标识数量的，应按最小抽查数计算接收该批货物。对验收不合格的物料，必须及时给出检验报告，采购部通知办理退货/补货事宜。

2）货物出仓：货物出仓，必须符合相关规定、流程，有审批手续，有经相关人员批准的领料单，方可出仓；货物出仓，车间或施工班组领料必须是车间物料员或项目部材料员，外单位自行提货，必须核对提货人的身份及授权委托。并需由领料人/提货人在出库单上签字确认；严禁用白条出仓或擅自从仓库借用物品。确需急用，需经生产经理或其授权人员批准并约定归还手续及归还日期（一般不超过一个工作日）；货物出仓。应严格按“先进先出”原则发放物料。

（2）货物堆码及库位管理

1）仓库应根据生产经营的需要和库存周转物品的类别、形状、特点等合理规划仓区、库位。按物料类别划分待检区、合格品区、不合格品区并做好明显标识。

2）所有货物均须按仓区、库位分类别、品种、规格型号摆放整齐，小件物料上架定置摆放。堆码规整、整齐，收发作业后按上述要求及时整理。

3）物料、产品状态标识和存卡记录应清晰、准确且及时更新，摆放于对应物料明显的位置上。

4）仓库设施、用具、杂物（如手叉车、电叉车、卡板、清洁工具）等，在未使用时应整齐摆放于规定位置，严禁占用通道或随意乱丢乱放。

5）现场（包括办公场所及库位）整洁、干净，如有废纸等废弃物或发现较多灰尘时随时清理、清扫，符合“7S”（整理、整顿、清扫、清洁、素养、安全、节约）管理要求。

第四节　施工准备

施工准备是建筑施工管理的一个重要组成部分，是组织施工的前提，是顺利完成建筑工程任务的关键。通过合理的施工准备，为拟建工程的施工创造必要的技术、物资条件，动员安排施工力量、部署施工现场，确保施工顺利进行。施工准备工作要有计划、有步骤、分期和分阶段进行，贯穿于整个施工过程。

预制构件生产的施工准备包括技术准备、人员准备、工具配件准备、场地准备等。通过信息技术可以辅助提升施工准备工作的效率和效果。

一、技术准备

技术准备是施工准备的核心。任何技术的差错或隐患都可能引起人身安全和质量事故，造成生命、财产和经济的巨大损失。因此必须认真做好技术准备工作。

墙板、叠合板、楼梯、阳台等预制构件在车间进行工厂化生产，需要进行科学的生产组织。在生产实施前期，应根据建设单位提供的深化设计图纸、产品供应计划等组织技术人员对项目的生产工艺、生产方案、进场计划、人员需求计划、物资采购计划、生产进度计划、模具设计、堆放场地、运输方式等内容进行策划；做好生产前的技术交底工作，保证项目顺利实施；根据项目特点编制相关技术方案和具体质量保证措施，做好全过程的技术管理和质量管控。

可通过生产管理信息系统对以下技术资料进行在线编辑、交流和存档，也可以通过BIM 技术进行技术交底。

1. 图纸交底

预制构件生产前，应由建设单位组织设计、生产施工单位进行设计图纸交底和会审。必要时，应根据批准的设计文件、拟定的生产工艺、运输方案、吊装方案等编制加工详图。

2. 生产方案编制

预制构件生产前应编制生产方案，生产方案宜包括生产计划和生产工艺、模具方案及构件制作计划、技术质量控制措施、成品存放运输和保护方案等。必要时，应对预制构件脱模、吊运、堆放、翻转及运输等工况进行计算。预制构件和部品生产中采用新技术、新工艺、新材料、新设备时，生产单位应制订专门的生产方案。

3. 技术交底与培训

技术交底是由工厂专业技术人员向参与生产的人员针对构件生产方案进行的技术性交代，目的是使生产作业人员对构件特点、技术质量要求、生产方法与措施和安全等方面有较详细的了解，以便科学地组织施工，避免发生技术质量等事故。

（1）技术交底形式

1）书面交底。通过书面交底内容向下级人员交底，双方在技术交底书上签字，逐级落实，责任到人，有据可查，效果较好，是最常用的交底方式。

2）会议交底。召开会议传达交底内容，可通过多工种的讨论、协商对技术交底内容进行补充完善，提前规避技术问题。

3）样板/模型交底。实行样板引路，制作满足各项要求的样板予以参考，常用于要求较高的项目；或制作模型以加深实际操作人员的理解。

4）挂牌交底。在标牌上写明交底相关要求，挂在施工场所，适用于内容及人员固定的分项工程。

（2）技术交底原则

1）突出指导性、针对性、可行性及可操作性，提出具体的足够细化的操作及控制要求。

2）与相应的施工技术方案保持一致，满足质量验收规范与技术标准。

3）使用标准化的技术用语和专业术语，使用国际计量单位，并使用统一的计量单位，不能混用；确保语言通俗易懂，必要时辅助插图或模型等措施。

4）确保与某分部分项工程的全部有关人员都接受交底，形成相应记录。

5）技术交底记录应妥善保存，一份交作业队组，一份交底人自存，一份交由资料员保管，作为竣工技术文件的一部分。

6）技术交底应满足施工图纸、施工技术方案、施工组织设计、相关规范和技术标准、施工技术操作规程、安全法规及相关标准的相关要求。

（3）构件制作技术交底内容

构件制作技术交底的主要内容有以下几点：

1）工程概况、供应构件具体参数、产品的执行标准；

2）钢筋骨架绑扎，预留件、预留洞口的设置和固定；

3）模板安装、拆卸工艺、施工注意事项、组装模板误差合格要求；

4）混凝土的浇筑、振捣、养护工艺；

5）构件的出模、起吊、成品养护和堆放工艺；

6）主要机械正确操作规程；

7）构件制作过程质量控制措施和成品构件质量检验要求；

8）施工期间的空气污染、水污染、土壤污染废料废方处理；

9）施工期间的噪声污染处理；

10）施工期间的水电等能源管理；

11）构件制作全过程安全文明施工措施。

二、工具配件准备

预制构件在工厂生产完成，与传统的建造形式相比，在工艺装备（工具配件）应用方面存在较大的差别。在这里介绍构件生产和运输两个环节中的工具配件，主要介绍它们的用途、使用方法及在安全和质量控制方面的注意事项。

1. 生产工序工具配件

预制构件制作时，需使用多种标准或非标准的工具配件，我们以构件制作时常规工序流程为主线，介绍梁、柱、墙、板等预制构件制作过程中需使用的标准或非标准的工具配件系统及其应用。

（1）制作工序

预制构件主要制作工序如图 7-7 所示。

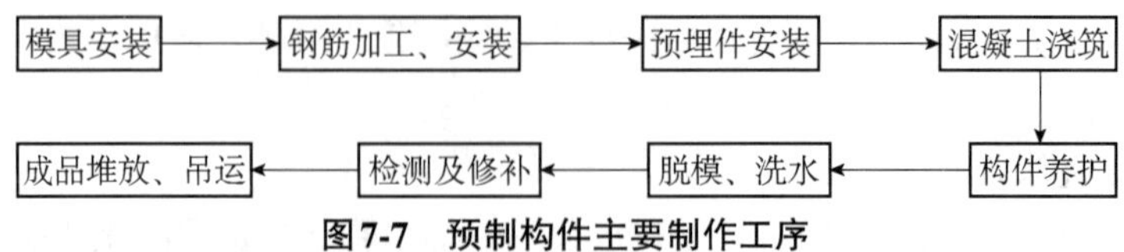

图 7-7　预制构件主要制作工序

（2）生产工序工具配件介绍

1）模具安装常用工具配件。预制构件模具安装过程中主要使用的工具配件有平头铁铲、铁锤、手磨机、砂纸、扫把、毛刷、小桶、物品存放架、滚刷、两用扳手、棘轮扳手、磁盒、撬棍、自制磁盒撬棍、玻璃胶枪、电动扳手等。

2）钢筋安装常用工具配件。钢筋安装常用工具配件有卷尺、石笔、钢筋支架、钢筋钩、自锁链条吊扣、钢筋扳手。

3）预埋件安装常用工具配件。预埋件安装常用工具配件有螺杆、磁座、定位铁块、十字螺钉、牛皮胶带、弹簧、线管钳、定位磁座、胶波、蝴蝶扣、穿孔棒、穿孔胶塞、固定架、磁性吸盘、灌浆套筒固定杆、PE 棒等。

4）混凝土浇筑常用工具配件。混凝土浇筑常用工具配件有红外测温仪、坍落度筒、捣棒、高精度钢尺、运料斗、手持式振捣棒、木抹子、铝方通、抹刀、拉毛刷、毛刷等。

5）养护常用工具配件。养护常用工具配件有摇臂式喷头、薄膜等。

6）脱模、洗水常用工具配件。脱模、洗水常用工具配件有两用扳手、套筒扳手、撬杠、吊梁、吊环、吊链、铁锤、手持喷码机、洗水枪等。

7）检查、修补常用工具配件。检查、修补常用工具配件有卷尺、角尺、水平尺、吊线坠、灰铲、手磨机、毛刷、砂纸、电锤、钢丝刷等。

8）检测及成品运放常用工具配件。检测及成品运放常用工具配件有回弹仪、钢筋保护层测定仪、吊梁、吊环、吊链、翻转架、木方、存放架等。

2. 吊装用工具配件

预制构件吊装应根据其形状、尺寸及质量等要求选择适宜的吊具。吊具应按现行国家相关标准的有关规定进行设计验算或试验检验，经检验合格后方可使用。在对吊梁（起重架）吊点位置、吊绳吊索及吊点连接安装检查完毕后，首先对构件进行试吊，确认试吊正常后，开始进行构件起吊。下面主要介绍预制构件起吊用工具配件系统及其运用。

（1）起吊设备

起吊的常用设备有龙门吊、桁吊等。

（2）预制构件起吊用工具配件

预制构件起吊时常用的工具配件有扁担吊梁、框式吊梁、八股头式吊索、环状吊索、吊链、卸扣、吊钩、球头（内丝）吊具系统、扁钢吊索具系统、内螺纹套筒吊索系统、万向吊头鸭嘴扣、手拉葫芦、吊架等。

（3）起吊工装系统的使用要求

1）预制构件吊装宜采用标准吊具，吊具可采用预埋吊钉或内置式连接钢套筒形式。

2）根据预制构件的形状、尺寸及质量选择适宜的吊具。在起吊过程中，吊索水平夹角不宜小于 60°，不应小于 45°；尺寸较大或形状复杂的预制构件应选择设置分配梁或分配桁架的吊具，并应保证吊车主钩位置、吊具及构件重心在竖直方向上重合。

3）构件起吊平稳后再匀速转动吊臂，调整构件姿态，由专业吊装人员操作，缓缓降到预定位置。

3. 运输工具配件系统

运输工具配件系统包括预制构件运输过程中需使用的吊具、运输支架、固定装置等，根据运输构件结构形状，选用相应的支架（如墙板运输支架、飘窗运输支架、阳台板运输支架、楼梯板运输支架及其工具配件系统）。

（1）预制构件运输流程

预制构件运输流程：起吊→装车→紧固固定→运输→卸车。

（2）预制构件运输标准化工具配件系统

预制构件运输标准化工具配件系统包括吊架、吊链、帆布带、吊扣、吊钩、各类型的运输支架垫木、绑扎材料、软垫片、花篮螺丝、收紧器等。

（3）运输起吊常用工具配件

运输起吊常用工具配件系统与预制构件起吊工具配件系统相同。

（4）装车常用工具配件

装车常用工具配件有墙支架、飘窗支架、阳台板支架、楼梯支架、叠合板支架等。

三、人员准备

预制构件生产流水线一般需配备生产厂长、生产副厂长、生产经理、半成品加工主管、物料加工工位长、混凝土加工工位长、钢筋加工工位长、生产线线长、清装模工位长、置筋预埋工位长、布振养工位长、脱模吊装工位长流水线重要岗位及骨干人员等，下面介绍各岗位的工作职责及能力要求。

（1）生产厂长

1）工作职责。全面负责工厂的经营管理工作，达成利润目标，对工厂智能制造体系运营负责。

2）年度计划。组织实施工厂年度工作计划和年度财务预算报告。

3）目标达成。配合集团战略发展规划，达成年度经营目标，并做好人才梯队的储备。

4）团队建设能力。全面推动培训考核，包括企业内训工作，培养管理、技术、工匠人才等团队建设。

5）工作推动。积极对接集团平台，导入新的管理和思维模式。

6）绩效指标。对工厂的生产活动进行监管，保证生产顺利进行，以 P（产效）、Q（品质）、C（成本）、D（交期）、S（安全）、M（士气）等关键绩效指标来衡量主要工作业绩。

7）监督管理。负责监督各岗位职责、权限和工作质量，协调各部门的良性沟通和合作。

8）公共关系。全面负责与政府职能部门及项目甲方、总包等相关单位的对接工作，并维持良好关系。

（2）生产副厂长

1）工作职责。根据项目需求，配合厂长有序组织、协调工厂的生产活动，达成生产指标。

2）质量成本管控。对生产执行过程进行进度跟踪、过程检查、方法调整，有效控制产品生产质量、成本和效率。

3）监督管理。对本部门的日常工作进行有效的监督、管理、反馈和调整，保障生产顺利进行。

4）质量管理。负责本部门的产品质量管理工作，组织对产品质量进行过程控制和品质改善活动。

5）设备维护。负责本部门的设备维护管理工作，确保设备的正常运转。

6）安全文明生产。负责本部门 6S［整理（seiri）、整顿（seiton）、清扫（seiso）、清洁（seiketsu）、素养（shitsuke）、安全（safety）］安全文明生产的管理与监督。

7）监督协调。监督各岗位职责、权限和工作质量，协调各部门的良性沟通和合作。

8）制订应急预案。制订生产管理部门的应急预案，以便妥善处理工厂内发生的紧急突发事件。

9）培训考核。做好团队成员的培训与考核工作，打造优秀的生产管理团队。

（3）生产经理

1）工作职责。生产经理是工厂车间计划达成、现场管理、交货等的第一负责人。

2）物资管理。负责内部所需物资的申请、盘点及管理的确认。

3）指令下达。负责执行和跟进公司下达给工厂车间的各项指令和要求。

4）构件品控。掌握车间的生产品质情况及客户对有关品质的投诉情况，并组织安排改善措施的实施。

5）工艺改进。持续推动各项工作效率提升，降低综合生产成本。

6）安全文明生产。负责本部门 6S 安全文明生产的管理与监督。

7）团队考核。负责下属员工培训考核工作，建立优秀的生产团队。

（4）半成品加工主管

1）工作职责。全面负责钢筋线、混凝土、装配式混凝土物料的生产运营工作，确保达成各项生产指标。

2）器具保养和维护。负责监督钢筋线、混凝土、装配式混凝土物料的设备和工具的保养和维护工作，确保其处于正常状态。

3）执行能力。负责执行和跟进公司给工厂加工车间的各项指令和要求。

4）物资管理。负责加工车间内部所需物资的申请、定期盘点及管理实施。

5）构件品控。掌握加工车间的产品品质情况及来自装配式混凝土生产线的有关品质的投诉情况，并组织安排改善措施的实施。

6）工艺改进。持续推动各项工作效率提升，降低综合生产成本。

7）安全文明生产。负责本车间 6S 安全文明生产的管理与监督。

（5）物料加工工位长

1）工作职责。物料加工工位长是确保装配式混凝土物料任务达成、现场管理及产品品质等的第一负责人，并向加工主管汇报工作。

2）现场管理。负责装配式混凝土物料的生产管理工作，确保装配式混凝土物料正常供给及装配式混凝土物料加工达成等各项生产指标。

3）指令下达。负责执行和跟进工厂下达给装配式混凝土物料的各项指令和要求。

4）物资管理。负责内部使用物资的申请、盘点及管理的确认工作。

5）工艺改进。持续推动各项工作效率提升，降低装配式混凝土物料的生产成本。

6）安全文明生产。负责装配式混凝土物料线 6S 安全文明生产的管理与监督。

7）培训能力。做好员工培训考核工作，建立优秀的生产团队。

（6）混凝土加工工位长

1）工作职责。全面负责搅拌站的日常生产工作，确保搅拌站达成生产指标。

2）生产计划。负责搅拌站生产计划的分解、原材料需求计划的提交。

3）设备维护管理。负责搅拌站设备的正常运转和设备的维修保养工作。

4）报表签核。负责混凝土搅拌站生产日报表的签核。

5）成本分析。收集汇总搅拌站运营数据，进行成本核算和对比分析，设法降低生产运营成本。

6）考核指标。负责制订本工位人员岗位职责、考核指标等。

7）安全生产。负责本工位的全体人员、设备安全工作。

8）协调能力。负责与计划、生产、试验室、品质管控等部门的协调工作。

（7）钢筋加工工位长

1）工作职责。全面负责钢筋线的日常生产工作，确保达成各项生产指标，并向装配式混凝土经理汇报工作。

2）材料计划。负责钢筋线生产计划的分解、原材料需求计划的提交。

3）设备维保。负责钢筋线设备的正常运转和设备的维护保养工作。

4）数据管理。收集汇总钢筋线运营数据，进行成本核算和对比分析，设法降低生产运营成本。

5）考核指标。负责制订本工位人员岗位职责、考核指标等。

6）组织协调。负责与物料、计划、装配式混凝土生产、品质管控等其他部门的相互协调工作。

7）执行能力。负责执行和跟进经理给钢筋线指派的各项工作和要求。

8）质量把控。掌握钢筋线的产品品质情况，并组织安排改善措施的实施。

（8）生产线线长

1）工作职责。确保生产线生产计划达成、效率达标、品质达标。

2）执行能力。负责执行和跟进工厂对生产线下达的各项指令和要求。

3）物资管理。负责内部所需物资的申请、定期盘点及管理实施。

4）成本控制。持续推动各项工作效率提升，降低生产成本。

5）安全文明生产。负责本部门的安全文明生产的管理与监督。

6）培训考核。做好下属员工培训考核工作，建立优秀的生产团队。

（9）清装模工位长

1）自我管理。严格遵守各项管理制度（含安全操作规程），坚守生产岗位，不迟到。

2）专业技术。熟练使用工具、识图能力。

3）执行能力。服从工作安排，根据要求保质保量按时完成任务。

4）现场管理。治具、工具摆放整齐，维护现场环境，保持工作区整齐、清洁。

5）设备维保。妥善保养设备，使用设备、工器具要珍惜爱护，节约用料。

6）团结协作。愿意沟通和分享，带领团队成员共同进步。安全意识强，协作精神好。

（10）置筋预埋工位长

1）自我管理。严格遵守各项管理制度（含安全操作规程），坚守生产岗位，不迟到、不早退。

2）执行能力。接受工作安排，根据要求保质保量按时完成任务。

3）现场管理。工器具摆放整齐，下班后打扫场地卫生，保持工作区整齐、清洁。

4）专业技术。熟练掌握置筋、预埋岗位专业技能，识图能力强。

5）安全生产。必须高度集中精神进行生产，生产确保安全，保证质量。

6）团结协作。愿意沟通和分享，带领团队成员共同进步。安全意识强，协作精神好。

（11）布振养工位长

1）自我管理。严格遵守各项管理制度（含安全操作规程），坚守生产岗位，不迟到。

2）设备操作。熟练掌握布料机、养护窑的操作技能。

3）执行能力。服从工作安排，根据要求保质保量按时完成任务。

4）现场管理。治具、工具摆放整齐，维护现场环境，保持工作区整齐、清洁。

5）设备维保。妥善保养设备，使用设备、工器具要珍惜爱护，节约用料。

6）团结协作。愿意沟通和分享，带领团队成员共同进步。安全意识强，协作精神好。

（12）脱模吊装工位长

1）自我管理。严格遵守各项管理制度（含安全操作规程），坚守生产岗位，不迟到、不早退。

2）设备操作。熟练掌握翻转台、行车操作技能。

3）执行能力。服从工作安排，根据要求保质保量按时完成任务。

4）现场管理。治具、工具摆放整齐，维护现场环境，保持工作区整齐、清洁。

5）设备维保。妥善保养设备，使用设备、工器具要珍惜爱护，节约用料。

6）团结协作。愿意沟通和分享，带领团队成员共同进步。安全意识强，协作精神好。

（13）流水线重要岗位及骨干人员

1）自我管理。严格遵守各项管理制度及安全操作规程。

2）设备操作。熟练掌握翻转台、行车、布料机、养护窑中至少 1 种设备操作。

3）执行能力。服从工作安排，根据要求保质保量按时完成本岗位的任务。

4）生产教学。带领新员工独立完成 1～2 个岗位的操作。

5）设备维保。妥善保养设备，使用设备、工器具要珍惜爱护，节约用料。

6）团结协作。安全意识强，协作精神好。

第五节　生产流程管理

与现浇式建筑相比，装配式建筑是将预制构件在构件厂进行生产加工，运输到施工现场，吊装就位后通过拼装而成。与传统建筑相比，其优点是减少大量湿作业、改善施工环境、缩短施工时间、减少建筑垃圾产生、提高建筑质量。

智能化部品/部件生产管理并不是依靠某一系统就能实现的，需要将企业的设计、生产、管理和控制的实时信息引入企业的生产和计划中，实现信息流的无缝集成，采用ERP/PM/ES/PCS集成产品数据管理、生产计划与执行控制，是实现智能化制造的一个有效解决方案。ERP业务系统解决生产什么的问题，MES制造执行系统解决如何生产的问题，PLS过程控制系统解决怎样生产的问题，三者之间相互协作高效运作达到智能化的效果。

智能化生产管理的信息集成是通过ERP/PDS/MES/PCS的信息流集成得以实现的。这种模式用PDM技术来控制产品数据、流程和工程变更，一方面PDM技术将产品几何信息送往ERP系统，同时从PDM技术这一方需要访问ERP系统的生产计划信息，从而保证ERP系统的有效运作。在ERP系统应用基础上，通过MES集成制造执行系统解决生产现场生产试制问题，使生产管理系统能适应多种生产模式。

一、生产系统

与传统混凝土加工工艺相比，预制构件自动生产线具有生产全流程自动控制，生产效率高、操作工人少、机械化程度高、人为因素引起的误差小、自动化程度高的特点。自动生产线主要由中央控制系统、原料处理系统、钢筋加工系统、混凝土循环生产系统、养护存储系统等组成（图7-8）。

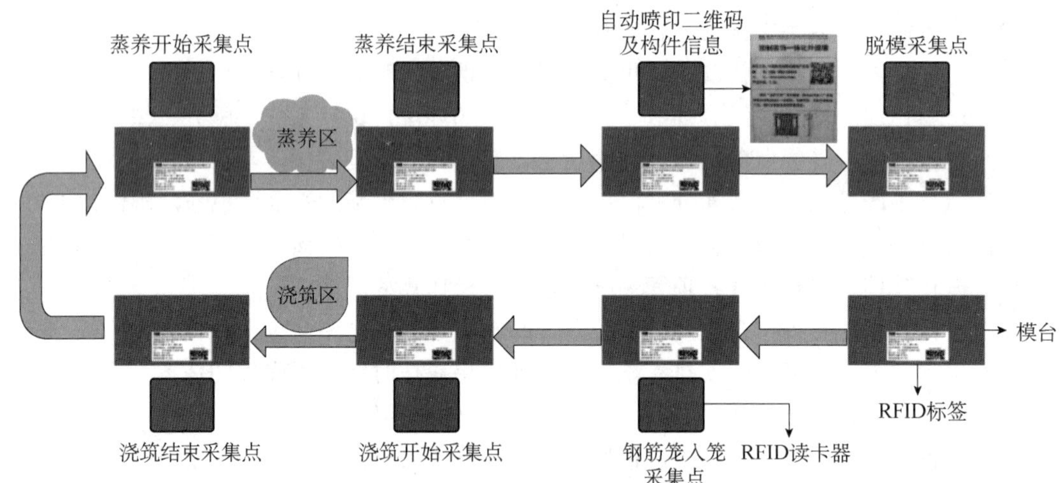

图7-8　预制构件自动生产线

预制构件自动生产线包括：

1）中央控制系统，生产线的大脑控制整条生产线的运作，包括原料处理、钢筋加工、装配式混凝土循环生产、养护存储等。

2）原料处理系统，主要有原料储存堆放、配料、计量、输送、搅拌等设备。

3）钢筋加工系统，主要有自动化钢筋加工设备、焊接设备、自动钢筋配置和摆放机械手等设备。

4）混凝土循环生产系统，主要有托盘循环设备、托盘清洁装置和脱模剂喷洒装置、标绘器、拆模机械手、混凝土布料机、翻转装置、提取设备、抹平装置、倾卸装置等设备。

5）养护存储系统，主要有混凝土养护设备、堆放和储运等设备。

机械智能化全自动生产线的投入，优化了生产工艺，构件产品毫米级误差，大大提高了生产效率，在重复、复杂、精细化要求高的流程中完全替代了人工的操作，在整个生产过程中一定程度上减少了人工介入。在配备智能化生产线的情况下，大幅提高了生产效益。

建筑部品/部件智能化生产管理系统往往与企业经营管理系统紧密相关，企业通常基于自身对行业及企业管理的理解，聚焦管理痛点与需求，与企业 ERP 打通与集成，强化构件生产的计划性与过程感知能力，可将人员从繁重的计划编制、复杂的资源协调、频繁的过程变更、繁杂的报表统计等工作中解放出来，可使设备与设备、设备与人的信息互通互联，全面提升材料、设备、质量技术、生产操作、产品交付与服务的控制能力和优化能力。在运营管理部分，采集生产运营全过程实时数据，进行指标统计分析与阈值预警，为管理决策提供支撑。例如，ERP 类产品可使用某公司的 NC 产品；生产管理 MES 类产品可使用某公司 Strumis 产品或经过国产化定制的全生命周期信息化管理平台或基于 BIM 协同平台预制混凝土构件计算机辅助制造生产系统等。

不同的建筑部品/部件有特定的生产管理流程，但从大流程方面进行概述，流程内容相近，部品/部件生产管理需要达到智能化水平，单纯依靠人力不可行，需依托生产管理类相关的信息系统，从合同、资源、进度、执行、成本等全方位进行管控。

（1）承接项目签订合同或下达订单

例如，某企业在集团 ERP 系统中建立项目档案，建立合同或订单业务；通过系统对合同订单关键控制点的稽查强化合同风险管控能力，可借助企业信息查询网站，查询签约企业的资信情况，预警企业可能发生的法务风险。

（2）生产订单的构件来自 BIM 模型

使用生产管理系统时将深化设计模型导入，实现模型数据的无损传递，形成系统的生产构件的主数据，同时可将模型、图纸、零件图形与清单构件进行关联，实现便捷的查看管理。

（3）生产排产

企业结合自身的生产任务排产情况，对订单进行排产，对前一步导入生产管理系统中的模型清单，形成加工制造的产品主数据，企业根据自己的管理要求对制造施工进行排产，先进企业已实现通过计算机算法自动排产。如混凝土结构部品/部件的制造施工，结合施工项目每一批次部品/部件的施工计划，以及企业积累的各生产流程经验数据，通过计算机算法自动计算出每一批次构件的施工制造工期，形成制造安装一体化计划，如结构图提供时间、摘料清单计划时间、材料计划下单时间、材料到厂时间、浇筑计划完成时间、发运计划完成时间、安装计划完成时间等。

根据各项目生成的制造安装一体化计划，工厂对分批构件进行排产，排产过程也可借助计算机算法进行，最终形成分配到生产车间的管理颗粒度更细致的制造资源计划，并经审批流程确认，下达给生产车间，此步骤可使用 ERP 系统实现。

（4）对加工的部品/部件进行原材料采购

通常部品/部件会根据不同的零件组成拆分成相应规格的材料，形成材料采购订单，向企业原材料供应链的下游厂商进行采购，较为先进的企业已经做到向供应商的信息系统推送材料采购订单，此步骤可使用 NC 系统实现。

（5）材料到场收发存管理

依托信息系统对材料采购订单到货进行实物收发存管理。结合物联网传感技术精准定位材料的位置，此步骤可使用相关的材料管理信息系统。

在材料管理阶段，通过将材料堆场进行网格化划分和编号，将材料与堆场定位装置进行绑定，将钢筋在高度方向上进行依次标识，在使用材料时即可通过堆场电子地图找到对应材料的实际库位和钢筋堆叠顺序。

（6）跟踪图纸编制工艺

对订单产品对应的图纸进行跟踪确认，编制对应的生产工艺配套文件。工艺文件信息来源于深化设计的成果输出，包括深化图纸和部件清单等，工艺编制环节的产物包括各生产工序所使用的图纸和工序生产设备执行程序等，此步骤可使用专业软件实现。

（7）车间生产过程的信息化管理

当材料、图纸、工艺等生产要素齐全后，部品/部件进入生产环节，根据企业生产管理系统下发的指令，对应工序都会接到工序任务和对应的资源。

不同的构件自动匹配构件制造工艺路线，并将生产任务推动到车间工序操控面板，车间工位直接从面板查看生产任务、制造工期质量要求等信息。以上几道工序完成后，通过扫码采集和工位面板操作将完成的工序进行反馈，系统内该构件的状态自动进行更新。所有的构件作业的历史全部记录，有据可查。

（8）车间智能化生产

工序在接到生产指令后，工序作业人员检查收到的指令情况和资源配套情况，具备条件则将驱动设备运行对应任务的程序文件，完成相关的生产作业，如物料搬运、切割、焊接，产品组装和养护等，再由工序设备上的传感器自动采集信息，反馈至生产管理系统，实现生产任务的执行、监控、闭环。此步骤可使用钢结构全生命周期信息化管理平台实现。

（9）实际生产进度与排产计划对比分析

车间的任务执行情况可通过任务下发和执行反馈，在信息系统中查询，结合部品/部件生产的排产计划，可对生产批的进度进行预警，便于管理人员决策和调整，如将项目工期甘特图导入系统，可实现计划工期与实际生产的进度对比。

（10）工序成本的自动归集

在产品订单下达时，在系统中即录入订单产品，结合企业自身积累的产品类型及工序生产定额数据库加上产品所使用的材料成本，即可计算出该订单产品各道工序的生产成本。

（11）基于工序的成本结算

当工序的成本精确到构件级颗粒度，对应某些工序外包的费用结算也就可水到渠成，只需换个统计维度，将结算时间范围内有对应外包单位完成的工序量进行统计，套以结算成本单价，即可完成对外的工序成本结算。此步骤可使用某公司 NC 产品中的结算管理模块。

（12）项目成本精准核算

通过信息系统的过程执行反馈，结合合同订单规定的价格数据与各工序生产定额数据，实现单项目核算，通过对单项目运营全过程的精准成本核算体系，实时监控单项目盈利亏损。此步骤可使用 ERP 系统实现。

二、生产工艺管理

1. 制备工艺

（1）固定模台法

固定模台是一块平整度较高的钢结构平台，也可以是高平整度高强度的水泥基材料平台。固定模台作为预制构件的底模，在模台上固定构件侧模，组合成完整的模具，固定模台也被称为平模工艺。固定模台工艺的设计主要是根据生产规模，在车间里布置一定数量的固定模台，放置钢筋与预埋件、浇筑振捣混凝土、养护构件和拆模都在固定模台上进行。模具是固定不动的，作业人员和钢筋、混凝土等材料在各个模台间流动，完成各项生产过程。其特点是设备简单，投资少，但占地面积大，机械化程度低，生产受气候条件的影响较大。固定模台工艺适用柱、梁、楼板、墙板、楼梯、飘窗、阳台板、转角构件等构件。

（2）机组流水法

机组流水法是在一组设备上按顺序进行钢模清理组装、刷隔离剂、铺放钢丝张拉钢筋、铺混凝土拌合物振动密实，养护，剪丝脱模等工序。在每个设备上，钢模所停留的时间根据工序操作要求而不同，制品在设备之间的转移要依靠车间内的桥式起重机。

这种生产组织能适应产品的变更，由于流水节奏自由，要保证整个生产线均衡地流水生产，必须通过认真的工艺计算使张拉、成型、养护和起重设备等各部分的生产能力相适应。先按生产线的生产能力计算确定成型设备数量，再计算养护设备（养护坑或养护窑）的容积和数量，最后验算起重运输设备的能力。机组流水法的主要生产设备：

1）预应力钢丝的张拉设备。一般由千斤顶和高压油泵组成。

2）混凝土拌合物的运输有以下三种方式：混凝土布料机直接从搅拌机下接料运至成型台位浇筑；在成型车间内设置连通搅拌楼和接料层的两层平台，由混凝土运料车在搅拌楼接料，运至车间受料点，卸入平台下的混凝土布料机内；混凝土吊罐车在搅拌机下接料，由平板车将吊罐送至车间，再由桥式起重机将吊罐吊至成型台位卸料。

3）振动成型。用振动台或带芯管振动器的抽芯机。

4）养护。机组流水法养护用养护坑较多，也可用养护窑。

5）成品运出。利用车间的桥式起重机外运或用平板车将成品运至堆场。

（3）传送流水法

传送流水法是将构件生产的一系列工序组织在一个封闭的生产流水线上。生产时，制品按规定的节拍在传送带上顺工序向前移动，由一个台位移至另一个台位，并在固定的台位完成相应的作业。这种方法机械化、自动化、联动化程度较高，适用于单一产品三班制连续作业，生产率高，但设备较复杂，建设投资大、建设期限长，产品单一，适用于大型构件厂。

采用传送流水法生产时，生产线的数量、流水节拍和工作台位数必须在设计中认真确定，传送机械通常采用辊道。流水线上的工序依次为构件出窑、剪丝放张、构件起模运出、模板清理组装、喷涂隔离剂、铺放钢丝、张拉、铺混凝土拌和料、振动成型、入窑养护。流水线上钢模的横移机械使用摆渡车，桥式起重机仅在构件起模时使用。

2. 工艺管理软件

工艺管理软件可以将图纸、材料、设备、制造过程联系起来，具有重要的作用。目前，国内使用 SinoCAM 等软件较为广泛。

SinoCAM 适用于各种数控切割机（火焰、等离子、激光、水流等）的放样、套料和数控编程。原始加工数据信息可以直接从施工过程模型中提取，包括零件的结构信息（如长度、宽度等）；零件的属性信息（如材质、零件号等）；零件的可加工信息（如尺寸、开孔情况等）。使用的材料信息可以直接从企业的物料数据库中提取，通过二次开发连接企业的物料数据库，调用物料库存信息进行排版套料，对排版后的余料进行退库管理。排版套料结束后，根据实际使用的数控设备选择不同的数控文件格式，对结果进行输出。数字化加工的结果可以反馈到施工过程模型中，对施工信息进行添加和更新操作。

3. 智能化生产管理系统

预制构件工厂生产过程执行智能化生产管理（PCMES）系统是提供基于云端、移动端、数据驱动、灵活配置的多平台实时协同系统，通过自动统计、高效排产、移动协同、生产溯源、堆场管理、安全管理、生产数据积累信息共享，来提高生产效率、降低制造成本、打通信息孤岛，实现装配式混凝土生产过程管控数字化。PCMES 系统分为生产计划、生产执行、发运管理、堆场管理、劳务管理、质量管理、数据中心、仓库管理等模块（图 7-9）。

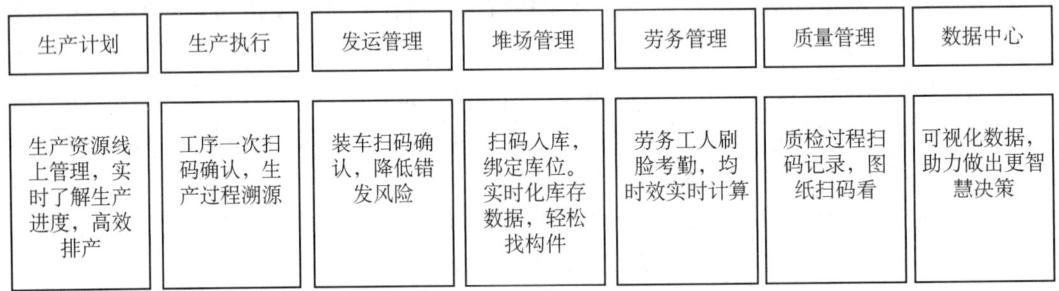

图 7-9　PCMES 系统

（1）自动统计

通过智能化生产管理（PCMES）系统，各类业务报表由系统自动生成进行汇总统计，一键下载，包含各类明细数据，为各种类型的结算提供准确的数据支持，如劳务计算、运输结算、项目结算等。其统计内容为日常浇捣统计、产量统计、入库统计、实时库存、发货统计、退货情况、质检情况等。并按期自动向上级发送报表。

（2）高效排产

以 MES 系统中计算的生产计划为基础，计算各个工厂内的详细日程计划，向工厂内各个工序输出工作指令。根据厂区内各个生产线的必要工作人员信息，资源优先度设定，模具信息，原材料信息，物料信息进行自动排产。并能根据厂区现场的构件安装情况进行逆向排产分派任务，并根据现有的库存和实际的生产能力，制订出合理高效的排产计划。

（3）移动协同

智能化生产管理系统应顺应社会发展方向，秉承移动端优先的原则，将大部分功能落实到如手机等移动端上，并尽量简化使用者的学习过程，降低学习成本。可优先考虑使用手机小程序，或推出完美适配不同系统平台的软件。

（4）生产溯源

目前，仓储物流管理系统主要有以下三种模式：第一种模式是基于人工的仓储物流管理系统，这种模式存在工作量较大、出错率较高、操作效率低的问题；第二种模式是基于条形码技术的仓储物流管理系统，这种模式在一定程度上提高了管理水平，初步实现管理的自动化。但由于条形码易损坏且无法实现远距离读写，影响数据采集的准确性，在一定程度上降低了工作效率。第三种模式是基于 RFID 技术的自动化程度较高的仓储物流管理系统。由于 RFID 技术可以实现远距离批量读写，因此，这种模式可在一定程度上提高货物贴标签和盘点、溯源查询等操作的效率和精度。同时可提高货物出入库的速度和自动化水平。是目前比较推荐的模式。

（5）堆场管理

库区设置。将堆场进行区域划分并命名，将库区、库位信息收录到系统中再对号入座将货物上架，明确货位及对应货物的信息，制定合理有效的货品管理制度。例如，可以设置成：库位=区位+架位+货位或库位=区位+货位+架位，库位=2A-05-03 表示货品放在 2 楼 A 区第五个货架的第 3 层。堆场管理系统如图 7-10 所示。

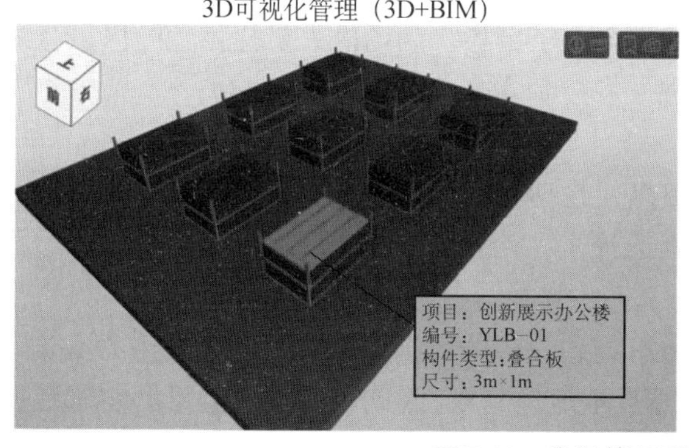

图7-10 堆场管理系统

堆场管理系统支持费用管理功能，客户可以自行制订费用的条目与模板，并根据自己的实际情况编制生成账单，以最后一级的财务审核结果作为最终结果，审核成功后可根据模板导出最终账单。

引入库存作业规范，合理有效地进行库存作业。一般情况下堆场管理中针对库存管理的功能模块都有库存最大值、最小值的限定区间，此区间由堆场管理者定义，在后续的管理中，系统会根据库存量的多少自动提示管理者库存状况。

减少对老员工的依赖，定期对库房管理人员进行培训，并制订激励措施，调动员工的积极性，合理设置管理层，明确划分堆场人员的工作职责。根据不同的作业属性制订规范化流程制度、建立相互监督机制、建立奖罚机制、划分堆场区域、建立盘点制度等来规范堆场管理，提高堆场管理效率。加强堆场管理监督，减少货品损失。减少货品破损问题，降低退货率。将 WMS 系统与 MES 系统配合使用，提高堆场管理效率。

（6）安全管理

实名制门禁考勤管理系统可以实现员工上下班考勤刷卡、数据采集及记录、信息查询和考勤统计的管理，是厂区人员管理、车间有序运转、人员安全生产的基本功能。以 RFID 技术为基础，结合自动控制技术、计算机技术、无线通信技术，为厂区安全管理工作提供一套切实可行、经济高效、安全可靠的管理方案。厂区智能安全巡检技术是通过智能软件将厂区考勤管理、现场违章管理等同时管理。其中考勤管理将无源标签通过注塑的方式嵌入安全帽中，每位员工都需要一顶带有标签的安全帽来标识身份，作为进出厂区的数据载体。具体操作是先把员工信息存储到数据库，并与其相应的安全帽标签进行配对（同时通过 Wi-Fi 将信息导入手持机），在厂区门口安装闸机，系统将自动记录考勤信息，将人员信息显示在门口的大屏幕上，人员无须停留排队，没有戴定制安全帽的员工或外来人员不得入内。

通过无载波通信技术（UWB），利用纳秒至微秒级的非正弦波窄脉冲传输数据，在厂区内进行 UWB 基站布置，覆盖全区域，对人员、产品、设备等进行精确定位，实现即时安全预警，对危险源进行蜂鸣提醒，保证厂区内人员安全。实时追踪、监控场内人员和设备，配合 RFID 技术，通过数据和视频图像的传输方式，将人机设备等信息实时传递到办公室数据中心，基于企业云端通过互联网将信息传递到各级管理者的移动端及电脑端设备中，实时掌握场内信息。

按照场地布置要求，在场区内设置安全电子围栏，为场内人员提供危险区域预警，并将操作区域、操作设备授权或限权，进一步控制安全风险源（图 7-11）。

（7）生产数据积累

建立厂区数据中心，提供可视化数据。包括可视化日常数据、可视化项目进度、管理报表推送、明细数据浏览、数据驱动制造等。

（8）共享信息

以生产设备为核心。将生产线上所有周边设备的数据信息集成到企业中心数据库中。MES 系统集成的数据信息几乎全部来源于本地控制器，因此可以通过大量的实时数据来提高生产车间的智能化、信息化，如生产信息的自动获取发送、多种工艺表的保存与提取、设备综合效率的自动统计等。

将数据实时传输到云平台，从而实现大数据集成、过程管控、故障诊断等功能。支持多种移动终端实时读取。企业数据中心应提供全终端支持，精确快速地把信息传递给各级管理者，实现使管理者移动办公。

（9）权限控制

将企业人员进行授权管理，可分多级进行权限分配。如管理者、操作者、查看者等，不同类别的人员拥有不同的操控权限。并实现对每个权限的精准下放，明确企业人员的权限。

行为安全系统　　　　人员精确定位

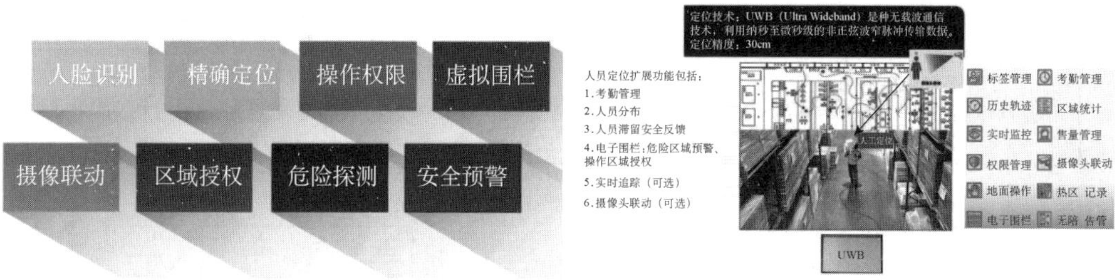

生产线防碰撞　　　　危险区域预警

即时预警，设备联动

- 精确定位：人员与行车、模具的实时精确定位
- 预警判断：通过人机位置来实现即时安全预警。
- 预警措施：通过与行车或模台的控制器（PLC）连接，自动控制行车或模台；通过人员标签蜂鸣预警提醒

图7-11　安全管理

4. 智能生产制造设备

智能化、仿生化是制造装备的最高阶段，在建筑预制件生产方面，许多预制构件生产企业采用人工的作业逐渐被自动化所替代，如钢筋绑扎、拆布模等工艺流程存在劳动强度大、工作效率低、标准化程度差等劣势，人工智能、机器人等高新技术在生产中能被充分利用，是行业内急需解决的问题。目前国内建筑业制造机器人发展处于初级阶段，已有许多企业投入大量资源开展相关研发工作。

（1）智能化设备当前应用问题分析

研发工厂预制构件生产线智能设备是提高工厂生产效率，提升产品质量，减少劳动力投入的关键。工厂自动化设备和装备的缺失，导致我国大部分工厂生产设备自动化水平偏低，大量人工手动单步控制操作，关键工位依旧需要人工作业；存在设备间功能配合工艺生产不足，钢筋生产线、混凝土搅拌系统、行车设备系统联动性差等问题；钢筋生产线为单一钢筋设备的简单堆砌，需要大量劳动力进行半成品钢筋的绑扎；引进的生产线不能完全适应我国装配式建筑的特点和需要等。

（2）制造装备智能化

制造装备智能化运作流程如图7-12所示。

通过RFID、二维码等信息技术将工厂内的所有预制构件生产线智能设备有序串行起来，使每台智能化生产设备皆为信息采集点和信息写入点，通过厂区内部网络将信息传递到中央控制室数据中心，基于企业云端将数据信息传递到厂区施工人员及各级管理人员的移动端、电脑端等设备中，使管理者实现移动办公、实时办公、精准办公。

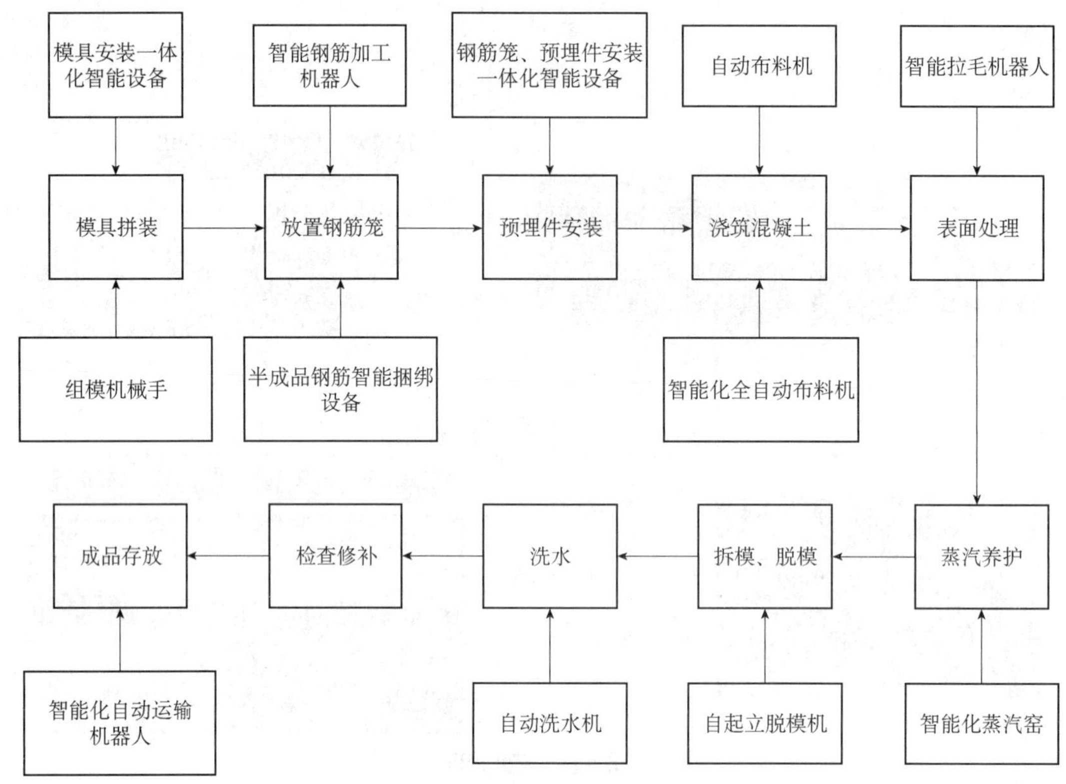

图7-12　制造装备智能化运作流程

1）钢筋加工机器人：钢筋加工机器人通过嵌入式微型计算机读取预处理好的钢筋加工图纸信息，可自动完成钢筋调直、牵引、弯曲、切断全过程，并且可以做到连续成型，连续出货，分类放置。减少了材料消耗，节约了人工成本，具有生产效率高、产量大、精度高的优点，还避免了信息加工和输入错误，解决了传统管控的难题，提升了钢筋加工标准化水平（图7-13）。

图7-13　钢筋加工机器人

2）自动布料机：自动布料机有人工手动控制和自动控制 2 种操作模式，人工手动控制模式时，设备操作简便，学习成本低，上手快，工人能在短时间内上手且熟练操作。全自动控制模式时，布料机控制系统直读中央控制室计算机中的图纸数据，通过 RFID 及二维码信息自动识别出模具型号、用料方量，自动模拟出布料路线，自动布料。布料过程效率高，机器的行走速度，布料速度无级可调，并配备清洗平台、高压水枪和清理用污水箱，便于清洗和污水回收（图 7-14）。

图 7-14　自动布料机

3）拉毛机器人：拉毛机器人主要用于预制构件静养后的收面处理，通过 RFID 技术和预置摄像头识别二维码等 2 种方式智能识别工位下的预制构件，通过微型计算机自动读取出中央控制系统中的构件数据，自动控制拉毛类型方式、拉毛范围、拉毛路径等。拉毛机机械手臂可快速升降，锁定位置。该设备拉毛迅速，效率高，拉毛深度均匀，效果也较人工好（图 7-15）。

图 7-15　拉毛机器人

4）自动立起脱模机：自动立起脱模机由翻转式模台、液压机械结构、站人平台等组成。该设备的应用，扩展了构件的脱模方式，方便构件吊起，能大幅提高脱模效率。生产过程中模台到达该工位时，操作手通过遥控方式对其进行远距离操作，设备停靠稳定后，工人通过操作平台对构件进行挂钩安装等工作，作业过程安全可靠（图 7-16）。

图 7-16　自动立起脱模机

5）自动洗水机：自动洗水机，在洗水这一环节能完全替代人工作业。它的优势在于，通过微机系统对洗水目标区域、喷头移动路径、喷头出水量的精准控制，以及移动式模台和自动洗水机的协同移动，可进行流水式作业，使单个构件洗水用水量更少，洗水过程时间减少，但洗水效果更好，减少了水资源和人力资源的浪费（图 7-17）。

图 7-17　自动洗水机

（3）智能化生产设备技术应用展望

为了能够推动我国智能制造设备良好发展，应不断扩大中国智能制造的规模、力度。应充分考虑我国的国情及我国可持续发展战略，科学合理地制定智能制造设备的发展目标，即集成化、定制化、信息化、数字化、绿色化。在此基础上统筹规划和制订相应的智能制造设备研究方案，为更深入、全面地开展智能制造创造条件。

将计算器辅助制造（CAM）系统、生产执行管理（MES）系统与基于BIM技术的建筑全生命周期大数据服务相结合，通过大数据分析和AI人工智能对工厂生产进行进度计划控制、质量控制、生产溯源、移动协同、堆场管控、自动统计等，对生产全过程进行信息化管控。为达到这一理想的生产状态，研发新型智能的能解决我国构件生产痛点的关键性生产线智能设备是当前最为迫切的需求。

1）研究模具、钢筋笼一体化智能安装设备，取代手工作业，实现模具的自动化安放；

2）研发一体化智能安装设备用于模具和对应钢筋笼之间的自动识别、运输、装配和固定等环节，取代手工作业，提高工厂的生产效率；

3）研发适合我国建筑标准的组模机械手和配套模具，能解决预制构件出筋问题，与现有自动化流水线相配合，流水化生产构件；

4）研发钢筋半成品智能绑扎设备，取代人工进行智能化精准绑扎，形成完整的钢筋成品笼；

5）自动布料机根据构件位置、尺寸、混凝土方量等加工浇筑信息，自动确定接料位置和运动路径，实时控制浇筑涂料速率和体积，完成构件智能化自动浇筑工艺；

6）研发预制构件成品专用运输设备。力求装货空间大，能够自动升降，装货、卸货无须起吊设备，无须工人，对构件的保护效果好。同时把控运输环节，采用运输架，了解区域物流规律，优化运输路线，降低运输成本。

三、产品信息标志

为了便于构件安装和装车运输时快速找到构件，有利于质量追溯，明确各个环节的质量责任，便于生产现场管理，预制构件应有完整、明显的标志。构件标志包括二维码直接标志、内埋芯片标志、文件标志3种。这3种方式的内容依据为构件设计图纸、标准及规范。

1. 直接标志

（1）二维码直接标志

预制构件生产企业所生产的每一件构件应在显著位置进行唯一性标志，推广使用二维码标志，预制构件表面的二维码标志应清晰、可靠，以确保识别预制构件的“身份”。

二维码标志应包括以下信息：

1）工程信息。工程信息应包括工程名称、建设单位、施工单位、监理单位、预制构件生产单位。

2）基本信息。基本信息应包括构件名称、构件编号、规格尺寸、使用部位、重量、生产日期、钢筋规格型号、钢筋厂家、钢筋牌号、混凝土设计强度、水泥生产单位、混凝土用砂产地、混凝土用石子产地、混凝土外加剂使用情况。

3）检测验收信息。

检测验收信息应包括验收时混凝土强度、尺寸偏差、观感质量、生产企业验收责任人、驻厂监造监理（建设）单位验收责任人、驻厂施工单位验收责任人、质量验收结果。

4）其他信息。

其他信息应包括预制构件现场堆放说明、现场安装交底、注意事项等。

（2）表面标志

预制构件检验合格后，应在表面显著位置进行标志，标志内容应包括构件编号、制作日期、合格状态、生产单位等信息，且标志应设置在便于现场识别的部位，通过标志将构件的信息予以明确展示，直观表示出构件详细信息及吊装位置，便于吊装和指挥操作，降低误吊概率。

对于在成品构件上进行表面标志的，构件生产企业同时还应按照有关标准规定或合同要求，对供应的产品签发产品质量证明书，明确重要技术参数，有特殊要求的产品应提供安装说明书。构件生产企业的产品合格证应包括合格证编号、构件编号、产品数量、预制构件型号、质量情况、生产企业名称、生产日期、出厂日期、质检员及质量负责人签字等。

2. 内埋芯片标志

目前，采用书写和印刷的方式在构件表面写上规格、型号是常规的构件标志方法。采用这种常规方式，在构件运输到工地后，现场工人可直接识别和定位构件位置，便于现场施工。所以这种书写和印刷构件信息的方式是必不可少的，为了更详细地记录构件信息还可以采用构件编码标志系统。

构件编码标志系统是一种无线射频（Radio Frequency Identification，RFID）芯片识别通信技术，可通过无线电信号识别特定目标并读写相关数据，而无须识别系统与特定目标之间建立机械或光学接触，可制成芯片预埋在预制构件中，详细记录构件从设计、生产、施工过程中的全部信息。市场上常见的芯片一般使用寿命为5～10年。

（1）RFID技术定义

RFID技术是一种通过无线电信号对携带RFID标签的特定对象进行识别的技术，该技术可通过非接触的方式对物体的身份进行识别；读取其携带的信息；可对其信息进行修改与写入。相比于其他，如磁卡、条形码、二维码等识别技术，射频识别技术具有诸多优点，包括使用方便、无须接触、识别速度快、穿透性极强、识别距离远、数据容量大、数据可改写、可工作于恶劣环境等。由于其所具有的诸多优点，目前射频识别技术已经广泛应用于供应链跟踪、证件识别、车辆识别、门禁识别、生产监控等多个领域，成为物联网发展与应用过程中的关键技术之一。

RFID技术相关设备主要由中间件、读写器、天线、RFID标签等部分组成。RFID芯片按芯片能量获取来源通常分为有源式、无源式与半无源式；按工作频段通常分为低频、高频和超高频，RFID读写器按照工作形式可分为固定式读写器和移动式读写器。为了将物联网融合到施工管理中，需要将RFID芯片安装在构件之中。RFID芯片一般布置在表层混凝土20 mm厚度以内。为了方便施工操作，可使用软件根据构件编号生成二维码，贴在构件表面，安装时可以使用手机安装的客户端查阅相关信息。

（2）RFID技术应用

RFID技术在各阶段管理流程如下：

1）生产管理：预制件生产完成时，使用RFID手持机读取RFID标签数据，录入完成时间、完成数量、规格等信息，并将信息同步到后台。

2）出厂管理：在工厂大门内外安装 RFID 阅读器，对装载于车辆上的预制件 RFID 标签进行读取，判断进出方向，与订单信息匹配，并将信息自动同步到后台。

3）项目现场入场管理：在项目现场安装 RFID 阅读器，自动识读进入现场的预制件 RFID 标签数据，并将信息同步到系统平台。

4）堆场管理：在堆场安装 RFID 阅读器，对堆场预制件进行自动识读，监测其变化，并将信息自动同步到后台。

5）安装管理：在塔吊上安装 RFID 阅读器，在塔吊对预制件进行吊装时，自动识读预制件标签，自动记录预制件安装时间。

6）溯源管理：对已经安装好的预制件，通过 RFID 手持机进行单件识读，显示该预制件的信息。

（3）内埋芯片操作

1）芯片信息的录入：采用 RFID 芯片，可通过编码转换软件记录每块构件的设计参数和生产过程信息，并将这些信息储存到芯片内。基于构件制作和施工，芯片录入的基本信息需包含（不限于）以下几点：

①工程名称与用户单位；

②构件规格、型号（包括楼号、楼层、构件名称、体积和重量等）；

③混凝土强度等级；

④生产单位；

⑤生产日期；

⑥检验员与检验合格状态；

⑦生产班组等。

2）芯片的埋设。

RFID 芯片录入各项信息后，将芯片浅埋在构件成型表面，埋设位置宜建立统一规则，以便后期识别读取。埋设方法如下：

①竖向构件收水抹面时，将芯片埋置在距楼面 60～80 cm 高处，带窗构件则埋置在窗洞下 20～40 cm 中心处，并做好标记。脱模前将打印好的信息表粘贴于标记处，便于查找芯片。

②水平构件一般放置在构件底部中心处，将芯片粘贴固定在平台上，与混凝土整体浇筑。

③芯片埋深以贴近混凝土表面为宜，埋深不应超过 2 cm，具体以芯片供应厂家提供的数据为准。

四、进度计划管理

进度计划管理是预制构件企业的重要管理活动，在经营活动中起龙头作用。进度计划管理不仅与客户合同履约密切相关，更是协调企业内部管理部门、分支机构、生产车间资源分配和使用效率的主要手段，直接影响设计产能、仓储能力和安装进度。

目前，国内绝大多数预制构件企业使用 Microsoft Excel/Project 等传统软件进行进度计划管理，国内部分大型预制构件企业通过开发装配式构件信息管理（PCIS）系统、定制ERP系统，专用App实现了进度计划的有效管理。PCIS系统进度计划管理包括客户管理（包括合同、销售、库存、应收款）、构件需求计划管理、物料需求计划管理（包括材料、配件、采购计划、领用与盘点）、模板计划管理（包括模具加工、使用维护）及生产计划管理（包括订单情况、工期安排、人力资源安排、动态生产计划）等内容。

某企业的进度计划管理职责由经营部、设备物资部、调度中心等部门分别承担。其中客户管理和构件需求计划管理职责由经营部承担，物料需求计划管理和模板计划管理由设备物资部承担，生产计划管理由调度中心承担。具体管理内容包括以下几点：

（1）客户管理

客户管理包括合同、销售、库存、应收款等内容。不同工程、不同楼层、不同型号的构件信息从BIM深化设计文件或CAD深化设计图纸自动或手动导入企业的ERP系统或PCIS系统，其中客户名称、工程名称、楼号、层号、施工段、构件设计型号、构件数量及相关物料清单等基础信息会自动生成。在项目开展过程中，与项目相关的招标文件、答疑文件、合同、工程洽商变更、工作联系单、工程交底、工程结算、会议纪要及产品销售、库存、应收款等信息可随时录入，与项目进行关联，便于实时查阅、统计分析及被各种报告自动采纳。

（2）构件需求计划管理

为提高采购计划的准确性，企业经营人员要及时确认项目工地每栋楼首层预制构件需求时间和预制构件安装周期，借助ERP系统或PCIS系统自动生成形象进度图，或构件需求计划表，形成物料需求计划的基础数据。项目进行过程中相关系统驻工地的服务人员，用“进度计划App”扫描在施楼层最近安装构件的二维码，实时确认本栋楼的实际安装进度，为物料需求计划的动态调整提供关键数据。

（3）物料需求计划管理

BIM深化设计文件的物料清单可直接导入PCIS系统，系统根据所承接项目每楼栋的构件需求，可按照工厂、项目、时点自动生成物料需求计划，同时为成本核算提供基础数据。物资部门根据各时点的物料需求计划进行备货或采购，生产车间根据生产任务单进行物料领用，做到日清月结。

（4）模板计划管理

无论外部采购还是企业自加工，模板供应不及时经常制约工期。某项目构件需求计划完成后，PCIS系统可自动匹配模台和边模板；快速形成模台和边模板需求计划，包括型号、需求数量、需求进度等信息，模具管理部门据此制订模板供应计划。某企业通过研发玻璃钢轻型通用边模板体系，大大简化了边模板计划管理。

第六节　质量控制与检查

在预制构件生产企业中，质量检验是客观、重要的，严格质量检验制度、加强质量检验和质量监督工作是保证产品质量的重要环节。构件的生产是一个复杂的过程，人、机、料、法、环等要素都可能对生产过程的变化产生影响，因此工序质量和成品构件的质量验收尤为重要。

构件检验项目分为主控项目和一般项目。影响结构安全、质量、节能、环境保护和主要使用功能的检验项目为主控项目，其他检验项目为一般项目。构件检验的主要依据包括现行国家行业标准《装配式混凝土建筑技术标准》（GB/T 51231）、《混凝土结构工程施工质量验收规范》（GB 50204）、《装配式混凝土结构技术规程》（JGJ 1）、《钢筋套筒灌浆连接应用技术规程》（JGJ 355）和其他相关要求。

工厂的质量控制管理职责由试验室、生产部、技术质量部等承担。其中原材料和配件质量检验职责由试验室负责，部件加工和生产过程质量控制职责由生产部负责，产品质量检验职责由技术质量部负责。为了方便管理人员使用操作，通常可应用“质量管控系统App”与 PCIS 系统配合，对“隐蔽检查质量管理”和“成品缺陷管理”实现管控，极大地提高了质量管理效率。隐蔽检查质量管理就是在混凝土浇筑前，质检员对每一块构件中的钢筋和预埋件进行隐蔽检查验收，通过手机 App 进行拍照，关联构件 RFID 信息，然后上传到 PCIS 系统，系统自动生成隐蔽工程检查记录表。

一、材料检查

每种材料的检查都应从检查数量、检验方法和检查结果 3 个方面收集信息。可以利用办公软件和生产管理系统进行信息的采集和管理。

（1）水泥

1）水泥应采用强度不低于 42.5 级的硅酸盐、普通硅酸盐水泥。水泥进厂时，应对其品种、代号、强度等级、包装或散装编号、出厂日期等进行检查，并应对水泥的强度、安定性和凝结时间进行检验，检验结果应符合现行国家标准《通用硅酸盐水泥》（GB 175）等的相关规定。

检查数量：按同一厂家、同一品种、同一代号、同一强度等级、同一批号且连续进场的水泥，袋装不超过 200 t 为一批，散装不超过 500 t 为一批，每批抽样数量不应少于一次。

检验方法：检查质量证明文件和抽样检验报告。

2）水泥、外加剂进厂检验，当满足下列条件之一时，其检验批容量可扩大一倍：

①获得认证的产品；

②同一厂家、同一品种、同一规格的产品，连续三次进场检验均一次检验合格。

（2）骨料

混凝土原材料中的粗骨料、细骨料质量应符合现行行业标准《普通混凝土用砂、石质量及检验方法标准》（JGJ 52）的规定。

检查数量：按照《普通混凝土用砂、石质量及检验方法标准》的规定确定。

1）砂使用前应对其含水、含泥量进行检验，并用筛选分析试验对其颗粒级配及细度模数进行检验，预制构件生产不得使用海砂。

2）石子使用前应对其含水量、含泥量进行检验，并用筛选分析试验对其颗粒级配进行检验，其质量应符合《普通混凝土用砂、石质量及检验方法标准》的规定。

3）对于有抗冻、抗渗或其他特殊要求的混凝土，其所用碎石或卵石的含泥量不应大于 1.0%。当碎石或卵石的含泥是非黏土质的石粉时，其含泥量由 0.5%、1.0%、2.0%分别提高到 1.0%、1.5%、3.0%。对于有抗冻、抗渗及其他特殊要求的强度等级小于 C30 的混凝土，其所用碎石或卵石的泥块含量应不大于 0.5%。

（3）减水剂

减水剂品种应通过试验室进行试配后确定，进场前要求提供商出具合格证和质保单等。减水剂产品应均匀、稳定，其质量应符合现行国家标准《混凝土外加剂》（GB 8076）的规定。

（4）水

混凝土拌制和养护用水应符合现行行业标准《混凝土用水标准》（JGJ 63）的规定。采用饮用水时可不检验；采用中水、搅拌站清洗水、生产现场循环水或其他水源时，应对其成分进行检验。

检查数量：同一水源检查不应少于一次。

检验方法：检查水质检验报告。

（5）矿物掺合料

混凝土中的矿物掺合料的质量应符合现行国家标准《用于水泥和混凝土中的粉煤灰》（GB/T 1596）的规定。矿物的掺合料的掺量应通过试验确定。

混凝土用矿物掺合料进厂时，应对其品种、技术指标、出厂日期等进行检查，并应对矿物掺合料的相关技术指标进行检验，检验结果应符合国家现行有关标准的规定。

检查数量：选取按同一厂家、同一品种、同一技术指标、同一批号且连续进场的矿物掺合料，粉煤灰、石灰石粉、磷渣粉和钢铁渣粉不超过 200 t 为一批，硅灰不超过 30 t 为一批，每批抽样数量不应少于一次。

检验方法：检查质量证明文件和抽样检验报告。

（6）外加剂

外加剂的品种选择与掺量应进行试配确定。混凝土外加剂进厂时，应对其品种、性能、出厂日期等进行检查，并应对外加剂的相关性能指标进行检验，检验结果应符合现行国家标准《混凝土外加剂》（GB 8076）和《混凝土外加剂应用技术规范》（GB 50119）等的规定。

检查数量：按同一厂家、同一品种、同一性能、同一批号且连续进场的混凝土外加剂，不超过 50 t 为一批，每批抽样数量不应少于一次。

检验方法：检查质量证明文件和抽样检验报告。

（7）其他

1）混凝土中氯化物和碱的总含量应符合现行国家标准《混凝土结构设计规范》（GB 50010）和设计的要求。

2）混凝土应按现行行业标准《普通混凝土配合比设计规程》（JGJ 55）的有关规定，根据混凝土强度等级、耐久性和工作性等要求进行配合比设计。

3）混凝土原材料应按品种、规格分别存放。

二、钢筋工程检验

1. 钢筋进场检验

（1）检验要求

1）普通钢筋。钢筋进场时，应按要求进行以下检验：

①钢筋进场时，应按国家现行相关标准的规定抽取试件做屈服强度、抗拉强度、伸长率、弯曲性能和重量偏差检验，检验结果应符合相关标准的规定。

检查数量：按进场批次和产品的抽样检验方案确定。

检验方法：检查质量证明文件和抽样检验报告。

②成型钢筋进场时，应抽取试件做屈服强度、抗拉强度、伸长率和重量偏差检验，检验结果应符合相关标准的规定。

检查数量：同一厂家、同一类型、同一钢筋来源的成型钢筋，不超过 30 t 为一批，每批中每种钢筋牌号、规格均应至少抽取 1 个钢筋试件，总数不应少于 3 个。

检验方法：检查质量证明文件和抽样检验报告。

③钢筋应平直、无损伤，表面不得有裂纹、油污、颗粒状或片状老锈。

检查数量：全数检查。

检查方法：观察。

④成型钢筋的外观质量和尺寸偏差应符合国家现行有关标准的规定。

检查数量：同一厂家、同一类型的成型钢筋，不超过 30 t 为一批，每批随机抽取 3 个成型钢筋。

检查方法：观察，尺量。

⑤钢筋、成型钢筋进场检验，当满足下列条件之一时，其检验批容量可扩大一倍。

⑥预埋件用钢材及焊条的性能应符合设计要求。

检查数量：按进场批次和产品的抽样检验方案确定。

检验方法：检查质量证明文件和抽样复验报告。

⑦内埋式吊装及临时固定用螺母、吊杆进场时，应按其在预制构件中的实际预埋和固定方式制作试件，做抗拔试验，检测结果应符合相关国家、行业现行标准和产品标准的规定。

检查数量：同一厂家、同一规格、同一批次进场的螺母、吊杆，不超过 5 000 个为一批，制作 3 个试件。

检验方法：检查质量证明文件和抽样检验报告；本项为构件生产厂质量自控，自行制作试件并出具检验报告。

2）预应力筋。预应力筋的检查和验收由供方进行，需方有权进行检验。

检查数量：预应力筋应按批进行检查和验收，每批应由同一炉号、同一规格、同一交货状态的钢筋组成，每批为 60 t。

（2）检验方法

钢材进场前要求提供商出具合格证和质保单，按批次对其抗拉伸强度、比重、尺寸、外观等进行检验，其指标应符合现行国家标准《预应力混凝土用螺纹钢筋》（GB/T 20065）、《钢筋混凝土用钢 第 1 部分：热轧光圆钢筋》（GB 1499.1）等的规定。

2. 钢筋加工检验

（1）普通钢筋检验

1）加工检验：钢筋宜采用自动化机械设备加工。

2）连接检验：钢筋连接除符合现行国家标准《混凝土结构工程施工规范》（GB 50666）的有关规定外，还应符合其他相关规定。

3）半成品检验：钢筋半成品应检查合格后方可进行安装。

（2）预应力筋

1）材料。

①预应力工程材料的性能应符合国家现行有关标准的规定。

②预应力筋的品种、级别、规格、数量必须符合设计要求。当预应力筋需要代换时，应进行专门计算，并应经原设计单位确认。

③预应力工程材料在运输、存放、加工、安装中，应采取防止其损伤、锈蚀或污染的保护措施。

2）制作与安装。

①预应力筋的下料长度应经计算确定，并应采用砂轮锯或切断机等机械方法切断。预应力筋在制作或安装时，应避免焊渣或接地电火花带来的损伤。

②无黏结预应力筋在现场搬运和铺设过程中，不应损伤其塑料护套。当出现轻微破损时，应及时封闭；严重破损的不得使用。

③钢绞线挤压锚具应采用配套的挤压机制作，并应符合产品使用说明书的规定。采用的摩擦衬套应沿挤压套筒全长均匀分布；挤压完成后，预应力筋外端应露出挤压套筒不少于 1 mm。

④钢绞线压花锚具应采用专用的压花机制作成型，梨形头尺寸和直线锚固段长度不应小于设计值。

⑤钢丝镦头及下料长度偏差应符合相关规定。

⑥成孔管道的连接应密封，并应符合相关规定。

⑦预应力筋或成孔管道的定位应符合相关规定。

⑧预应力筋和预应力孔道的间距和保护层厚度应符合相关规定。

⑨预应力孔道应根据工程特点设置排气孔、泌水孔及灌浆孔，排气孔可兼作泌水孔或灌浆孔。

⑩锚垫板、局部加强钢筋和连接器，应按设计要求的位置和方向安装牢固。

⑪后张法有黏结预应力筋穿入孔道及其防护，应符合相关规定。

⑫预应力筋等安装完成后，应做好成品保护工作。

⑬当采用减摩材料降低孔道摩擦阻力时，应符合相关规定。

3）张拉与放张。

①预应力筋张拉前应做好相关准备工作。

②施加预应力时，同条件养护的混凝土立方体抗压强度应符合设计要求，并应符合相关规定。

③采用应力控制方法张拉时，应校核张拉力下预应力筋伸长值，实测伸长值与计算伸长值的偏差不应超过±6%，否则应查明原因并采取措施后再张拉。必要时，宜进行现场孔道摩擦系数测定，并可根据实测结果调整张拉控制力。

④预应力筋的张拉顺序应符合设计要求，并应符合相关规定。

⑤有黏结预应力筋应整束张拉；对直线形或平行编排的有黏结预应力钢绞线束，当各根钢绞线不受叠压影响时，也可逐根张拉。

⑥预应力筋张拉时，应从零拉力加载至初拉力后，量测伸长值初读数，再以均匀速率加载至张拉控制力。对塑料波纹管成孔管道，达到张拉控制力后，宜持荷 2～5 min。初拉力宜为张拉控制力的 10%～20%。

⑦预应力筋张拉中应避免预应力筋断裂或滑脱。当发生断裂或滑脱时，应符合相关规定。

⑧先张法预应力筋的放张顺序应符合相关规定。

⑨后张法预应力筋张拉锚固后，如遇特殊情况需卸锚时，应采用专门的设备和工具。

3. 骨架质量检验

（1）钢筋加工

1）主控项目。

①钢筋弯折的弯弧内直径应符合相关规定。

检查数量：同一设备加工的同一类型钢筋，每工作班抽查不应小于 3 件。

检验方法：尺量。

②纵向受力钢筋的弯折后平直段长度应符合设计要求。光圆钢筋末端做 180° 弯钩时，弯钩的平直段长度不应小于钢筋直径的 1/3。

检查数量：同一设备加工的同一类型钢筋，每一工作班抽查不应小于 3 件。

检验方法：尺量。

③箍筋、拉筋的末端应按设计要求做弯钩，并应符合相关规定。

检查数量：同一设备加工的同一类型钢筋，每一工作班抽查不应小于 3 件。

检验方法：尺量。

2）一般项目。

钢筋加工的形状、尺寸应符合设计要求。

检查数量：同一设备加工的同一类型钢筋，每一工作班抽查不应少于 3 件。

检验方法：尺量。

（2）钢筋和预埋件安装

1）主控项目。

①钢筋安装时，钢筋的品种、级别、规格和数量必须符合设计要求。

检查数量：全数检查。

检查方法：观察，尺量。

②钢筋安装应牢固，预埋于现浇混凝土内的钢筋套筒灌浆接头的预留钢筋应采用定型钢模具措施对其位置进行控制；应采用可靠的固定措施保证预留连接钢筋的外露长度。

检查数量：全数检查。

检查方法：观察。

2）一般项目。

钢筋网片、钢筋桁架的安装偏差，受力钢筋保护层厚度的合格点率应达到 90%及以上，且不得有超过规定数值 1.5 倍的尺寸偏差。

检查数量：在同一工作班内，抽查构件数量的 10%，且不应少于 3 件。

三、模具检验

1. 模具要求

（1）设计

1）模具方案应根据生产工艺、产品类型等制订，应建立健全模具验收、使用制度。

2）模具材料应满足设计及生产工艺要求。

3）模具应装拆方便，并应满足预制构件质量、生产工艺和周转次数等要求。

4）模具部件宜标准化、定型化，便于组装成多种尺寸形状。

5）模具材料宜采用钢材，能满足设计及生产工艺要求时，可采用其他材料。

6）模具设计应考虑混凝土浇筑、脱模、翻转、起吊的强度、刚度和稳定性要求，且便于支、拆和钢筋安放及混凝土浇筑。

7）模具表面应平整、光滑，不应有划痕、生锈、氧化层脱落等现象。

8）模具设计应采取防腐防锈措施。

（2）组装

模具应具有足够的强度、刚度和整体稳固性，并应符合下列规定：

1）模具组装宜采用螺栓或销钉连接；模具组装应牢固、严密不漏浆。各部件之间应连接牢固、接缝紧密，附带的埋件或工装应定位准确、安装牢固。

2）模具底模宜采用固定式，用作底模的台座、胎模、地坪及铺设的底板等应平整光洁，不得有下沉、裂缝、起砂和起鼓。

3）模具应保持清洁，涂刷脱模剂、表面缓凝剂时应均匀、无漏刷、无堆积，且不得沾污钢筋，不得影响预制构件外观效果。

4）模具与平模台间的螺栓、定位销、磁盒等固定方式应可靠，防止混凝土振捣成型时造成模具偏移和漏浆。

5）模具摆放场地应平整、坚固、无积水。

2. 检验项目

模具按下列规定进行检验：

1）模具应具有足够的强度、刚度和整体稳固性，且应符合相关规定。

2）预埋件与预留孔洞宜通过模具进行定位并安装牢固。

3）预埋件用钢材及焊条的性能应符合设计要求。

4）预埋门窗框时，应在模具上设置限位装置进行固定，并应逐件检验门窗框安装。

5）应定期检查侧模、预埋间和预留孔洞定位措施的有效性，应采取防止模具变形和锈蚀的措施。

6）重新启用的模具应检验合格后方可使用。

3. 质量检验

（1）主控项目检验

1）模具及所用材料、配件的品种、规格等应符合设计要求。

检查数量：全数检查。

检验方法：观察、检查设计图纸要求。

2）用作底模的模台应平整光洁，不得下沉、裂缝、起砂或起鼓。

检查数量：全数检查。

检验方法：观察。

3）模具的配件与部件之间、模具与模台之间应连接牢固；预制构件上的预埋件均应有可靠固定措施。

检查数量：全数检查。

检验方法：观察，摇动检查。

（2）一般项目检验

1）模具内表面的隔离剂应涂刷均匀、无堆积，且不得沾污钢筋；在浇筑混凝土前，模具内应无杂物。

检查数量：全数检查。

检验方法：观察。

2）预制构件模具组装后的尺寸偏差检验。

检查数量：首次使用及大修后的模具应全数检查；使用中的模具，同一工作班安装的模具，抽查 10%，且不少于 5 件。

检验方法：观察，拉线、尺量。

3）固定在模具上的预埋件、预留孔洞中心位置的允许偏差检测。

检查数量：同一工作班安装的模具，抽查 10%，且不少于 5 件。

检验方法：尺量。

四、构件生产检验

1. 一般规定

1）预制构件生产前应编制生产方案，生产方案应包括生产计划及生产工艺、模具方案、技术质量控制措施、成品存放、运输和保护方案等。

2）预制构件生产应以加工图设计文件为依据，生产单位应对加工图设计文件进行工艺性审查，当需要修改加工图设计文件时，应办理设计变更文件。

3）加工图设计文件应包括预制构件模板图、配筋图、预埋吊件及各种预埋件的细部的构造图等。

4）对带饰面砖或饰面板的构件，应绘制排砖图或排版图。

5）对夹芯保温墙板，应绘制内外叶墙板拉结件布置图及保温板排版图。

2. 混凝土

（1）混凝土要求

1）混凝土应按现行国家标准《普通混凝土配合比设计规程》（JGJ 55）的有关规定，根据混凝土强度等级、耐久性和工作性等要求进行配合比设计。

2）水泥进场时，应对其品种、代号、强度等级、包装或散装编号、出厂日期等进行检查，并应对水泥的强度、安定性和凝结时间进行检验，检验结果应符合现行国家有关标准的规定，水泥存放期超过 3 个月应按规范要求进行复检。

3）混凝土外加剂进厂时，应对其品种、性能、出厂日期等进行检查，并应对外加剂的相关性能指标进行检验，检验结果应符合国家现行有关标准的规定。

4）混凝土工作性能指标应根据预制构件产品特点和生产工艺确定，混凝土配合比设计应符合现行国家标准《普通混凝土配合比设计规程》（JGJ 55）和《混凝土结构工程施工规范》（GB 50666）的有关规定。

5）混凝土有耐久性要求时应按现行行业标准《混凝土耐久性检验评定标准》（JGJ/T 193）的规定检验评定。

6）混凝土应采用有自动计量装置的强制式搅拌机搅拌，并具有生产数据逐盘记录和实时查询功能。混凝土应按照混凝土配合比通知单进行生产。

7）混凝土强度应按现行国家标准《混凝土强度检验评定标准》（GB/T 50107）的规定分批检验评定。检验评定混凝土时，应采用 28 d 或设计规定龄期的标准养护试件。试件成型方法及标准养护试件应符合现行国家标准《普通混凝土力学性能试验方法标准》（GB/T 50081）的规定。采用蒸汽养护的构件，其试件应随构件同条件养护，然后再置入标准养护条件下继续养护至 28 d 或设计规定龄期，检验时应符合相关规定。

8）当混凝土试件强度评定不合格时，应委托具有资质的检测机构按国家现行有关标准的规定对预制构件中的混凝土强度进行检测推定，满足强度要求的或经原设计单位核算并确认仍可满足结构安全和使用功能的构件可判定为合格；如构件已安装于工程，可按现行国家标准《混凝土结构工程施工质量验收规范》（GB 50204）中相关规定进行处理。

（2）生产质量

1）主控项目：

①首次使用的混凝土配合比应进行开盘鉴定，其原材料、强度、凝结时间、稠度等应满足设计配合比的要求。

检查数量：同一配合比的混凝土检查不应少于一次。

检验方法：检查开盘鉴定资料和强度试验报告。

②拌制混凝土所用原材料的品种及规格，应符合混凝土配合比的规定。

检查数量：每工作班检验不应少于 1 次。

检验方法：按配合比通知单内容逐项核对，并做出记录。

③混凝土生产质量应符合现行国家标准《预拌混凝土》（GB/T 14902）的规定。

检查数量：对同一配合比混凝土，抽样数量应符合相关规定。

2）一般项目：

①拌和混凝土前，应测定砂、石含水率，并根据测定结果调整材料用量，确定混凝土生产配合比。当遇到雨天或含水率变化大时，应增加含水率测定次数，并及时调整水和骨料的重量。

检查数量：每工作班不应少于 1 次。

检验方法：检查砂、石含水率测量记录及生产配合比。

②混凝土拌合物稠度应满足生产工艺的要求。

检查数量：同一配合比混凝土，每拌制 100 盘且不超过 200 m^3 时，取样不得少于一次；每个工作班取样不得少于 1 次。

检验方法：检查稠度抽样检验记录。

（3）混凝土原材料存放

混凝土原材料应按品种、数量分别存放，并应符合下列规定：

1）水泥和掺合料应存放在密封、干燥、防止受潮的筒仓内。不同生产企业、不同品种、不同强度等级的原材料不得混仓。

2）砂、石应按不同品种、规格分别存放，并应有防混料、防尘和防雨措施。

3）外加剂应按不同生产企业、不同品种分别存放，并有防止沉淀等措施。

（4）混凝土施工

混凝土施工、养护及脱模应按下列规定进行检验：

1）混凝土浇筑前应进行预制构件的隐蔽工程检查并做好记录。

2）混凝土浇筑应符合相关规定。

3）混凝土振捣应符合相关规定。

4）预制构件粗糙面成型应符合相关规定。

5）混凝土浇筑完毕后应及时进行养护，养护时间和养护方法应符合生产方案的要求。

6）构件脱模时应符合相关要求。

3. 饰面砖与墙板

（1）饰面砖

1）面砖与混凝土的黏结强度应符合现行国家标准《建筑工程饰面砖黏结强度检验标准》（JGJ/T 110）和《外墙饰面砖工程施工及验收规程》（JGJ 126）的有关规定。

2）带面砖或石材饰面的预制构件宜采用反打一次成型工艺制作，并应符合国家和行业标准的相关规定。

（2）保温墙板

1）保温墙板进场时，应对其导热系数、密度、压缩强度、吸水率、燃烧性能等进行检验，检验结果应符合设计要求和现行国家有关标准的规定。

2）夹芯保温墙板的内外叶墙板之间的拉结件类别、数量、使用位置及性能应符合设计要求。

3）夹芯保温墙板用的保温材料类别、厚度、位置及性能应满足设计要求。

4）带保温材料的预制构件宜采用水平浇筑方式成型。夹芯保温墙板成型应符合国家和行业标准的相关要求。

4. 构件养护

1）生产单位应根据地区气候因素，针对不同类型构件及其养护方法编制相应的养护方案。

2）应根据预制构件特点和生产任务量选择自然养护、自然养护加养护剂或加热养护等方式。

3）混凝土浇筑完毕后或压面工序完成后应及时覆盖保湿，脱模前不得揭开。

4）加热养护工艺应通过试验确定，宜采用加热养护温度自动控制装置，养护宜符合国家和行业标准的相关规定。

5. 构件脱模

1）构件脱模时不宜使用振动方式拆模，应做好模具拆模保护。

2）构件脱模时应检查确认构件与模具之间的连接部分完全拆除。

3）预制构件脱模起吊时的混凝土强度应计算确定，且不宜小于 15 MPa。

五、成品构件检验

1. 一般规定

进场检验：预制构件的质量应符合现行国家及行业标准的相关规定和设计要求。梁板类简支受弯预制构件进场时应进行结构性能检验，并应符合下列规定：

1）结构性能检验应符合现行国家及行业标准的相关规定及设计要求，检验要求和试验方法应符合现行国家标准《混凝土结构工程施工质量验收规范》（GB 50204）的有关规定。

2）钢筋混凝土构件和允许出现裂缝的预应力混凝土构件应进行承载力、挠度和裂缝宽度检验；不允许出现裂缝的预应力混凝土构件应进行承载力、挠度和抗裂检验。

3）对大型构件及有可靠应用经验的构件，可只进行裂缝宽度、抗裂和挠度检验。

4）对使用数量较少的构件，当能提供可靠依据时，可不进行结构性能检验。

5）对多个工程共同使用的同类型预制构件，结构性能检验可共同委托，其结果对多个工程共同有效。

对于不可单独使用的叠合板预制底板，可不进行结构性能检验。对叠合梁构件，是否进行结构性能检验及结构性能检验的方式应根据设计要求确定。除上述之外的其他预制构件，除设计有专门要求外，进场时可不做结构性能检验。

2. 外观质量缺陷检查

外观质量缺陷根据其影响结构性能、安装和使用功能的严重程度，可按规定划分为严重缺陷和一般缺陷。

1）预制构件出模后应及时对其外观质量进行全数目测检查。对出现的一般缺陷应进行修整并达到合格标准。

2）预制构件的外观质量不应有严重缺陷，且不应有影响结构性能和安装、使用功能的尺寸偏差。对已经出现的严重缺陷，应由生产单位提出技术处理方案，并经监理单位认可后进行处理；对裂缝或连接部位的严重缺陷及其他影响结构安全的严重缺陷，技术处理方案尚应经设计单位认可。对重新处理过的部位应重新验收。

检查数量：全数检查。

检验方法：观察，检查处理记录。

3）预制构件上的预埋件、预留插筋、预埋管线等的规格和数量及预留孔、预留洞的数量应符合设计要求。

检查数量：全数检查。

检验方法：观察。

4）带饰面砖的预制墙板应针对饰面砖黏结强度进行型式检验。

检验数量：同一生产工艺的带饰面砖的预制墙板至少检测一次。

5）建筑外门窗工程的检查数量应符合下列规定：

检查数量：同一厂家的同一品种、类型、规格的门窗及门窗玻璃每 100 樘划分为一个检验批，不足 100 樘也为一个检验批，每个检验批应抽查 5%，并不少于 3 樘，不足 3 樘时应全数检查。

检查方法：观察、尺量检查。

6）建筑门窗采用的玻璃品种应符合设计要求；中空玻璃应采用双道密封。

检查数量：同一厂家的同一品种、类型、规格的门窗及门窗玻璃每 100 樘划分为一个检验批，不足 100 樘也为一个检验批，每个检验批应抽查 5%，并不少于 3 樘，不足 3 樘时应全数检查。

3. 成品构件尺寸检验

预制构件不应有影响结构性能、安装和使用功能的尺寸偏差。对超过尺寸允许偏差且影响结构性能和安装、使用功能的部位应经原设计单位认可，制订技术处理方案进行处理，并重新检查验收。

检验批要求如下：

1）同一类型构件，每批应抽查构件数量的 5%，且不应少于 3 个。

2）预埋件、插筋、预留孔的规格应满足设计要求。

3）预制构件的粗糙面或键槽成型质量应满足设计要求。

4）面砖与混凝土的黏结强度应符合现行行业标准《建筑工程饰面砖黏结强度检验标准》（JGJ/T 110）和《外墙饰面砖工程施工及验收规程》（JGJ 126）的有关规定。

5）预制构件采用钢筋套筒连接时，在构件生产前应检查套筒型式检验报告是否合格，进行钢筋套筒灌浆连接接头的抗拉强度试验并应符合现行行业标准《钢筋套筒灌浆连接应用技术规程》（JGJ 355）的有关规定。

6）夹芯外墙板的内外叶墙板之间的连接件类别、数量、使用位置及性能应符合设计要求。

7）夹芯保温外墙板用的保温材料类别、厚度、位置及性能应满足设计要求。

六、质量控制与检查

构件质量追溯系统是一个涵盖装配式建筑政府监管部门、建设单位、设计单位、构件生产企业、物流企业、施工单位、监理单位等各方的行业公共服务平台，用于实现预制构件的全过程质量溯源和质量监管，以确保装配式建筑的质量安全。构件质量追溯系统是以单个构件为基本管理单元，以 RFID 芯片或二维码为跟踪手段，采集原材料进场、生产过程检验、入库检验、装车运输、施工装配、验收等全过程信息，建立起构件全生命周期质量数据，在此基础上提供构件质量相关信息查询服务，实现预制构件的质量溯源和统计分析。

构件质量追溯系统主要功能包括：

（1）构件信息管理

利用 RFID 技术、二维码技术，通过唯一性编码，关联构件生产、运输、施工装配等各环节信息，实现对构件信息的综合管理。

（2）构件质量追溯信息采集

根据预制构件建造过程质量追溯所需信息，按照 5W1H（时间、地点、人物、事件、原因、方法）原则利用 RFID 技术、二维码技术获取预制构件在生产、物流、装配等产业链各环节相关质量追溯信息。

（3）信息查询门户

提供公共信息查询门户，为行业建设单位、设计单位、构件生产企业、物流企业、施工单位、监理单位等提供预制构件质量追溯信息查询服务。

构件质量追溯信息查询服务可促进装配式建筑产业链的健康发展，确保产业链上信息的完整性、准确性和实时性，使构件质量可监控、可追踪，增强装配式建筑质量追溯能力，健全质量监管长效机制。

充分利用 PCIS 系统的大数据，以预制构件脱模后 1 d、2 d、3 d 合格为抓手，进行绩效考核与成品缺陷管理。具体而言，预制构件脱模质检员在线进行产品质量检验，通过手持终端或质量管控系统软件将产品信息与 PCIS 系统关联，通过质量管控系统软件勾选缺陷项目、拍照上传到 PCIS 系统形成构件缺陷记录。当产品缺陷不满足合格品要求时，产品进入修补流程，修补作业完成后再次进行检验，修补直至满足合格品要求或报废处理。PCIS 系统中记录的数据可按照生产车间、劳务队、预制构件种类导出 Excel 统计图表，技术质量部据此进行年度、季度、月度合格率指标统计排名，并与生产主管、劳务队绩效奖励挂钩，还可分析主要缺陷种类，追踪分析缺陷产生原因，提出改进措施。

预制构件质量控制包括原材料质量检验、配件质量检验、钢筋加工质量控制、生产过程质量控制及产品质量检验等环节。企业通过 PCIS 系统、定制 ERP 系统及专用软件进行预制构件质量管理。

企业通过 ERP 系统与企业 MES 系统集成，利用二维码技术，进行预制构件质量控制，主要特点是一物一码、生产溯源和堆场管控。控制要点包括以下几点：

①钢筋质量控制：钢筋原材检验由试验室在材料入场时做抗拉和弯曲试验，在钢筋骨架成型后粘贴二维码标签，质检部门扫码进行外观检验留痕，填写检验结论（合格或不合格）。

②隐蔽工程质量控制：混凝土浇筑之前，班组自检人员扫码记录隐蔽工程验收情况，上传隐蔽工程验收照片。

③产品质量检验：预制构件脱模后，专检人员扫码对构件进行验收（主要是外观平整度、强度等），并上传照片留痕。

④定期进行数据综合分析，归纳某段时间或某班组经常出现的质量问题，通过数据迭代促进生产工艺的改进。

第七节　成品存储与发运管理

装配式建筑预制构件生产过程中会预埋 RFID 芯片，并赋予每个构件唯一的二维码。通过扫描 RFID 芯片，结合北斗 GPS 定位，可对预制构件的出厂、运输、进场进行全程追踪监控，并通过无线网络即时传递信息到工厂生产管理系统和施工现场管理系统，完成整个预制构件物流运输过程的全程数字化管理，有效掌握预制构件的物流和安装进度信息。

一、成品存储管理

预制构件通常在预制工厂内预制完成，然后存放至堆场或运输至施工现场安装。若存放及运输环节处置不当，导致构件损坏将对工期和成本造成不利影响，因此合理存放构件并安全保质地运输到施工现场是一个至关重要的环节。

智能化成品存储管理系统，主要功能包括工厂内物料状态标识与信息跟踪、作业分派与调度、智能仓储；物料分拣、配送路径规划与管理等。智能化成品存储管理系统，不同企业结合各自的管理需求，都有自己的系统，成品主要的管理思路和依托技术应有共通之处。

智能化部品/部件存储主要是指成品生产完成后，部件从生产车间进入堆场，并在堆场进行管理的过程。智能化部品/部件智能化存储管理可采用在成品内部植入感应芯片或者粘贴标签，通过绑定网格化堆场库位，形成成品堆场电子地图，通过系统管理成品的入库、查询、移库、出库等业务管理，如预制构件在浇筑前嵌入 RFID 芯片，通过感应方式定位构件的位置，通过编码查询成品背后的所有信息。

预制构件存储主要有两种模式：一是按种类分区存储。该模式与传统工业产品的先进先出模式类似，便于入库管理，但出库管理难度大。由于构件标准化程度低，绝大多数构件通用性差，受产品质量不稳定和安装进度影响，无法实现先进先出，且构件到库频繁，经常会发生装车时长时间找不到构件情况。二是按楼层需要构件混合存储，便于出库管理，但入库管理复杂。目前，传统构件生产企业采用纸质表格和电子表格来进行储存管理，这两种模式各自缺点都很难克服，储存场地利用率和装车效率很低。

成品存储管理可以借助“发货管理信息系统”完成，由于功能比较简单，系统可以用公众号、小程序的形式实现，包括订单收集、库存管理、质量反馈、客户服务、合作意向等功能。

（1）订单收集

客户端，点击构件订货，查找相应的项目名称、楼号及构件类型，直接下单订货。服务端，后台收到订单后，进行统计与安排发货。

（2）库存管理

在线多人协同办公，生产计划管理人员、技术管理人员、发货管理人员可统一对库存管理表格进行更新。实现理论库存的准确性，以理论库存指导实际库存盘点。库存场地规划管理每种构件类型分区存放，产品构件根据厂区位置规划可精确定位。

（3）质量反馈

客户端，点击质量反馈，填写质量反馈表单，上传质量照片。服务端，接收质量反馈表单，发至质量管理部门、生产部门、技术部门进行鉴定，分清责任，及时维修或返厂处理。

（4）客户服务

客户端，点击客户服务功能，在线提问题。服务端，后台根据客户的提问，及时进行反馈解答。客户如有构件采购需求，点击意向合作，平台可自动分配销售经理。

企业可自研“发货管理信息系统”提高订单准确性程度、使库存管理更有序、使服务质量提升、实现堆场优化。

成品存储管理的好处有以下几点：

（1）订单准确性提高

多数预制构件企业在客户提交进场计划时，都是采用电话、短信的方式进行沟通，此种交流方式要求发货管理人员 24 h 待命处理订单。由于语言表达的局限性，经常不能正确理解客户诉求。同时因为发货人员负责项目较多。经常出现遗忘情况。另外，因电话沟通缺失凭证，经常出现各种沟通误会。

（2）库存管理更有序

企业内部，由于项目多，构件存放分散，库存数量统计不准确，经常造成生产数量与合同量不一致，成本增加，造成不必要的浪费，还可能因为供应不及时影响工期。企业外部，由于施工现场楼数较多，人员变动较大，经常出现订单信息不准确的情况，订单数量超出合同量，无法准确把握实际用量，需要人为盘点，工作量大。

（3）服务质量提升

传统的电话沟通往往无法判断质量问题原因。质量问题提交后需要质量管理、生产管理、技术管理、发货管理及劳务单位人员一起去施工现场鉴定，浪费大量的人力、物力，甚至无法满足鉴定条件，相互推诿、扯皮现象较多，给客户带来不良影响。

（4）堆场优化

传统情况下，成品存放较为随意，存储效率不高，无法在较短的时间内定位到构件。目前对厂区内堆场分区绘制布置图，有效地优化了堆场。

成品存储管理的信息化系统在应用时应注意以下场景的业务要求。

1. 场内转运

预制构件厂场内转运是指预制构件从生产车间运至堆场存放的过程，转运的基本要求有以下几点：

1）运输道路必须平整坚实，并有足够的宽度和转弯半径。

2）设计无要求时，一般构件混凝土强度不应低于设计强度的 75%，屋架和薄壁构件达到设计强度的 100%后，方可进行运输。

3）预制构件的支点和装卸车时的吊点，无论运输或卸车堆放，都应按设计要求确定运输或存放。构件下部均应放置垫木，每层垫木应在同一条垂直线上，且厚度相等。

4）构件在运输时必须有固定措施，以防在运输途中倾倒，或在道路转弯时被甩出。对于重心较高、支撑面较窄的构件，应用支架固定。

5）对于不容易掉头及自重较大的长构件，应根据其安装方向确定装车方向，以利于卸车就位。

6）根据构件质量、尺寸和类型，选择合适的运输车辆和装卸机械。

7）根据路面情况掌握行车速度，道路转弯处必须降低车速。

8）构件进场应按构件吊装平面布置图所示位置堆放，避免二次倒运。

2. 工作流程

预制构件厂场内转运工作流程：选择运输方法→配备机具、运输车辆→清点需转运构件并检查构件质量→填写构件转运记录单→转运→堆场存放→构件转运记录单存档。

（1）选择运输方法

构件运输通常采用铺筑轨道连接车间和堆场，利用轨道小车实现车间与堆场之间的转运。如没有条件铺筑轨道，可根据构件的形状、质量，车间布置，装卸车现场及运输道路的情况，选择平板车、叉车等大型运输车作为运输工具，确保与实际情况相符。

（2）配备机具、运输车辆

需要配备的机具主要有桁车、龙门吊、汽车吊、钢丝绳、鸭嘴扣及卡环等，根据现场构件及环境的实际情况选择合适的运输车辆。

（3）清点需转运的构件并检查构件质量

根据生产日报清点需转运的构件，检查构件质量，并做好记录。

（4）填写构件转运记录单

根据表格要求内容，进行记录填写。

（5）转运、堆场存放并存档构件转运记录单

执行转运并在堆场存放，相应转运记录单进行存档。

3. 预制构件现场堆码

装配式混凝土建筑施工中，预制构件品种多，数量大，无论是在生产车间还是施工现场均占用较大面积，因此合理有序地对构件进行分类堆放，对于减少构件堆场使用面积，加强成品保护，加快施工进度，构建文明施工环境均具有重要意义。预制构件的堆放方式应按规范要求执行，以确保预制构件存放过程中不被破坏。

（1）场地要求

1）预制构件的存放场地宜为混凝土硬化地面或经人工处理的地坪，除应满足平整度和承载力要求外，还应有排水措施。

2）预制构件堆放时构件与地面之间应留有一定空隙，避免与地面直接接触，构件须搁置于方木或软性材料上（如塑料垫片），构件堆放的支垫除应坚实牢靠外，还应有防止构件污染的措施。

3）预制构件堆放场地应在吊装设备有效起重范围内，尽量避免二次转运。场地大小应根据产能、构件数量、尺寸及安装计划综合确定。

4）预制构件应按规格型号、出厂日期、使用部位、吊装顺序分类存放，编号清晰。不同类型构件之间应留有不少于 0.7 m 的人行通道。

5）预制构件存放区域 2 m 内不应进行电焊、气焊作业，以免污染构件。露天堆放时，预制构件的预埋铁件应有防锈措施。预制构件易积水的预留、预埋孔洞等处应采取封闭措施。

6）预制构件应采用合理的防潮、防雨、防边角损伤措施，堆放边角处应设置明显的警示隔离标志，防止车辆或机械设备碰撞。

（2）堆放方式

预制构件的堆放方式主要有平放和立（竖）放 2 种，应根据构件的刚度及受力情况选择。通常情况下，梁、柱等细长构件宜水平堆放，且不少于两条垫木支撑；墙板宜采用托架立放，其上部两点支撑；叠合楼板、楼梯、阳台板等构件宜水平叠放，叠放层数应根据构件与垫木或垫块的承载力及堆垛的稳定性确定，必要时应设置防止构件倾覆的支架，一般情况下，叠放层数不宜超过 6 层，如受场地条件限制，需增加堆放层数时应先进行预制构件承载力验算。

1）平放时的注意事项：

①对于宽度不大于 500 mm 的构件，宜采用通长垫木；宽度大于 500 mm 的构件，可采用不通长垫木。

②垫木必须放置在同一条竖直线上。

③构件平放时应使吊环向上，标志向外，以便查找及吊运构件。

2）立（竖）放时的注意事项：

①立（竖）放可分为插放和靠放两种方式。插放时场地必须清理干净，插放架必须牢固，垂直落地；靠放时应有牢固的靠放架，必须对称靠放和吊运，其倾斜度应保持大于

80°，构件上部用垫块隔开。

②构件的断面高宽比大于 2.5 时，堆放时下部应加支撑或有坚固的堆放架，上部应拉牢，避免倾倒。

③堆放场地应设置为粗糙面，以防止脚手架滑动。

④柱和梁等立体构件要根据各自的形状和配筋选择合适的储存方法。

（3）构件堆放示例

1）构件堆放：装配式混凝土建筑施工，构件堆场在施工现场占有较大的面积，预制构件型号繁多，合理有序地对预制构件进行分类堆放，对于缩减施工现场构件堆放面积，加强预制构件成品保护，保证构件装配作业，加快工程作业进度，构建文明施工现场，具有重要意义。

①构件堆放场地应满足平整度和地基承载力的要求，且应设置在起重设备的有效起重范围内。

②预制构件运送到施工现场后，应按规格、品种、使用部位、吊装顺序分类设置存放场地。存放场地宜设置在塔式起重机有效起重范围内，并设置通道。

③预制墙板可采用插放或靠放的方式，堆放工具或支架应有足够的刚度，并支垫稳固。采用靠放方式时，预制外墙板宜对称靠放、饰面朝外，且与地面倾斜角度不宜小于 80°。

④预制水平类构件可采用叠放方式，层与层之间应垫平、垫实，各层支垫应上下对齐。垫木距板端不大于 200 mm，且间距不大于 1 600 mm，最下面一层支垫应通长设置，堆放时间不宜超过 2 个月。

⑤预制构件堆放时，预制构件与支架、预制构件与地面之间宜设置柔性衬垫保护。预应力构件需按其受力方式存放，不得颠倒其堆放方向。

2）预制墙板：预制墙板根据其受力特点和构件特点，宜采用专用支架对称插放或靠放存放，支架应有足够的刚度，并支垫稳固。预制外墙板宜对称靠放、饰面朝外，且与地面倾斜角不宜小于 80°，构件与刚性搁置点之间应设置柔性垫片，防止损伤成品构件。

3）预制板类构件：预制板类构件可采用叠放方式存放，其叠放高度应按构件强度、地面耐压力、垫木强度，以及垛堆的稳定而确定，构件层与层之间应垫平、垫实，各层支垫应上下对齐，最下面支垫叠放层数不宜大于 6 层，吊环向上，标志向外，构件堆放期间混凝土养护期未满的应继续洒水养护。

4）预制楼梯构件：预制楼梯堆放场地应平整夯实，楼梯段每垛码不应超过 4 层，考虑集中荷载的效应，预制楼梯分散堆放，并在楼梯下面放置铺木方，垫木应上下对正，放在同一垂线上，以增加受力面积及减少碰撞损坏。

5）预制梁、柱细长构件：预制梁、柱等细长构件宜水平堆放，预埋吊装孔的表面朝上，堆放应正确设置支撑点，且采用不少于两条垫木支撑，构件底层支垫高度不低于 100 mm，且应采取有效的防护措施。

6）预制阳台板：预制阳台板运送到施工现场后，应按规格、品种、所用部位、吊装顺序分别设置堆场。堆场应设置在起重机回转半径内，宜为正吊，堆垛之间宜设置通道。预制阳台板叠放时，层与层之间应垫平、垫实，各层支垫应上下对齐，最下面一层支垫应通长设置。叠放层数不应大于 4 层。预制阳台板封边高度为 800 mm、1 200 mm 时宜单层放置。

4. 钢筋成品保护

（1）成品钢筋堆放

1）应对已加工的单件成型钢筋按结构部位或者作业流水段所用钢筋组配后分类捆扎存放。对已加工的组合成型钢筋应进行分类存放，并采取防变形措施。

2）成型钢筋在加工场区的存放应符合下列规定：

①成型钢筋应堆放整齐，应具有防止受潮、锈蚀、污染和受压变形的措施。

②同一工程中同类型构件的成型钢筋制品应按施工先后顺序和规格分类摆放整齐。

③成型钢筋制品不宜露天存放，当只能露天存放时，宜选择平坦、坚实的场地，并采取措施防止锈蚀、碾压和污染。

（2）成品运输

1）搬运或吊装成型钢筋时，应提前检查作业区域附近是否有无障碍物、架空电线和其他临时电气设备，防止钢筋在回转时碰撞电线或发生触电事故。

2）起吊成型钢筋时下方严禁站人，起吊细长的成型钢筋时严禁一点吊装。

3）成型钢筋运送应符合下列规定：

①成型钢筋配送车辆应符合车辆运输管理的有关规定，应满足成型钢筋制品外形尺寸和额定载重量的要求，当发生超长、超宽的特殊情况时应办理有关运输手续。

②成型钢筋装卸应考虑车体平衡，运送应按配送计划装车运送，运输时应采取绑扎固定措施。多个部位混装运送时应采取较易区分的分离隔开措施。

③运送成型钢筋小件（边长≤200 mm 的箍筋、拉筋等）时，应采用具有底板和四边侧板的吊篮装车。小件堆放高度不应超出吊篮的四边侧板高度。

4）防止成型钢筋料牌在装车和运送过程中掉落。

二、成品运输管理

成品运输管理可以通过管理平台规划预制构件的发运顺序，结合建设项目发运工期、待发货状态的库存、运输车辆的运输空间和载重、项目地址、工厂地址、运输费率等信息，通过计算制订最合理的运输计划、运输线路、运输费用。

物流监控环节中的车辆运输过程可通过视频监控、传感器传感等方式实时监控和自动识别车辆信息等，实现物流全过程的数字化监控运输发货。

运输过程管理可以通过对运输车辆的 GPS 定位实时掌握运输车辆的实际位置。

工厂的储存与运输管理职责由生产部、经营部和调度中心共同承担。其中生产部负责与调度中心协调进行储存场地管理，并负责将车间生产的预制构件转运到储存场地，经营部负责协调施工工地预制构件的安装进度、装车、运输及结算工作。装配式混凝土 IS 系统基于 RFID 技术进行预制构件储存和运输管理，结合水平构件立体存储技术，大大提高了库区综合利用率和装车效率，降低了成本。

预制构件物流管理包含厂外运输调度和厂内运输码放两部分。厂外运输调度管理就是配合项目工地安装进度，实现运输队、运输车、构件中转场的有效管理。厂内运输和码放管理就是配合生产车间，将车间内生产的构件运输、存放到储存场内，实现厂内车辆运输调度的有效管理。

承担预制构件运输工作的主体为物流商或工厂自有物流，管理系统中工厂自有物流相关功能较简单，主要为档案信息的维护及运输过程的监管；对于第三方物流商，管理系统需要将物流商管理、合同管理、物流运输管理、物流结算管理等业务闭环做全面管控。

（1）物流商管理

在企业业务系统中登记、查询、修改以及移交物流商档案；根据物流价格、物流质量、物流能力等信息，自动生成物流商能力评估，并依据企业管理制度，进行分级管理。

（2）合同管理

在管理系统中录入合同信息，并与实际签约文件相匹配；合同评审具备符合企业管理流程的审批流程，评审人给予通过与否和相关意见；合同执行状态中具备从业务财务信息中自动提取数据形成执行进度图表。包含当前合同签约车队数量、趟次里程汇总数量、付款情况，成本分析采集完全的物流数据，全面分析物流费用的结构组成，物流路线等，评估分析效率，寻找可优化的信息。此步骤可在企业的 ERP 系统中执行。

（3）物流运输管理

根据服务能力、价格等因素自动确定多种物流服务组合方案，快速匹配供应商与客户；根据车辆状态、交通状态等信息，车辆自动选择配送线路并持续优化，智能调度运输车辆。此步骤可在企业的物流运输管理系统和混凝土入泵监控系统中执行。

（4）物流结算管理

根据业务往来情况可自动生成车辆、司机、物流商等不同纬度的预结算信息；根据与物流商进行确认结算信息，进行结算修正，并与具有法律效力的证明文件信息一致。此步骤可在企业的 ERP 系统中执行。

（5）工厂自有物流

建立并维护司机及车辆信息档案；根据任务、司机等信息可自动匹配任务；对车辆保养、保险缴费等可自动提醒；根据任务情况实现司机费用自动计算。此步骤可在自研的物流运输管理系统中执行。

实现大物流全过程的数字化监控，可提高工作效率，业务协同更简单，同时管理更轻松。对建筑企业来说，能够掌控混凝土的生产运输情况，更加高效地组织现场施工；对物流服务商来说，能更便捷地管理车辆和司机，做到车、人、货、款统一管理；对企业来说，能清晰掌控公司现有的内外部物流资源，统一调配管理。

预制构件的物流时效性直接影响施工装配的实际进度。影响施工现场实际进度的因素较多，工程实际进度计划的可变性大。施工现场实际进度计划是一个阶段调整的动态进度计划。施工现场的动态计划会影响预制构件工厂的物流计划，针对施工现场与工厂的对接计划及实施，采用“三天一计划，一天一核实”的制度进行调控。施工现场给工厂提供预制物流节点计划的同时，还需要提前 3 d 给工厂提供一次动态进度计划，工厂物流计划员提前一天向施工现场核实第二天施工现场需求的预制构件。

在利用信息系统对成品发运进行管理时应注意以下核心场景中的业务要求：

1. 合理规划运距

合理运输半径测算：根据预制构件运输经验，实际运输距离平均值较直线距离增加20%左右，故将构件合理运输半径确定为合理运输距离的约80%。例如，若合理运输半径为100 km，以项目建设地点为中心，以100 km为半径的区域内的生产企业，其运输距离基本可以控制在120 km以内，从经济性和节能环保的角度看，处于合理范围。

例如，预制构件每立方米综合单价以平均3 000元计算（水平构件较为便宜，为2 400～2 700元；外墙、阳台板等复杂构件为3 000～3 400元）。以运费占销售额8%估计的合理运输距离约为120 km。

2. 准备工作

构件运输的准备工作主要包括制订运输方案、设计并制作运输架、验算构件强度、清查构件及查看运输路线。

1）制订运输方案需要根据运输构件实际情况、装卸车现场运输成本及线路的情况，最终选定运输方法、起重机械、运输车辆和运输路线。

2）设计并制作运输架。运输架的设计和制作应根据构件的质量和外形尺寸确定，还应考虑运输架的通用性。

3）验算构件强度。预制构件应根据运输方案所确定的条件，验算在最不利截面处的抗裂性能，避免在运输中出现裂缝。

4）清查构件。清查构件的型号、核算数量和质量、合格印和出厂合格证书等。

5）查看运输路线。在运输前需对路线进行现场踏勘，对沿途可能经过的桥梁、桥洞、电缆、车道的承载能力、通行高度、宽度、弯度和坡度，沿途上空有无障碍物等实地考察并记载，制定最佳、顺畅的路线。

3. 装车基本要求

1）凡需现场拼装的构件应尽量将构件成套装车或按安装顺序装车运至现场。

2）构件起吊时应拆除与相邻构件的连接，并将相邻构件支撑牢固。

3）对大型构件，宜采用龙门吊或桁车吊运。当构件采用龙门吊装车时，起吊前吊装工须检查吊钩是否挂好，构件中螺丝是否拆除等，避免影响构件的起吊安全。

4）构件从成品堆放区吊出前，应根据设计要求或强度验算吊装结果，在运输车辆上支设好运输架。

5）外墙板采用竖直立放运输为宜，支架应与车身连接牢固，墙板饰面层应朝外，构件与支架应连接牢固。

6）楼梯、阳台、预制楼板、短柱、预制梁等小型构件以水平运输为主，装车时支点位置要正确，位置和数量应按设计要求进行。

7）构件起吊运输或卸车堆放时，吊点的设置和起吊方法应按设计要求和施工方案确定。

8）运输构件的搁置点：一般等截面构件在长度 1/5 处，板的搁置点在距端部 200～300 m 处。其他构件视受力情况确定，搁置点宜靠近节点处。

9）构件装车时应轻吊轻落、左右对称放置在车上，保持车上荷载分布均匀；卸车时按后装先卸的顺序进行，保持车身和构件稳定。构件装车编排应尽量将质量大的构件放在运输车辆前端或中央部位，质量小的构件则放在运输车辆的两侧。应尽量降低构件重心，确保运输车辆平稳，行驶安全。

10）采用叠放方式运输时，构件之间应放有垫木并在同一条垂直线上，且厚度相等。有吊环的构件叠放时，垫木的厚度应大于吊环的高度，且支点的垫木应上下对齐，并应与车身绑扎牢固。

11）构件与车身、构件与构件之间应设有毛毡、板条、草袋等隔离物，避免运输时构件滑动、碰撞。

12）预制构件固定在装车架上以后，需用专用帆布带、夹具或斜撑夹紧固定。

13）构件抗弯能力较差时，应设抗弯拉索，拉索和捆扎点应计算确定。

4. 构件运输方式

（1）预制构件运输

1）立式运输。在平板车上根据专用运输架情况，墙板对称靠放或者插放在运输架上。适用于内、外墙板和预制外挂墙板等竖向构件。

2）平层叠放运输。将预制构件平放在运输车上，叠放在一起进行运输。适用于立放有危险且叠放容易堆码整齐的构件（如阳台板、楼梯等）。

3）多层叠放运输。多层叠放标准为 6 层/叠，不堆码时按产品的尺寸大小堆叠；预应力板：堆码 8～10 层/叠；叠合梁：2～3 层/叠（最上层的高度不能超过挡边一层），考虑是否有加强筋向梁下端弯曲。适用于构件质量不大、面积不大的构件（如叠合板、装饰板等）。

除此之外，对于一些小型构件和异型构件，多采用散装方式进行运输。

（2）预制墙板运输

预制墙板装车时，先将车厢上的杂物清理干净，然后根据所需运输构件的情况，在车上配备人字形堆放架，堆放架底端应加设黑胶垫，构件吊运时应注意不能打弯外伸钢筋。装车时应先装车头部位的堆放架，再装车尾部位的堆放架，堆放架布置呈人字形两侧对称，每架可叠放 2～4 块，墙板与墙板之间须用泡沫板隔离，以防墙板在运输途中因震动而受损，如图 7-18 所示。

1）车型选择：一般采用 9.6 m 平板车为运输车辆，具体根据各区域情况而定；装车前，检查运输架是否有无损伤，如有损伤立即返修或者更换运输架；在平板车上加焊运输架限位件，防止运输架在运输过程中移动或倒塌；严格按照运输安全规范和手册操作，注意安全；装车墙板重量不超过平板车极限荷载。

2）墙板布置顺序要求：按照吊装顺序进行布置，优先将重板放中间，先吊装的预制构件板放置在货架外侧，后吊装的预制构件板放置在货架内侧。保证在现场吊装过程中，从两端往中间依次吊装。

3）重量限制要求：预制构件板整体重量控制在30 t以下，货架放置完毕后，上下板重量偏差控制在±0.5 t。

4）当装车布置顺序要求与重量限制要求冲突时，优先考虑重量限制要求。

5）预制构件墙板之间需加插销固定，间距为60 mm。

6）如预制构件墙板有伸出钢筋时，在装车过程中需考虑钢筋可能产生的干涉。

（3）预制叠合板运输

同条件养护的叠合板混凝土立方体抗压强度达到设计要求时方可脱模吊装运输。叠合板吊装时应慢起慢落，避免与其他物体相撞。应保证起重设备的吊钩位置、吊具及构件重心在垂直方向上重合，吊索与构件水平夹角不宜小于60°，不应小于45°。当采用六点吊装时，应采用专用吊具，吊具应具有足够的承载能力和刚度。

1）车型选择：一般采用13.5 m或17.5 m平板车为运输架运输车辆，具体根据各区域情况而定；装车前应检查车况，保证运输车辆无故障；所有运输楼板车辆前端一定要有车前挡边工装；叠合楼板装车需要用绑带捆压固定在车上，如使用钢丝绳捆绑，一定要在顶层边上加装楼板护角；装车重量不超过平板车极限荷载。

2）信息标示：每块预制混凝土楼板上均需要标示预制构件板编号、重量、吊装顺序信息，预制混凝土楼板图以俯视详图为主。

3）预制叠合板采用叠层平放的运输方式，叠合板之间应用垫木隔离，垫木应上下对齐，垫木尺寸（长、宽、高）不宜小于100 mm，如图7-19所示。

图7-18　预制墙板运输

图7-19　预制叠合板运输

4）叠合板两端（至板端200 mm）及跨中位置均应设置垫木且间距不大于1.6 m。

5）叠合板根据不同板号应分别码放，码放高度不宜大于6层。

6）叠合板支点处绑扎牢固，防止构件移动或跳动，底板边部或与绳索接触处的混凝土采用衬垫加以保护。

（4）预制楼梯运输

1）预制楼梯采用叠合平放方式运输，预制楼梯之间用垫木隔离，垫木应上下对齐，垫木尺寸（长、宽、高）不宜小于100 mm，最下面一根垫木应通长设置，如图7-20所示。

2）不同型号的预制楼梯应分别码放，码放高度不宜超过4层。

3）预制楼梯间绑扎牢固，防止构件移动，楼梯边部或与绳索接触处的混凝土，采用衬垫加以保护。

（5）预制阳台板运输

1）预制阳台板运输时，底部采用木方作为支撑物，支撑应牢固，不得松动，如图 7-21 所示。

2）预制阳台板封边高度为 800 mm 或 1 200mm 时，宜采用单层放置。

3）预制阳台板运输时，应采取防止构件损坏的措施，防止构件移动、倾倒、变形等。

图 7-20　预制楼梯运输

图 7-21　预制阳台板运输

5. 卸车要求

1）应由专业人员进行起吊卸车。

2）预制构件应卸放在指定位置，地面应平整稳固。

3）卸车时应注意车辆重心稳定和周围环境安全，避免车辆侧翻。

4）设计吊点应全数固定后，方可卸车。

5）严格按吊装规程卸车。

第八章　施工管理

第一节　概　述

虽然我国建筑业产值不断上升，但生产效率却很低，企业利润低，能耗高，工作环境恶劣，安全事故多发，交付质量参差不齐，污染大；建筑业也需要对现有的施工模式进行转型。因此，将信息化技术应用于施工的各个环节可以促进全行业转型升级。

智能施工主要是通过利用BIM、物联网、云计算、大数据、移动、人工智能等新兴信息技术实现施工模式的转型，支撑行业高质量发展，推动建筑业数字化，满足我国对新发展模式的核心要求，构建满足人民美好生活需求的核心能力和全新范式。

如图8-1所示，项目确定进入施工阶段后，首先对施工现场进行勘察，进行必要的施工环境准备，制订施工计划，明确材料、设备分布和施工预算等信息；然后召开启动会，向相关人员介绍设计要求、方案介绍、线路讲解等；根据施工计划开始施工后，需要记录施工日志、施工报告等信息，对进度、成本、质量和安全进行管控；施工后期整理资料，准备验收；组织验收后开会总结项目情况。

在工程项目施工过程中需要进行大量的信息交流。例如，在深化设计阶段，为了将各专业的信息进行集成标注于加工图中和保证构件的生产与安装条件，总包方、设计方和构件厂需要就构件的尺寸和埋件进行大量沟通；在生产和运输阶段，总包方、构件厂和运输单位需要进行相互协调和沟通，保证构件能按时到达现场；在安装阶段，构件的存储、吊装和技术交底也需要进行大量的信息沟通。传统的交流方式存在信息沟通不及时，错误率高和耗费人工多等不足，有必要引入信息化技术为建筑设计、生产、施工提供高效的技术和管理手段。

智能施工的主要任务：采用信息化技术对人、机、料、法、环进行全面监管；通过智慧化施工工艺的应用，在保证质量的前提下，实现低资源消耗、低成本及短工期的目标。

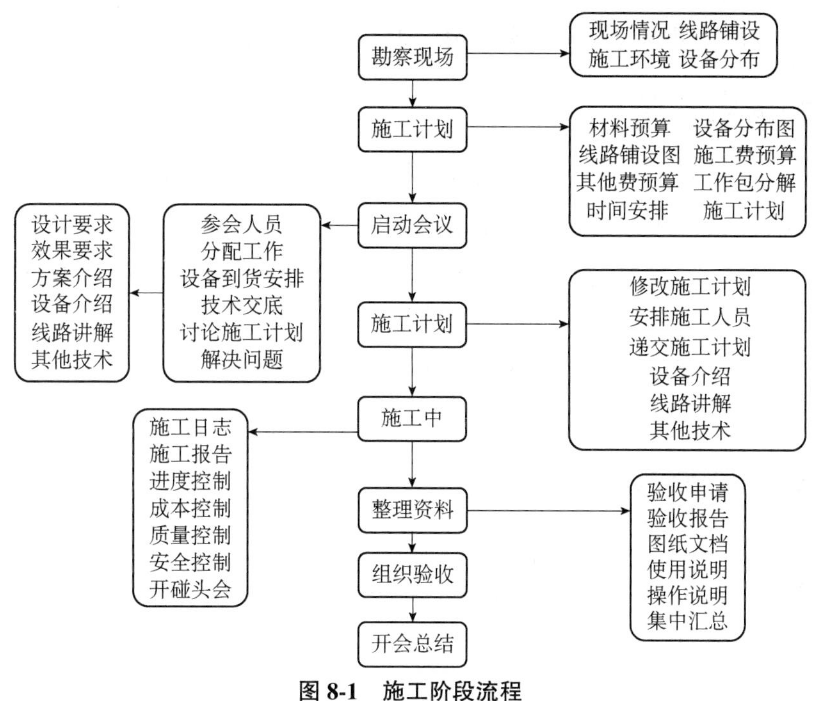

图 8-1　施工阶段流程

第二节　信息化基础设施

一、网络覆盖

为了实现网络在项目现场大范围的覆盖率，项目现场利用网络桥接扩大网络覆盖，提高网络覆盖面，使现场办公区域、生活区域、作业区域等覆盖率达到 90%以上。重点区域可通过专线接入提高覆盖面，并加强网络安全管理，确保在重点区域运用专线接入，保证网络流畅，布线困难的区域可采用无线覆盖网络的方法，保证整个项目现场网络全方位覆盖。

可以按照智慧工地建设的网络需求进行相应布设，实现现场网络的全方位覆盖，并保证有足够强大的售后团队，减少施工方的后顾之忧。

二、网络带宽

项目现场网络接入带宽应满足相关通信设备、应用终端的网络带宽要求，网络接入带宽应在 300 Mbps（或专线接入 100Mbps）以上。

通信运营商与项目签订服务合同，为项目提供专线接入，满足网络带宽专线接入 100 Mbps 的传输速率；部分现场设备采用 4G、5G、蓝牙等无线接入技术，如声光报警设备、应急广播等，确保数据传输在各类技术的加持状态下流畅、稳定。

三、强弱电分离

实现项目现场强弱电的电控箱分离，且在电路设计布线阶段，根据强电在上、弱电在下、横平竖直的原则进行，避开弱电电路，防止由于强电周围产生的电磁场是高频率对弱电产生干扰，且强弱电之间的平行距离不得少于 30 cm，不同的弱电线也须分开布线，防止造成干扰。保持各个线路的开槽深度一致，强电与弱电不穿入同一管道中，分开布线，同一管道中不得超过四根导线。减少工地现场的相关信息处理、存储、传输设备过程中的干扰。

四、视频监控系统

视频监控系统采用分布式监控集中管理的监控模式，通过摄像机直观反馈施工现场（工地出入口、塔吊、主要作业面、料场等重要区域）和项目驻地情况，管理者可以在手机、电脑、监控中心实时掌握项目现场的施工动态，以保证项目现场人员、材料和设备安全，协调施工进度，保证施工顺利进行。

根据项目需求在项目现场安装若干台球机与枪机，共同组成严密的监控网络，涵盖项目现场、生活区和办公区，方便项目用户对项目整体的全方面把握。

硬盘录像机可以实现对画面的任意切换、定时切换、顺序切换及对前端设备的控制。远程控制中心通过相应的协议接口，使用物联网控制的方式，实现异地监控与多人员协同监控。

提供至少 200 W 像素级（1080 P）的网络摄像机，搭配网络录像机使用，可实现多设备远程监控。云台摄像机可远程控制及自动巡拍，以满足不同情景下的需求。

视频监控系统如图 8-2 所示。

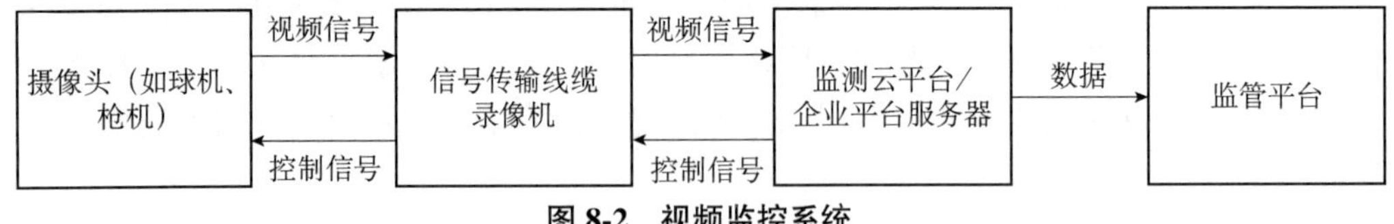

图 8-2　视频监控系统

智能球机可达 23 倍变焦，云台水平移动范围 360° 全覆盖，垂直范围−15°～90°大范围覆盖，支持预置点，具备守望功能，可设置全景扫描、巡航扫描、动态捕捉等功能。摄像头均支持 H265/H264 视频压缩，可大幅度减少存储空间，录像机配备的大容量硬盘可以支持视频数据存放超过 3 个月。

录像机可直接对接至监管平台，监管平台可对相应数据实时调取和查看。

五、信息存储

项目现场提供信息存储服务，部分未上传至监管平台的数据可在项目平台进行查看，以往视频监控数据可在本地存储录像机中进行查看。保障智慧工地相关信息数据的存储不少于 30 d，视频数据存储不少于 60 d；并确保行业监管平台的实时调取。

六、项目现场信息技术应用

项目现场网关设备采用 RS485、RS232、Wi-Fi、ZigBee、蓝牙等有线或无线技术接入；无线设备支持 4G、5G 等移动通信技术，以及 NB-IoT、LoRa 等低功耗广域无线网络技术。实现两种及以上网络接入和数据远传的技术功能。

项目现场实名制门禁设备、道闸、环境检测设备、塔吊黑匣子、升降机（施工电梯）黑匣子、卸料平台黑匣子等设备均智能化且具有物联网功能，包括但不限于网线连接、4G/5G 流量卡连接，可通过项目平台将相应数据对接到建委监管平台以及建设单位自有平台（若有需求）。

七、公共管理系统

由于建筑工地现场布线困难，无线广播可扩展性强，灵活性高，免布线，维护简单，因此项目现场使用的广播系统多采用无线广播的模式，更为便捷。根据项目要求，在现场各个关键点位设置声光报警点，在有需求的情况下，直接控制声光报警设备进行声光报警。智能广播系统见图 8-3。

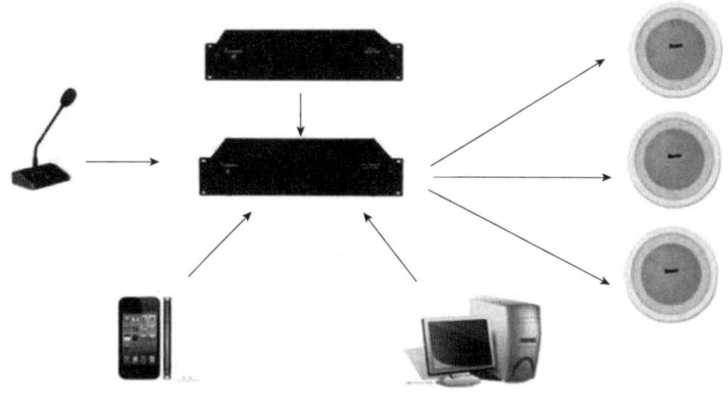

图 8-3　智能广播系统

八、信息集中显示

通过在现场监控室、会议室建设 LCD 拼接大屏或 LED 大屏，实现对建设工程项目基本情况、现场施工作业人员基本信息、主要区域实时监控视频等信息集中显示（如图 8-4 所示）。

图 8-4　信息集中显示

第三节　人员管理信息化

人员管理信息化是以实名制为核心，在项目现场利用智能化设备对项目管理人员和建筑工人实名制管控，帮助管理者了解项目管理人员到岗履职情况和建筑工人进出场考勤信息。同时支持在云端实时数据整理、分析，建筑工人信息、现场分布、个人考勤、工资发放、教育情况、劳动力统计等信息，向项目管理者提供科学的现场管理和决策依据，帮助企业实现大数据分析，与行业水平对标。

现场劳务管理系统如图 8-5 所示。

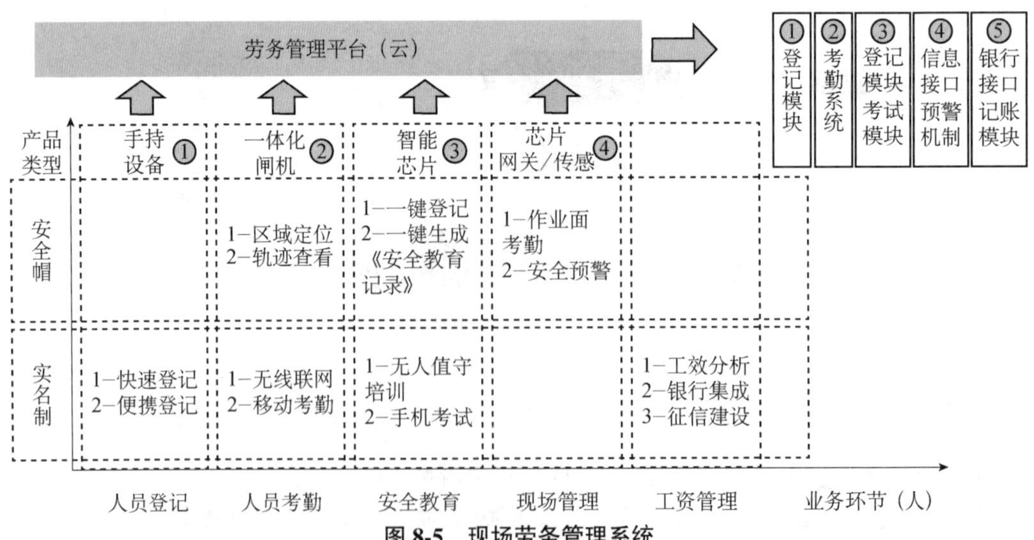

图 8-5　现场劳务管理系统

一、人员实名制管理

建筑工人参加入场教育后，持身份证及劳务合同办理进场登记手续。建筑工人实名制管理信息包含人员基本信息、从业信息、信用信息。劳资管理人员通过智能手持设备（内置身份证阅读器）快速采集人员信息（如图 8-6 所示），可同时采集特殊工种证书和照片，保证人员信息真实准确。劳务管理系统内置实名制登记规则，针对进场工人年龄限制、黑名单规则（对接全国相关行业管理部门公布的劳务用工黑名单）等，对不符合要求的人员，系统会自动拦截，降低了项目的用工风险。

随时随地　移动登记

采集人脸
发放IC卡
发安全帽
进场登记
一次完成

刷身份证
拍照录入
手工录入
灵活便捷
问题人员
一秒立现

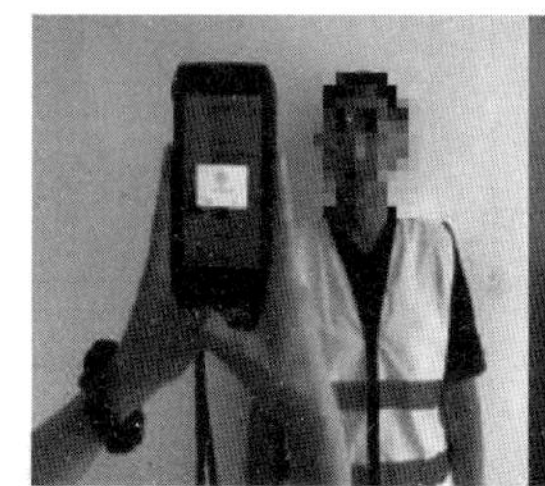

公安联网　人证合一

图 8-6　智能手持设备快速采集人员信息

通过登记现场施工劳务人员的基本信息、教育培训信息、工资结算及支付信息等，建立能动态反映每日用工实际的花名册、考勤册和工资册等实名管理台账，实现施工现场劳务人员底数清、基本情况清、出勤记录清、工资发放记录清、进出项目时间清。

二、人员考勤管理

项目根据自身场地条件，选用适合的考勤方案。实施封闭式管理的施工现场，设立进出场门禁系统、人脸识别考勤设备采集工人进出场考勤信息（如图 8-7 所示）；不具备封闭式管理条件的工程项目，可采用移动定位、电子围栏等方式实施人员考勤管理。

人脸识别设备实时记录工人进出场记录，对通行工人进行抓拍。通过考勤记录，项目管理人员可以掌握每日、每月、每年劳动力情况数据，为生产计划安排、工种配比、劳动工效分析和工人成本分析提供依据。可追溯用工计划的准确性，及时根据施工组织设计纠正人员偏差，确保用工计划符合实际需求。

图 8-7　翼闸+人脸识别考勤

（1）人员薪资管理

劳资管理员依据系统中的实名制信息、考勤记录信息等生成考勤计量、工资支付等管理台账。工资发放可与银行对接，贯彻落实《保障农民工工资支付条例》，保障农民工按时足额获得工资。同时将数据保存在系统中支持随时查阅。实现农民工工资账目内部清晰，对外发放公开、透明，保障农民工权益。

（2）培训教育管理

建筑工人需要参加安全教育培训和普法维权培训后才能进入施工现场从事与建筑作业相关的活动。BIM-VR 安全教育系统，充分发挥了虚拟现实（VR）技术的长处，通过融合其他前沿的成熟技术如 BIM 建模技术、机械映射技术、UE4 模型引擎等，辅以当前先进的硬件设备，使用户获得沉浸式的安全教育体验，提高人员的安全意识和安全生产技能。

安全教育的内容均以 BIM-VR 场景形式设定（图 8-8），以超高代入感的故事叙述方式，将每一个事故发生的过程基本还原。让体验者在严重的事故后果和真实的感官刺激中，深刻认识到安全的重要性。基于 VR 的培训，不仅仅是单方向灌输，还可以通过手柄的交互，让体验者在第一视角下，掌握正确的操作方法。安全教育的参训数据同步跟劳务管理系统、安全管理系统对接互通，建筑工人的培训情况一目了然。

图 8-8　安全教育 BIM-VR 场景

（3）诚信管理

建筑工人的诚信信息应包括诚信评价、举报投诉、良好及不良行为记录等信息。劳务系统通过数据共享的方式，与项目现场的安全管理、生产管理等系统进行数据联动应用。工人登记时，调用其他模块的工人历史从业经历和违规情况，帮助项目找到合格的工人。系统形成的建筑工人电子档案，包含了工人的全部从业信息，形成流动轨迹，作为判断人员素质能力的依据，帮助企业吸纳和留住优秀的工人、班组、队伍，培养形成有知识有技能的产业工人。

（4）人员场内定位管理

人员场内定位管理，主要是利用射频技术实现对进场人员的准确定位，通过定位数据进一步提升现场管理能力。可支持定位技术包括但不限于：北斗、GPS、蓝牙芯片、RFID、Wi-Fi、UWB 等。

这里我们主要介绍一下通过蓝牙芯片的方式实现的场内定位。通过工人佩戴装载智能芯片的安全帽，现场安装智能硬件接受安全帽芯片的信号进行数据采集和传输（扫描距离半径 30～120 m），实现数据自动收集、上传和语音安全提示，最后在移动端实时数据整理、分析，清楚了解工人现场分布、个人考勤等数据，给项目管理者提供科学的现场管理和决策依据。

（5）企业级劳务管理

企业级劳务管理，从时间、组织等维度快速、准确、真实地为企业领导层提供不同层次的劳务指标数据。掌握日常工人管控水平，及时发现用工问题，减少因劳动力造成的工期延误、用工风险等问题。实时查看劳务人员在岗人数、每日出勤人数及其日环比、实时在场施工人数及其日环比，帮助企业掌握出勤率及现场人数变动情况；掌握劳务人员年龄分布及工种分布情况；从时间维度对比各组织劳务人员出勤率趋势；从组织维度对比各组织出勤率与平均出勤率情况；自主选择重点项目查看出勤率情况等。

三、工资管理

将项目的工资专用账户信息及开户凭证，填报至监管平台（工资专用账户管理系统）。以实名制建设成果为依据，建设项目人员考勤管理及人员工资编制发放机制，施工总承包企业通过智慧工地平台按月填报工资支付表，同时，线下委托银行通过工资专户发放，实现项目民工薪资及时、完整、规范发放，履行企业社会责任。

四、体温检测管理

以软硬件结合的方式，采用测温人脸识别设备实现对进出场人员体温的测量并关联实名制信息，同时，温度采集设备产生的数据自动上传至项目平台，最终形成温度测量数据库。若测温结果超出标准值，设备将主动发出预警，并阻止进入项目现场。

五、酒精检测管理

系统由酒精测试仪、监测云平台/企业平台服务器组成。检测到的酒精数据采集后传输至监测云平台/企业平台服务器进行统一管理。对酒精测试仪设置酒精含量阈值，超过 20 mg/100 ml 系统提示预警，并阻止入内；超过 80 mg/100 ml 进行报警，人员信息传至监管平台黑名单，并联动门禁止人员进入（图 8-9）。

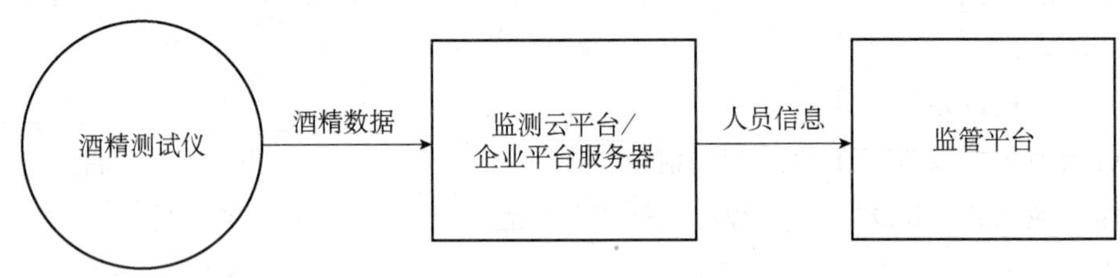

图 8-9　酒精检测管理系统

六、血压检测管理

系统利用电子血压计测量人员血压，采集从业人员血压数据并上传至监测云平台/企业平台服务器，实现血压数据的分析、展示。根据血压正常数值设置参数，定期对从业人员进行血压测量，数据实时上传至监管平台，若检测到异常数值，则对相关人员进行提示并发出预警信息，直至血压值正常时方能进入现场作业（图 8-10）。

图 8-10　血压监测管理系统

七、人员定位功能

场内应用智能安全帽产品，智能安全帽定位系统可以将用工管理覆盖到场内每个部位，配合为项目定制三维场布模型，跟随工程主体进度定期更新，真实反映场内人员和工种分布情况，丰富的交互操作，方便管理人员掌握各作业部位实时用工数据，现场巡察时可调取工人档案，出勤轨迹，记录现场发生的问题。提供人员出勤异常数据，区分队伍和工种，监测人员出勤情况，辅助项目进行人员调配；提供人员异常滞留提醒，辅助项目对人员安全监测（图 8-11）。

八、作业人员危险监测

对于进入危险区域作业的人员或从事特殊工种的人员，通过穿戴设备，进行后台监测，及时侦测、提示人员身体异常状况，防止意外事故发生。

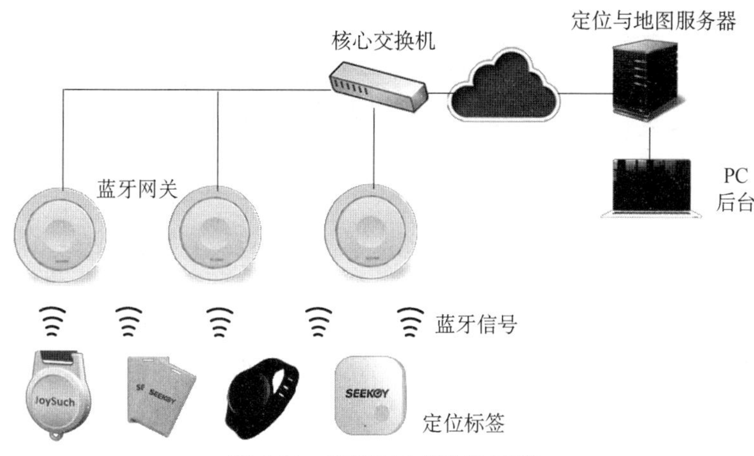

图 8-11　智能安全帽定位系统

九、危险区域管理

通过现场地理位置分布结合智能硬件设备感应器绘制危险区域，实时监控该区域内所有人员的情况、活动轨迹等，通过系统对人员的身份识别、权限划分、区域划分来管控不同人员的访问权限，若越权访问系统会立刻发出报警提示。

利用施工现场临边、预留洞口等危险管控管制区域设置报警设备，当人员接近管控管制区域范围时，报警系统自动启动，通过声音报警和闪光报警 2 种方式同步实现提示，降低安全事故发生风险。为防止造成人员伤害在进入现场作业的人员需穿戴安全智能终端设备。

十、教育培训管理

项目用户通过使用住房城乡建设教育培训管理系统或企业平台的教育培训管理系统进行考核，系统会自动将相应的教育培训记录上传到监管平台，项目用户可以进行相关信息的查询（图 8-12）。

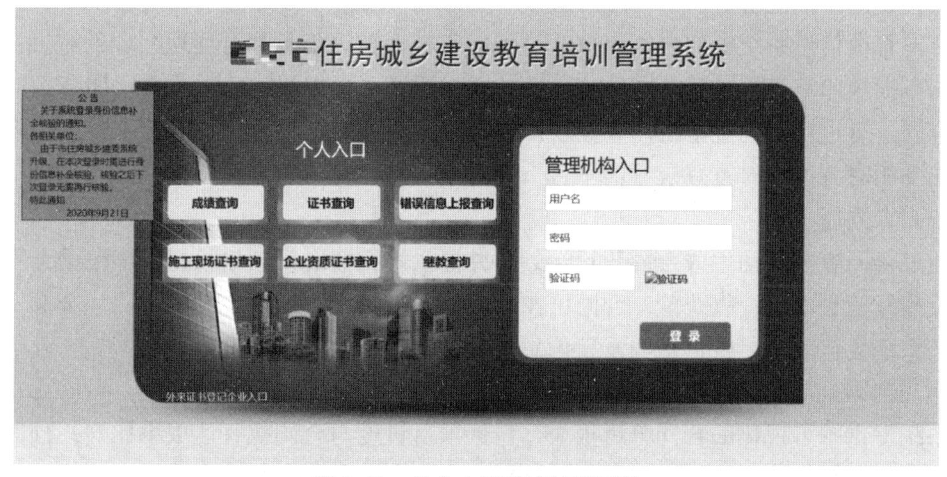

图 8-12　从业人员教育培训系统

第四节　合同管理信息化

合同管理是一项复杂、动态的监管工作，涉及信用审核、细节谈判、合同制作、项目评审、合同签订、文件归档、法规执行、纠纷处理等多个环节。做好企业合同管理可以有效防范各种法律风险，在一定程度上也可以看出企业能否长期发展。合同管理可以说是企业管理的核心内容。对提高企业的诚信和效率，树立企业的品牌形象有着重要的作用。只有遵守合同规定签署的合同才能确保企业日常业务活动的顺利进行。

传统合同管理存在以下问题：

1）合同管理制度不健全，管理方式落后；

2）企业仅注重静态化管理，忽视动态管理；

3）法律观念淡薄，人才缺失；

4）合同标准不规范；

5）不同合同的签订过程合规条件复杂，签订风险大；

6）合同审批效率太低。

以上问题主要是由于缺乏有效的信息化手段将合同发起、审核、签订和履约等各个阶段，各个岗位角色的人员高效地联系组织起来导致的。合同管理信息系统模块主要具有以下功能：

（1）合同起草

合同管理信息系统能智能创建合同流程，实现历史合同参考、报价单导入、合同模板导入等功能；系统自动调用大数据和审核逻辑，完成合同/文件的逐字审核，标记风险；提供多种合同类型的范本，范本会定期更新、审批，确认合规性；可对表单和文件进行全文批注，支持圈批圈阅。

（2）合同审批签署

合同管理信息系统中的合同审批通过智能审核、数据信息聚合展现，辅助审批决策；从合同审批至印章签署，可在同一流程中完成，通过系统授权，可在线使用印章；针对不同的合同，可进行不同类型的印章授权；内部用印完成后，可通过短信、邮件、微信等方式通知到相对方；相对方登录签约平台，通过手机即可完成签章。

（3）合同履行

通过合同要素自动生成合同履行计划，并提供履行情况反馈填报提醒；根据合同履行计划及履行信息，进行收费款；合同可发起开票申请流程，可同步发票号码、金额、邮寄情况；系统会自动匹配收付款与发票信息；支持收、开票的退票业务。

（4）合同分析

系统提供了可视化的合同分析报表，包括项目进度与合同执行达成率比对；预算使用与合同执行情况比对；收款与合同数量情况比对；客户贡献与合同类型比对等关联分析报表；所有合同报表均可通过后台进行配置实现。

数字化合同管理方案框架如图 8-13 所示。

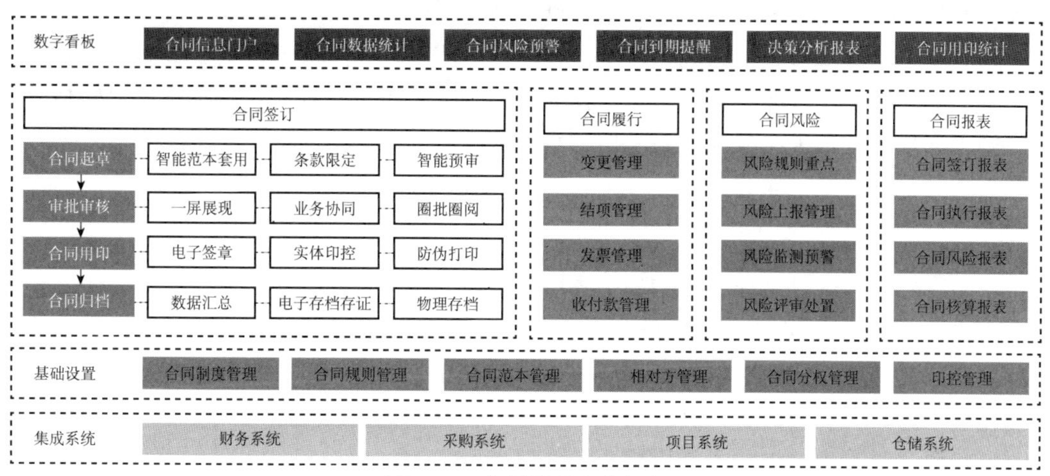

图 8-13　合同管理方案框架

合同管理包括对施工合同、支付合同的增加、查询、修改等操作，并可根据项目实际需要进行合同补充协议、施工合同交底、施工合同变更签证等操作，如图 8-14 所示。

图 8-14　合同管理

第五节　成本管理信息化

企业成本管理是现代企业制度下生产管理的重要体现，企业成本管理是将企业内部结构与外部市场环境结合在一起的管理模式，其主要形式是以企业发展为基本点，制订节约成本的方法并贯彻落实在每个生产和施工环节中。通过对企业成本管理的把控，可以对企业发展进行绝对的控制，帮助企业规避一定的风险问题，及时调整企业的发展方向，使企业生产产品能够跟随市场需求进行一定程度的改变。

影响建筑工程造价成本的因素很多，有原材料成本、人工成本、物流成本、施工技术水平等。控制装配式混凝土建筑主体工程的造价，主要可以从控制构件成本和运输成本，提高施工现场管理水平、减少施工现场材料浪费等方面着手。

一、成本构成

对影响装配式混凝土建筑成本的因素进行分析，必须掌握装配式混凝土建筑成本的构成。在建筑工程结构中，现浇混凝土结构或装配式混凝土建筑结构，它们的造价成本构成是一样的，其建筑消耗的主要资源是混凝土、钢筋等，但是由于技术、生产、施工方式等的变化成本造价会有所改变，其各项成本费用所占比例也会发生很大改变。

（1）现浇混凝土结构成本费用组成

现浇混凝土结构成本由直接费、间接费、利润、规费、税金组成，其中直接费在成本支出中占有较大比例，是成本支出的重要组成部分，对成本造价有着紧密的联系和影响。间接费以及利润在可控范围内变化，规费和税金无法自由浮动。

对上述费用组成进行分析，在固定的建设标准下，想从人工、材料、机械量上大幅调整成本价格，降低成本缩减造价是相当困难的。质量、工期以及成本是相互制约的，想要降低成本可能会影响到建筑的质量和工期。

（2）装配式混凝土建筑结构成本费用组成

装配式混凝土建筑结构的土建成本组成与现浇混凝土结构的成本一样，预制式建筑主体结构成本组成不仅仅包括现浇混凝土结构直接费中的人工费、材料费、机械费和措施费，还包括预制构件的制作费、搬运费和现场装配费等过程成本，这些过程成本的高低对工程造价起决定性作用。

通过对预制构件工厂的调查研究，预制构件成本费用是由“人、材、机”三费、预制工厂利润、税金、部件产品模具费用、预制材料费等构成；预制产品的运输费主要是预制构件从生产现场搬运到施工现场的成本、临时存放费和施工现场的两次搬运成本；现场装配费包括预制产品竖直搬运费、装配人工成本费、专项用具摊销费（包括部分现浇混凝土结构现场的“人、材、机”成本）；措施费是指模板、脚手架成本，若建筑产业化水平较高，会大大缩减脚手架和模板造成的成本费用。

通过对比两种不同施工方式的成本，由于施工工艺的不同，组成直接费用的因素大不相同，经分析比较得出，两种不同的施工工艺对两种方式的直接费用影响不同。要想降低预制式建筑结构工程的成本，需要从预制构件成本组成因素着手，如降低预制构件制作费、搬运费和现场安装费等，若要使装配式混凝土建筑结构的直接费低于现浇混凝土结构成本的直接费，就要从预制式建筑结构的用途分类、施工方法、搬运方法和装配费用考虑，通过改善施工方法、节约材料、增强效率等措施，减少预制式建筑建造费用。

二、预制构件混凝土计量规则

（1）预制构件

混凝土的工程量按设计图示体积以“m^3”计算。不扣除构件内钢筋、螺栓、预埋铁件及单个面积小于 0.3 m^2 的孔洞所占体积。

1）空心板、空心楼梯段应扣除空洞体积以“m^3”计算。

2）混凝土和钢杆件组合的构件安装。

● 构件安装工程量按成品构件设计图示尺寸的实体积以“m^3”计算，依附于构件制作的各类保温层、饰面层的体积并入相应构件安装中计算，不扣除构件内钢筋、预埋铁件、配管、套管、线盒及单个面积≤0.3 m^2 的孔洞、线箱等所占体积，构件外露钢筋体积也不再增加。

● 套筒注浆按设计数量以“个”计算。

● 外墙嵌缝、打胶按构件外墙接缝的设计图示尺寸的长度以“m”计算。

3）预制镂空花格折算体积以“m^3”计算，每 10 m^2 镂空花格折算为 0.5 m^3 混凝土。

4）通风道、烟道按设计图示体积以“m^3”计算，不扣除构件内钢筋、螺栓、预埋铁件及单个面积≤300 mm×300 mm 的孔洞所占体积，扣除通风道、烟道的孔洞所占体积。

（2）预制混凝土构件模板

1）预制混凝土模板，除地模按模板与混凝土的接触面积计算外，其余构件均按图示混凝土构件体积以“m^3”计算。

2）空心构件工程量按实际体积计算，后张预应力构件不扣除灌浆孔道所占体积。

（3）预制混凝土构件制作、运输和安装

1）预制混凝土构件制作、运输及安装损耗率，按下列规定计算后并入构件工程量内。制作废品率：0.2%；运输堆放损耗：0.8%；安装损耗：0.5%。其中，预制混凝土屋架、桁架、托架及长度在 9 m 以上的梁、板、柱不计算损耗率。

2）预制混凝土“工”字形柱、矩形柱、空腹柱、双肢柱、空心柱、管道支架，均按柱安装计算。

3）组合屋架安装以混凝土部分实体体积分别计算安装工程量。

4）定额中就位预制构件起吊运输距离，按机械起吊中心回转半径 15 m 以内考虑，超出 15 m 时，按实际计算。

（4）后浇混凝土

1）后浇混凝土浇捣工程量按设计图示尺寸以实际体积计算，不扣除混凝土内钢筋、预埋铁件及单个面积＜0.3 m 的孔洞等所占体积。

2）后浇混凝土钢筋工程量按设计图示钢筋的长度、数量乘以钢筋单位理论质量计算，其中：

①钢筋接头的数量应按设计图示及规范要求计算；设计图示及规范要求未标明的，Φ10 以下的长钢筋按每 12 m 计算一个钢筋接头，Φ10 以上的长钢筋按每 9 m 计算一个钢筋接头；

②钢筋接头的搭接长度应按设计图示及规范要求计算，如设计要求钢筋接头采用机械连接电渣压力焊及气压焊时，按数量计算，不再计算该处的钢筋搭接长度；

③钢筋工程量应包括双层及多层钢筋的“铁马”数量，不包括预制构件外露钢筋的数量。

3）后浇混凝土模板工程量按后浇混凝土与模板接触面的面积以“m“计算，伸出后浇混凝土与预制构件抱合部分的模板面积不增加计算。不扣除后浇混凝土墙、板上单孔面积＜0.3 m^2 的孔洞，洞侧壁模板亦不增加；应扣除单孔面积＞0.3 m^2 的孔洞，孔洞侧壁模板面积并入相应的墙、板模板工程量内计算。

三、各阶段成本控制措施

（1）决策及设计阶段成本控制措施

1）做好充足的技术及资源准备；

2）合理确定建设规模及预制装配率；

3）优选设计单位，强化设计管理。

（2）预制构件生产阶段成本控制措施

预制构件生产环节是装配式混凝土建筑工程与传统住宅差异较大的环节之一。成本增加部分主要有阳台、内外墙板、梁、楼梯、楼板、柱预制等，在制模、构件加工、采购、运输等方面都会引起了成本增加。尤其是外墙部分，为整个预制构件综合价格中最高。由于建造方式的改变，新的产品（如内支撑、爬架、钢地坪、集水器、埋件、早强剂、减水剂、脱模剂、套筒、吊具、ALC 墙等）市场价格较高，产业的不成熟也导致了构件生产阶段成本的增加。

1）提升技术水平、提高生产效率；

2）降低运输成本、提高运输效率。

（3）施工阶段成本控制措施

现行清单的综合单价编制包括人工费、材料费、施工机械费、管理费、利润及一定范围内的风险。构件组装对安装预制构件的技术工人要求较高，现场管理需要更强的专业能力和协调能力；为起吊构件，施工过程中采用特种机械，塔式起重机台班及进出场费用均较一般施工用塔式起重机要高；由于产业链不成熟，部分产品需要从国外进口（如密封胶及防水胶条），单价较高。人工单价、施工机械费及材料费用的增加均提高了装配式混凝土建筑的成本。为保证体系的安全性，现浇部分在配筋、混凝土用量上都与传统墙体有较大差异。措施费用中，钢模板的摊销及人工、蒸养、材料运输等都会导致成本增加。

1）强化组织管理，建立造价组织机构；

2）加强材料管理；

3）加强施工机械管理；

4）加强合同、变更、签证和索赔管理。

成本管理模块的主要目标是计算工程项目相关生产和施工及其他目标的成本；计划和控制；辅助决策制订。常见的成本管理信息化功能有以下几点：

（1）项目计划管理功能

成本管理软件开发的项目计划管理功能主要是对项目计划的制订和执行情况进行管理，其中包括对部门计划的执行情况进行管理。

（2）采购招投标功能

成本管理软件开发的采购招投标功能用于管理采购招投标环节，包括合作伙伴信息、材料信息、招投标计划等业务流程。

（3）工程材料管理功能

成本管理软件开发的工程材料管理功能可实时掌握材料应用情况，并支持对材料实现计划管理；工程材料管理功能支持对材料的全程追踪；可直接查询供货单位与领用单位的材料供应与使用情况。

（4）工程进度管理功能

成本管理软件开发的工程进度管理功能以项目计划编制—审核—执行—分析—调整为核心流程，支持对时间进度和工程进度的精细化过程控制；工程进度管理功能也支持以图片、视频的形式上传和展示形象进度。

（5）任务管理功能

成本管理软件开发的任务管理功能用于跟踪项目的相关工作任务执行情况，支持任务的审核与查看，并可设置任务提醒。

（6）质量管理功能

成本管理软件开发的质量管理功能可制订相关质量控制制度及质量控制计划，质量管理人员根据质量管理来安排质量检查与评定工作；质量管理功能可制订质量检查制度及质量标准。质量管理也支持对质量检查过程中的评定结果与不合格项整改过程的记录。

（7）目标成本管理功能

目标成本管理包括成本的分配、计算步骤的判断、产品成本的分配等重要过程，可以实现成本分析。目标成本管理功能开发主要从 3 个角度提供成本升降的原因，为企业成本决策提供重要的信息。

1）各成本项目的金额结构分析：通过成本管理软件有利于掌握成本的构成，确定重点控制的成本项目。

2）不同成本类型分析：通过成本管理软件掌握实际成本与企业制订的计划成本和预算成本之间的比较，挖掘降低成本的潜力。

3）同期的成本分析：通过定义成本类型及会计期间分析每一成本类型在时间上的发展趋势，分析产品成本升降的原因。成本管理系统的质量管理可将各项成本指标落实到岗，为成本绩效考核提供数字化依据。

（8）合同订立管理

成本管理软件开发的合同订立管理用于对公司各项目相关资料进行统一管理，支持相关文档的上传、下载、在线查询功能，并对合同的借阅情况进行管理。

（9）合同执行管理功能

成本管理软件开发的合同执行管理功能用于跟踪合同执行的全过程，包括合同的变更申请、正式变更、准结算、结算，以及付款计划的确定、应付款和实付款信息的查询。

（10）成本的拆分与归集管理功能

成本管理软件开发的成本的拆分与归集管理功能用于将每个合同发生的各种费用分摊到最末级成本科目的明细核算对象中，获得已发生的合同性成本。成本的拆分与归集管理功能支持自动拆分及自动应用拆分规则，用户可以进行快速拆分和批量拆分操作。

（11）合同付款管理功能

成本管理软件开发的合同付款管理功能用于记录合同付款计划的确定、审核和款项支付。成本管理系统支持资金计划的制订和付款计划、应付款和实付款信息的查询；合同付款管理功能还可以对发票进行管理及查询。

（12）现金流管理功能

成本管理软件开发的现金流管理功能可以生成项目动态投资计划，并将待分配余额分配到每个月具体的投资计划中，得到该项目周期的动态投资计划；现金流管理功能根据公司设置现金流量模板，结合相应的成本核算对象生成现金流量。

（13）合同分析管理功能

成本管理软件开发的合同分析管理功能支持对合同执行、合同付款等情况进行统计分析，并以图表的形式显示。

（14）动态成本管理功能

成本管理软件开发的动态成本管理功能可以自动计算出各核算对象的最新动态成本和统计分析报告，对动态成本和目标成本之间的差异进行比较，得到项目按产品分配的成本数据。

（15）成本分析管理

成本管理软件开发的成本分析管理功能通过对核算对象的成本进行统计分析。

1）市场成本规律管理：

①市场成本规律是指估算某类成本价格，从市场上同行业企业中找出相同或相似产品价格，并对影响该类产品价格的主要特征进行分析，找出该类产品的价格系数，从而估算该类产品价格的计算方法。适用范围：作为外购件、外协件定价部门定价合理性的标准；作为考核件自制生产工厂成本控制好与不好的标准之一。

②自制成本规律是指在既定工艺和正常、高效率运转情况下制造某类产品需要的成本，应在正常情况下分析投入和产出关系，而不是实际生产发生的成本。

2）差异分析管理：

①指导价差异分析。若合同价和指导价突破某个范围，系统自动预警报价部门，定价部门要分析原因。

②成本价差异分析是在标准成本及实际成本核算的基础上进行的，通过对标准成本与实际成本核算，通过标准成本与实际成本对比进行分析。

（16）可售单方成本分析模块功能

成本管理软件开发的可售单方成本分析模块功能计算各核算对象目标成本可售面积单方造价与动态成本可售面积单方造价。

（17）报表管理功能

成本管理软件开发的报表管理功能按业务分类组织，支持各类报表的自定义功能。该功能综合查询与存货核算业务相关业务信息，主要包括核算账簿和核算报表，根据每一种账簿和报表的特点提供不同的过滤和汇总条件。

成本管理软件报表类型大致有以下几种：

1）要素费用归集和分配表类：原材料费用分配表、工资费用分配表、固定资产折旧费用分配表；

2）成本计算过程表：辅助生产明细账、制造费用明细账、辅助生产费用分配表、制造费用分配表；

3）成本计算结果表：生产成本明细账、产品成本计算单等；

4）成本分析报表：要素费用分配分析表、产品成本结构分析表、产品成本比较分析表、产品成本趋势分析表。

（18）短信平台管理功能

成本管理软件开发的短信平台管理功能利用手机短信服务的功能，支持用户通过短信订阅报表信息，支持多种接口、多种应用插件。

（19）财务接口管理功能

成本管理软件开发的财务接口管理功能可实现数据交换及联网与其他系统进行财务对接。

（20）操作日志管理功能

成本管理软件开发的操作日志管理功能可以实时监控并记录所有进入系统的操作人员对每个功能模块的操作情况。

主要数据功能如下：

（1）成本基础数据维护功能

要完成开发成本管理软件的功能，首先必须具备大量详细准确的基础数据，包括成本资料的维护，成本类别的维护，存货传票基本文件维护，这些基础数据包括物料文件、BOM、工艺路线和工时定额等。标准成本计算和实际成本计算都要用到其中的资料，所以成本管理系统首先要有基础数据管理功能，有了这些基础数据以后，模块中的信息就具备了统一的标准。

（2）成本核算功能

成本管理软件中的成本核算功能按照费用要素和成本项目分类。在企业成本核算中，成本核算数据被分类为各费用要素和成本项目，归集成本核算数据按各费用要素进行归集，成本账务处理时按成本项目进行，账务处理费用要素同成本项目间存在着对应关系，多个费用要素对应多个成本项目。同时在各企业中，成本费用要素和成本项目不会完全一样，因此成本管理软件中的成本项目和费用要素由企业自定义。

一般的成本管理软件有成本中心会计、订单和项目会计、产品成本核算、获利能力分析、利润中心会计的功能。成本核算时，要将产品成本在完工产品和未完工产品之间划分。完工产品的成本从产品成本账户中转出，进入成本管理软件销售成本账户，以计算销售利润。成本管理软件可自动计算所有库存、在制品和采购事物处理的成本与价值。

（3）成本统计分析

成本统计分析是为了评价企业成本定额的执行情况，揭示成本升降的原因，确定降低成本的有效途径。成本管理软件中的成本指标分析将企业生产中实际发生成本与成本计划进行比较，找出产生差距的原因，为成本控制提供依据。

（4）支持会计核算

成本管理软件还支持按期间进行会计核算，使企业可以同时在多个运行的会计期中执行事务处理。

第六节　劳务/专业分包管理信息化

劳务分包是指作为承包建筑工程项目的企业，将自己承包项目中劳务作业部分分发给其他劳务分包企业。甲方企业在承接建筑工程项目后，会根据工程量购买材料，作为劳务分包企业安排劳动人员进行施工作业，其中甲方企业需要针对劳务分包企业的工作人员进行管理。劳务分包不能由业主进行企业指定，需要经过招标才可以完成，同时作为劳务分包企业也不能对工程项目进行二次分包及转包，否则会严重威胁建筑行业的健康发展。

专业分包是指工程总承包人或施工总承包人依据专业分包合同的约定，将承包的工程中的专业工程分包给具有相应资质条件的专业分包人完成，由工程总承包人支付工程分包价款，并由工程总承包人与分包人对分包工程项目负连带责任的工程承包方式。

传统劳务管理存在以下问题：

1）劳务作业队伍整体素质水平较低；

2）劳务分包队伍缺乏安全意识；

3）招投标管理不合理；

4）劳务工人缺少从业资格；

5）劳务分包合同管理不完善；

6）分包管理不规范；

7）分包管理体系不够完善；

8）总包单位缺乏对分包工程的相关管理制度。

通过建设“施工分包管理功能系统”可以利用信息手段对劳务和专业分包进行管理。该系统具有施工分包企业信息管理、分包合同管理、分包结算管理、考核评价管理、施工分包统计管理、企业资信等级评定等功能，帮助企业提高项目施工的综合配套管理能力，确保分包企业的质量，为工程建设项目分包管理排忧解难（图 8-15）。

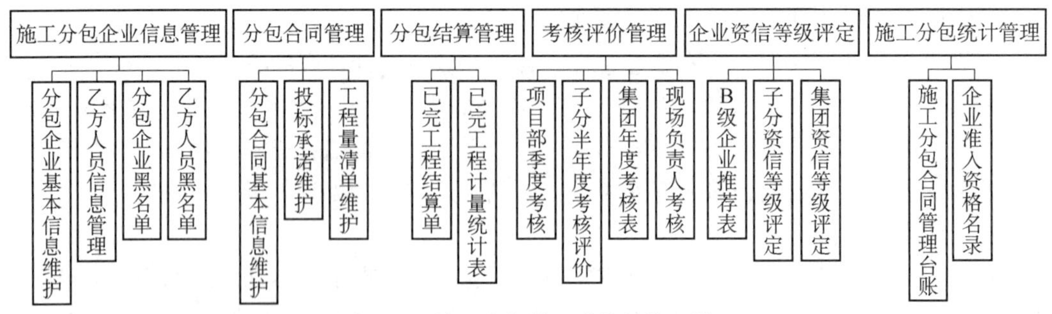

图 8-15　施工分包管理功能架构系统

“施工分包管理功能系统”通过对施工分包企业的信息、人员、合同、资信等级评价等实施一体化管控，实现项目施工过程中全层级、各部门的有效协同。目前，已在工程建设行业多个单位得以应用。

如图 8-16 所示，劳务分包模块从劳务分包计划、劳务分包比价、劳务分包合同、劳务分包合同补充协议、劳务分包工程量确认单、劳务分包计量单和劳务分包结算进行信息管理。

图 8-16　劳务分包模块

如图 8-17 所示，专业分包功能模块覆盖专业分包的各阶段流程与劳务分包类似，主要功能有以下几点：

图 8-17　专业分包功能模块

（1）劳务队管理功能

劳务队管理功能是劳务分包管理业务中最基础的一项管理功能，完成劳务队从登记、审核到完成申请的一系列操作。这里，需要录入劳务队的基本信息，然后进行处理，对于不合格的劳务队，可以拉入黑名单。

（2）劳务招标管理功能

劳务招标管理功能是完成对劳务招标的信息录入、招标劳务队添加、招标评审等系列招标的工作流程。

（3）劳务合同功能

劳务合同功能需要录入劳务合同的重要信息，然后添加劳务合同表，最后要进行审核，只有主表审批通过后，子表劳务合同履约评审记录才可以进行增加。

（4）劳务验工功能

在劳务合同审批完成后，劳务验工主表会初始一条记录。

（5）劳务付款功能

劳务验工审批完成后，劳务付款主表会初始一条记录，可以根据相关记录执行劳务付款操作。

（6）劳务使用功能

劳务使用功能可以对劳务队子表的相关信息进行操作。

（7）劳务工资发放台账功能

劳务工资发放台账功能可以录入月工资发放情况，对工资发放情况进行更新。

（8）教育培训功能

在教育培训业务中，需要上传教育培训资料。

（9）法规制度功能

在法规制度业务中，需要上传法规制度资料。

（10）劳务队伍年检记录功能

在劳务队伍年检记录功能中可以完成年检记录的上传操作。

（11）履约保证金登记功能

在履约保证金登记功能中，需要对履约保证金进行登记，并提交审批。

（12）劳务考核功能

通过考核表对劳务信息进行相关考核操作。

（13）履约保证金还款功能

对于已经审核通过的履约保证金，需要在子表中录入还款金额完成履约保证金还款操作。子表审批通过后，主表会对还款状态进行自动更新。

（14）专业分包合同功能

专业分包合同功能用于对专业分包合同信息进行维护和对专业分包合同履约记录进行评审。

（15）专业分包验工费用管理功能

专业分包验工费用管理功能用于维护专业分包员工的费用类别，由公司管理员统一进行维护。

（16）专业分包验工功能

专业分包验工功能是在专业分包合同审批完成后对验工信息进行操作，并如实上报费用。

第七节　设备管理信息化

设备的范围很广泛，包括与生产活动直接有关的一切必要的设备和设施。设备是固定资产的主要组成部分，它是指工厂和施工企业中可供长期使用、并在使用过程中基本保持其原有的实物形态、能继续使用或反复使用的劳动资料和其他物资资料的总称。在我国通常所说的设备，就是指机械和动力两大类生产设施。

总体上看，各单位设备物资管理各有其特点，管理水平参差不齐，各项目部之间相互没有管理经验的交流与共享，资源的调剂和相互利用等，存在着管理水平普遍不高，内部资源结构不合理，利用率低，经济效益差等问题。这种各自为政的管理在集团化经营的要求下已经逐渐不能适应当前市场竞争发展的需要。

常见的设备管理信息化模块主要包含以下功能：

一、机械设备信息化管理

工地现场针对机械设备实现信息化管理工程，建立机械设备的统一数据库，包含机械设备产权、安（拆）单位、操作人员、注销备案信息等，并在使用过程中，记录机械设备的安装、检查、使用、维护及拆卸等信息。

二、特种设备身份认证管理

对工地现场塔吊、升降机及其他特种设备采用智能生物识别技术，对操作人员进行身份识别和显示，对非授权人员进入、操作行为进行提示和报警。起重机械操作人员将被纳入实名制考勤，并按照要求上传到建委监管平台。

三、视频监控管理

工地现场针对塔吊设置视频监控点，视频监控能捕捉并记录塔吊的整个运行过程。项目现场每一台塔吊均配备智能高清球形摄像头进行监控，在对塔吊行为进行监控的同时，也可对现场指定部分进行高空鸟瞰监控。

四、塔吊吊钩防碰撞管理

在施工现场塔吊运作过程中，多机同时作业塔吊进入防碰撞管制区域时系统将进行预防碰撞监测预警提醒。司机视觉盲区，远距离视觉模糊，采用塔机吊钩视频、区域传感器的方式，保证吊钩镜头实时跟踪和捕捉吊装现场安全作业保障，塔吊吊钩防碰撞管理系统如图 8-18 所示。

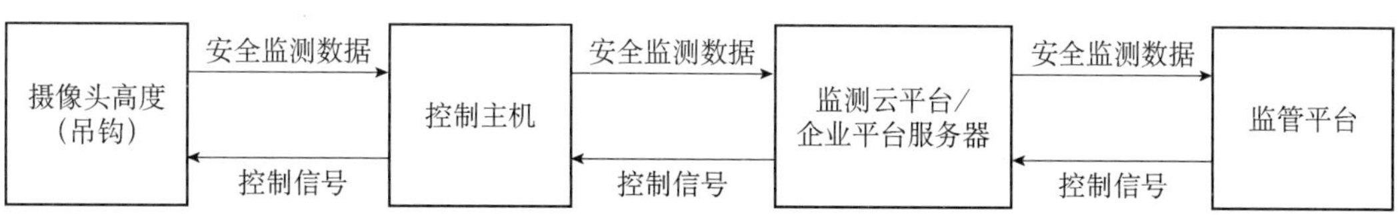

图 8-18　塔吊吊钩防碰撞管理系统

五、塔吊智能监测管理

在塔吊上加装监测承重、幅度、高度、倾斜度、风速、力矩、倍率等情况的设备，监测塔吊的主要状态，实时传递到项目平台，当监测到相关指标超过预警值时，现场报警提醒操作员，同时通过项目平台推送报警信息给安全员，平台记录预警数据和工作数据，可实时查看和事后查询。同时，该系统支持多机防碰撞管理，配置相关参数后，黑匣子可有效防止多塔吊碰撞，塔吊多机防碰撞管理系统如图 8-19 所示。

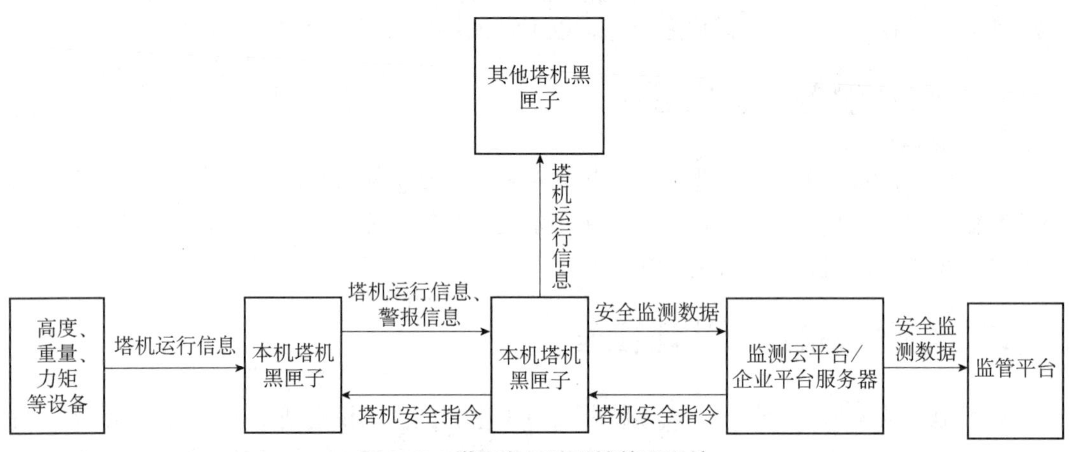

图 8-19　塔吊多机防碰撞管理系统

六、升降机智能监测管理

升降机智能监测管理系统具备清晰实时显示升降机运行工况的功能，主要显示的内容：设备载重、楼层高度、速度、楼层、系统运行状态等。当升降机前、后门开启时，实现自动控制升降机上升、下降操作，防止升降机开门运行。当发生超载或前、后门超载保护功能异常、接近上下限位情况时，系统自动发出声光报警，并实现危险行为的自动控制，限制升降机向上和向下运动。监测数据可以自动上传到项目平台，平台可以看到楼层高度、升降机载重、运行时间信息、运行采样值等参数。

第八节　材料管理信息化

一、材料采购

根据项目需要制订需用计划，根据需用计划制订采购计划、比价并签订合同；材料采购完成后还须进行供应对账和结算环节管控。

材料采购的全过程可以在系统中设定相应表单和流程进行管控（图 8-20）。

图 8-20　材料采购

二、物料管理

项目采用物料管理智能化，项目平台实现对集成地磅、仪表自动读取数据、在线统计、存储、分析等功能（图 8-21）。

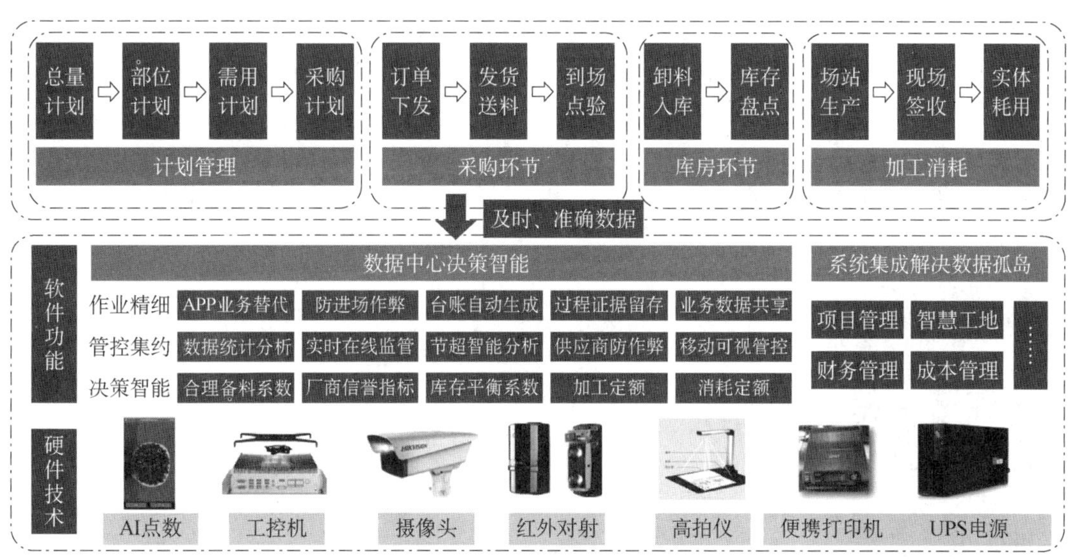

图 8-21　物料管理智能化系统

项目用户可通过智能物料验收系统运用物联网技术，通过地磅周边软硬件，智能监控作弊行为；运用数据集成和云计算技术，自动采集精准数据，及时掌握第一手数据，有效积累、保值、增值物料数据资产；运用互联网和大数据技术，实现多项目数据监测，全维度智能分析；运用移动互联技术，随时随地掌控现场、识别风险，零距离集约管控、可视化决策（图 8-22）。

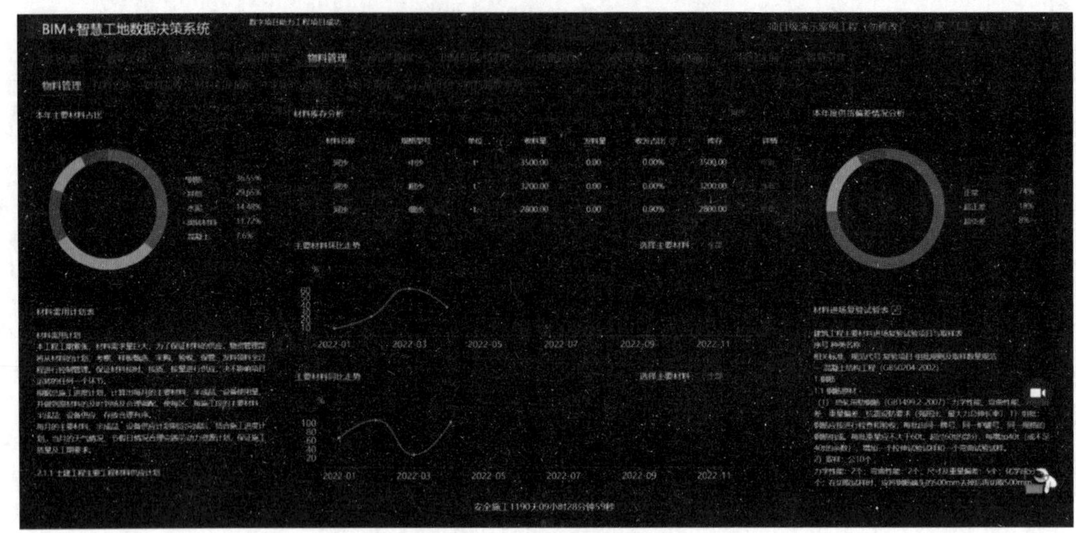

图 8-22　智能物料验收系统

项目平台可对主要材料的进场验收、入库存放、出库使用等功能提供信息化管理。项目对料场、材料加工区、仓库设置视频监控点进行管控。

三、周转材料管理

项目施工所需周转材料往往采取租赁形式采购，因此需要拟定租赁计划、签订租赁合同并对停租情况进行信息化管控。

如图 8-23 所示，周转材料管理模块包括周转材料租赁计划、周转材料租赁合同、周转材料合同补充协议、周转材料进场、周转材料停租、周转材料出场和周转材料结算等功能。

图 8-23　周转材料管理模块

第九节　质量管理信息化

工程项目从定义上来讲，一般指的是在总体的设计和规划范围内，通过统一管理一个或多个存在内在联系的单项工程，最终形成具有综合意义的工程单位。工程项目是一种投融资行为与工程建设活动密切相关的项目活动决策和实施活动，是一种较为普遍的项目类型，存在于社会经济活动的各个领域，对社会与经济的发展有着至关重要的作用。关于工程项目质量的定义，有广义与狭义之分。从狭义的角度来讲，工程项目质量指的是工程建设实体的质量，是一种以寿命、可靠性、经济性、性能及安全性等指标为衡量的项目质量准则。从广义的角度来讲，工程项目质量是工作质量与工程实体质量的综合反映，其中工作质量主要包括组织管理、安全管理、技术水平等方面，具体反映为组织、管理以及技术水平的高低。工程项目质量是通过施工的各个阶段逐步形成的，从建设程序来讲，主要包括可行性研究、决策、设计、施工以及竣工验收 5 个阶段。通过这 5 个阶段的实施，形成不同水平的工程实体。每个阶段对工程质量的影响程度不同，其中施工阶段对最终工程质量的形成有着直接影响作用，是工程质量管理与控制的关键环节。

一、传统质量管理存在的问题

尽管工程涉及的各方都在质量控制方面给予了高度重视，且行使着各自质量控制的义务与责任，但工程质量控制并没有达到行业要求的标准，在质量控制的过程中还存在很多问题。要想提高工程质量控制工作，就必须准确认识到存在的问题并有针对性地提出解决措施，结合我国工程建设行业和工程质量控制的发展现状，当前我国建筑工程质量控制存在的问题主要表现在以下几点：

1）法律法规普及不到位，验收管理、资料报送等流程缺乏规范管理和监督；

2）质量管理相关人员缺乏专业知识，执行效率低，管控精准度不高；

3）各环节和人员之间的信息反馈不及时，导致质量隐患发现和处理不及时。

二、质量管理信息化的应用场景及实现方法

由于建筑工程是一种特殊的产品，所以其质量除了具有其他产品的质量特性外，还具有符合建筑工程特点的内涵，主要包括安全性、适用性、耐久性、可靠性、经济性、节能性及协调性。装配式混凝土建筑将需要在施工现场的作业转移到工厂，因而装配式混凝土建筑的质量内涵与传统建筑的质量内涵有所不同，主要表现在预制构件的生产和运输过程中。

施工阶段质量管理主要包括以下内容：

（1）人的质量管理

谁是直接参与施工，扮演指挥官和运营商的组织者，是人。人，作为管理对象，要将避免失误作为管理的一个来源，要发挥人的热情和主导作用。为此，除了加强政治思想教

育、劳动纪律、职业道德、专业技术培训以外，提高个人的责任，改善劳动条件，建立公平合理的激励机制也尤为重要。此外，需要根据工程特点，从确保人的技能、人的生理缺陷、人的心理行为、人的错误行为等方面控制质量。人的管理包括结合每一个人的知识，能力，身体状况，精神状态，质量意识，组织行为学，组织纪律，职业道德等，做到合理用人，工作时强调为一个团队，调动人的积极性。

（2）材料的质量管理

产品、零部件、配件等必须检查验收，正确合理使用，建立一个合理的发放和接收、储存、运输等环节的技术管理，避免在工程中使用不合格的材料，这就是材料管理。实施材料的管理要抓好以下几个环节：

1）材料的购买。建设单位应考虑按照工程施工合同、适用范围、材料的施工要求、材料性能和价格的特点采购材料。材料采购应按照施工进度提前安排。项目应该建立共同的材料供应商信息并持续跟进市场。必要时，应允许提出材料样品详细介绍或现场考察材料供应商。应当指出材料采购合同中重要条款，严格明确的质量情况。

2）材料检查试验。材料检查的目的，是通过一系列的测试方法对质量标准数据进行比较，来确定项目使用的材料质量是否可靠。由业主提供的材料应使用相同的质量检验方法，检验方法包括纸面检查、目视检查、物理测试和化学非破坏性试验。根据材料信息的具体情况，采用免检，抽样检验和全面检验的质量检验程序。常见的建设材料质量抽样检验由物化试验室按照相关国家规定的采样和测试项目进行测试，并作出质量评估。对施工现场材料验收标准要求提交的材料进行现场抽样检验，合格后方可使用。

3）材料的存储和使用。材料运到现场或生产和材料加工区域后检查验收，应注意材料的储存和使用管理，避免因质量问题，如水泥受潮结块，钢结构防腐，钢混材料变质或误用的直径不同等。因此，一方面，施工管理单位要合理调度，避免工地材料大量积压；另一方面，材料必须分类码放，挂招牌，并在项目现场检查和监督材料时使用。

（3）机械设备的质量管理

机械设备在现代设施的建设中是必不可少的，是施工企业工程质量的一个重要方面，是影响实力的反映。建设过程中，根据不同的工艺和技术要求，选择合适的机械设备，并能正确使用。管理和维护好机械设备。为此建立“人机固定”制度和“操作证”制度，健全岗位责任制、交接班制度、“技术保养”制度、“安全使用”制度，确保机器和设备物尽其用。

1）施工单位的机械设备应按照技术先进性、经济性、稳定性、安全性原则来选择。如预应力张拉设备，根据描地的类型，从适应性选择开始，小车千斤顶只适用于单一的粗钢张紧螺栓锚杆端关节轴承、张拉钢丝束或锥形螺旋锚具或型缴头铺具。

2）应确保施工需要和质量的要求，选择适当的类型和性能参数，以确定适合的机械设备，性能稳定，质量保证。如张拉力为千斤顶，拉伸过程必须大于所需的最大张力值。

3）在施工过程中，施工机械和设备应定期校准。

（4）施工方法的质量管理

这里所说的质量管理方法，包括施工方案、施工技术、施工组织设计、施工技术措施等方面。建筑施工方法的质量管理，主要是从工程角度来说，可以解决实际问题的管理，如技术上可行，经济上合理，有利于保证质量，加快施工速度和降低成本。施工方法管理应着眼于以下几个关键点：首先，方案应遵循不断深化和细化建筑进程与工程问题的发展情况，与实际应用相结合；其次，拟定几个可行的解决方案，突出重大问题的选择，将它的主要优点和缺点反复讨论与比较，选择最佳的解决方案。最后，重大项目、关键部位和困难的项目，如新建筑、新材料、新技术、大跨度的悬臂结构件等，制订专项施工方案，方案要充分估计施工质量问题和解决方法。

（5）施工环境管理

创造良好的施工环境，保证施工质量和安全，施工企业建立良好的社会形象，具有非常重要的作用。施工环境管理，包括对自然环境的特点和规律的认识、限制、改造和利用问题，包括对环境的管理和创造积极的劳动力经营环境。

影响项目的工程技术环境，如工程地质、水文、气象等因素；项目管理环境，如质量保证体系、质量管理体系；工作环境，如劳动组合、工作场所、工作作业面等。根据工程特点和对质量环境因素影响，采取有效措施，严格控制特定条件。特别是施工现场应建立建筑施工和文明生产环境，确保堆放有序，道路通畅，干净整洁的施工环境，施工组织有序，确保质量创造有利条件。

1）管理自然环境。主要是了解、掌握施工现场的水文、地质、气象数据和信息，从实际出发制订施工计划和措施，建立地基与基础施工措施，防止地下水，地表水及周围建筑物和地下管线对施工的影响，确保施工安全；从实际情况出发，作出冬雨季安排和注意事项；加强生态环境保护和建设期污染治理。

2）管理合作环境。基于合同整理施工现场组织和质量管理体系的运行机制综合监管之间的关系，确保施工质量和程序的形成发挥相互促进、相互制约、协同作战的作用。此外，在创建管理环境方面，也应该注意与相邻单位，居民和其他有关各方的沟通，改善公共关系。

装配式混凝土建筑施工的质量管理对象：

（1）预制构件进场检验

施工单位需要对进场的预制构件进行生产资料的检查，对预制构件的外观、尺寸及预留预埋部分进行检查，以确保预制构件的质量。

（2）预制构件吊装

在预制构件大规模吊装前应选择标准单元进行预制构件试安装，根据试安装的结果调整施工工艺，如构件之间的连接方式应根据实际情况从后浇混凝土连接、钢筋套筒灌浆连接、钢筋浆锚搭接连接及金属波纹灌浆搭接连接中进行选择。

（3）过程质量管理

过程质量控制包括墙体定位线检查、墙体安装质量检查及现浇结点检查等相关工作。

通过信息化手段提高质量管理效率和精准度，降低人为因素对质量管理的影响。质量管理信息系统主要功能包括建立基于 BIM、智能硬件、大数据和移动技术的质量管理，通过对质量方案管理、从业人员行为管理、变更管理、检验检测管理、旁站管理、检查管理、验收管理、质量资料管理、数字化档案管理的应用，帮助建筑企业实现项目质量管理动作标准化，检查过程记录数据化、在线化，企业决策可视化。

1. 施工现场质量管理

施工现场质量管理主要包含两个方面，一方面是日常的质量检查管理，另一方面是特定工艺的质量管理，以下分别举例说明。

（1）质量检查管理

质量检查管理系统通过信息化的手段满足施工现场质量检查要求，内置标准质量问题库，汇集整理近万条施工项目的质量条目，指导一线人员在执行日常质量检查时快速描述问题完成检查记录。实现精准的质量问题分类、分级管理标准，规范工作流程，操作有据可依，变原有的随机检查为量化检查。

质量员通过手机App快速跟踪现场问题，通过拍照、文字、短视频录制等功能快速采集现场质量情况。将质量问题内容、照片、整改人、紧急程度、整改时限、整改要求，所有的节点工作与人员建立了一一对应关系，质量问题自动通知整改人，快速消除质量问题。

管理者可以通过手机App端随时掌握施工现场质量的真实状况，质量问题排查次数、质量问题的整改进度及结果，质量问题的级别及分布情况等。系统提供展板页面，指标分析清晰快速，可以通过数据穿透查看每一个问题的整改细节。质量问题、检查部位与BIM模型关联，集成展示项目质量问题，快速分析质量问题高发部位。实现检查数据统计、查询、分析及预警功能。

实测实量方面，通过物联网设备（如电子靠尺、红外测距仪、激光扫描仪、道路压实监测、道路摊铺监测等）采集质量数据，实现智能化质量数据采集检查。

通过这种大数据的方式预测施工质量发展趋势，安排下一步工作，将管理落实到位。变被动为主动促使管理人员主动抓质量问题检查、整改工作，最终实现企业无质量事故的目标。

（2）套筒灌浆工艺质量信息化管理

目前套筒灌浆连接施工质量管理手段存在以下问题：

1）套筒灌浆饱满度无法有效检查且劳动量大

施工完成后，检查人员只能通过肉眼逐个观察出浆口是否有灌浆料，并用小细棍抽检，不能有效检查出套筒内部是否饱满。一层的套筒数量少则几百，多则上千，一层检查下来，检查人员劳动负荷很大，检查力度及有效程度会下降。

2）灌浆检查资料不能及时准确完成制作

施工层在施工时，资料人员及监理人员只能先拍照，储存在相机里，等到施工完成后，才能回到办公室整理资料，此时资料照片繁多，不易整理，且易出错。

3）灌浆施工不能准确追溯

施工完成后各方人员拍照留存资料，资料不能有效对应墙板编号，不能准确查找到施工人员及监理人员。

某公司采用装配式构件信息管理（PCIS）系统实现与灌浆饱满度检测仪的无缝对接，进行信息实时上传，不仅及时检验了灌浆饱满度，还能将检测结果准确上传到信息化系统中，工作人员可以根据上传资料随时检查灌浆施工的质量。

灌浆饱满度检测仪原理易懂，操作简单。灌浆之前将检测探头放入上排出浆口任意一处，灌浆完成后用灌浆饱满度检测仪的导线夹连接检测探头上的外露导线。若探头被浆料完全包裹，则不能向外发送波段，检测仪屏幕上则显示平滑直线，表明灌浆饱满；若探头未被浆料完全包裹，则可以向外发送波段，检测仪接收波段信息后屏幕上则显示波浪曲线，表明灌浆不饱满。检测结果在联网状态下可实时上传，形成检测资料。

根据《关于加强装配式混凝土建筑工程设计施工质量全过程管控的通知》（京建法〔2018〕6号）中规定“工程总承包单位或施工单位应加强套筒灌浆连接质量控制。灌浆前，应在施工专职检验人员及监理人员的见证下，模拟施工条件制作相应数量的平行试件，进行抗拉强度检验，并经检验合格后方可进行灌浆施工。灌浆操作全过程应由施工专职检验人员及监理人员负责现场监督，留存灌浆施工检查记录（检查记录表格详见附件）及影像资料。灌浆施工检查记录应经灌浆作业人员、施工专职检验人员及监理人员共同签字确认。影像资料应包括灌浆作业人员、施工专职检验人员及监理人员同时在场记录。建设单位、工程总承包单位或施工单位应组织相关参建单位对灌浆施工工序进行抽查，并形成检查记录”，信息化系统针对性地进行配置优化。

2. 验收管理

为满足监理方、施工方对项目验收的管理要求，具备质量问题及处理全过程的信息化管理。在质量管理信息系统内置“1 000+”验收基础库，涵盖房建（基础、主体、装饰装修，钢结构）专业、地铁专业，可根据主控项目、一般项目进行验收，也支持各企业的检查验收标准。可关联相关的验收规范，辅助质量检验员在验收过程中准确发现问题，并提出整改要求。

项目制订检验批验收计划，划分检验批，明确验收责任人。依据计划跟踪验收进展。规范验收过程，提高项目的验收通过率。工序验收记录列表，展示所有工序验收记录，可筛选并查看详情，导出验收记录列表存档。工序验收进度跟踪，现场工序验收主要实施人依据验收规范检查，测量现场数据，验收阶段可进行实测实量，发现质量问题，可直接发起问题进行跟踪整改，保证问题闭合，顺利通过验收。验收过程自动生成原始记录，打印存档。各方可实时了解项目的验收状态。

移动端质量验收具备采集的验收数据进行统计、分析、查询功能；在发现工程隐患信息，操作不规范行为时，会及时发出警示和整改信息给相关责任人，实现工序验收的信息化管理流程。

可以将验收记录扫描成PDF文件，分类整理，建立台账，将数据上传到信息化管理平台。不同的工程类型，需要上传的资料也有所不同（图8-24）：

用户根据工程类别和工程进度，上传重要的分部验收成果到质量验收平台，且不得少于下列内容：

（1）**房屋工程**：地基与基础、主体结构、建筑节能；

（2）**隧道工程**：洞口及明洞工程、隧道掘进及初支工程、隧道防排水及二次衬砌工程、隧道总体及附属工程；

（3）**桥梁工程**：地基与基础、下部结构、上部结构、桥面系与附属结构；

（4）**道路工程**：路基、垫层与基层、面层、挡护结构、安全防护设施；

（5）**给排水工程**：地基与基础、池体结构、管道结构、附属工程；

（6）**边坡及挡护工程**：地基与基础、墙体、附属工程；

（7）**污水处理厂工程**：地基与基础、主体工程、安全工程；

（8）其他：参建各方认为其他重要分部的验收应编入《工地建设方案》，并上传至平台。

图8-24　质量验收平台须上传的资料

项目也可利用主管部门监管平台实现项目施工记录的信息化管理，及隐蔽工程、分项分部工程在线验收管理功能。根据工程类别和工程进度，通过数据对接或上传文字说明、视频、截图等方式至建设工程质量检测平台。

3. 检验检测管理

各主管部门检验检测信息化管理的实现路径有多种，如建立建设工程质量检测平台，各项目对所采用预拌混凝土的供应企业、材料进场情况、配合比设计、出场检验质量、预拌混凝土浇筑等进行信息采集、记录；地方建委工程质量检测平台提供对应数据的存储、查询功能。

将施工现场信息管理系统（如智慧工地平台）与质量检测信息平台对接，实时抓取不合格检验报告预警，并和原材料出入库系统对接，从而具备对进入工地现场的主要材料及实体检测不合格时，进行预警提示和信息主动推送的智能化功能（图 8-25）。

● 原材料监测

通过智慧平台与质量检测信息平台对接，能实时抓取不合格报告预警、并且能和原材料出入库系统进行对接。

系统能自动抓取二维码标签信息并自动与质量检测信息平台获得的检测报告送样二维码信息一致。

CMA
212201060040
2021.08.16-2027.08.15

混凝土试块抗压强度报告

见证取样送检

100×100×100

图 8-25 原材料监测

4. 质量资料管理

质量资料管理实现了对检验批、分项、子分部、分部、子单位工程、单位工程及工程验收过程的行为信息、质量信息的采集、处置、质量资料数字化管理。

运用 BIM 模型，根据施工进度安排，合理划分检验批并匹配模型，实现过程验收资料与 BIM 施工阶段模型的有机关联。如将质量资料与 BIM 模型对应的构件关联，通过 BIM 软件生成构件二维码；查找资料时，直接加载构件相关的施工资料信息，现场扫码就可以查看构件属性，便于资料与模型的准确定位；将设计属性与施工属性进行对比，保证施工质量；支持质量资料逆向定位构件等质量资料管理。

5. 企业级质量管理

通过数字化的方式，建立企业质量管理的标准中心、业务中心、数据中心，覆盖质量巡检、质量验收、实测实量、质量评优等现场主要的质量管理活动。项目相关各方能够及时全面地掌握项目质量管理的真实情况，简化大量信息上报汇总及分析的工作量。

形成企业质量大数据，从时间、类别、组织等维度快速、准确、真实地为企业领导层提供不同层次的质量指标数据；从时间维度把握企业整体质量趋势，及时调整质量相关计划；从类别维度分析各类质量问题占比，使企业有重点地进行质量控制；从组织维度对比各组织质量管理现状并评价其日常管理工作，对针对超期未整改问题企业进行对比排名，辅助企业有针对性地进行质量问题督办。

第十节　安全管理信息化

施工项目安全管理是指运用现代管理的理念，按照施工项目安全生产的目标要求，对生产的全过程进行必要的监控处理，提高施工项目安全管理工作的水平。在施工中，必须按照项目管理的要求，运用现代管理的方法来统筹、协调生产，减少安全伤亡事故，充分发挥施工作业人员的主观能动性。生产不忘安全，向安全要效益，在努力提高工作效益的同时，努力改善工作条件，抓好安全工作各相关要素的有效落实，真正做到提高经济效益的同时，施工项目的安全管理也能得到加强。

施工项目安全管理主要有安全组织管理、场地与设施管理行为控制、安全技术管理，分别针对生产过程中人、物、环境的行为状态，进行具体的管理与控制。

建筑行业安全管理的问题主要集中在以下几个方面：

（1）市场管理体制不够完善

建筑行业一线工人大多是农民工，经过专业培训的比例很低。这主要是因为一线工人队伍在建筑行业的进入与退出壁垒较低，从事建筑施工的劳务队伍大多是临时性组织。

（2）一线工人管理混乱

在很多一般的中小型施工企业中，出于成本的考虑，很多工人是通过管理人员所熟悉的亲戚朋友介绍、推荐来的，很少有人通过技能考核和资格考试。

（3）政出多门，职责不清

对建筑施工企业安全行使监督权的单位比较多，有安全生产监督部门、建设行政主管安全生产的部门、劳动部门、公安消防部门，企业往往疲于应付各种检查，在施工安全管理上投入精力有限。

（4）安全检查落实不力

一般而言，建筑施工企业安全制度及措施都能按照政府的指引和既往工程的实际经验制订，做得比较好，但在落实层面，不同企业对安全生产的理解、认同差异比较大，抓安全生产的力度差异也很大。这就需要独立的外力来监管，政府的安全管理人员就是监管的“外力”。

（5）工程保险实施不理想

由于历史原因，我国的大部分建筑项目由政府财政投资，工程概算中没有包含工程保险费，对保险费出处，也需要进一步探讨。

一、安全管理场景

根据施工现场和公司监管的需要，针对现浇混凝土建筑和装配式混凝土建筑的不同安全监管需求，安全管理相关业务场景各不相同，总结如下：

（1）安全管理的系统过程和依据

1）安全管理的系统过程：工程项目施工安全控制主要分为两个环节，一是施工准备阶段的控制，二是施工过程的控制。在施工准备阶段，主要控制好设计交底和图纸会审，施工组织设计的审核审批，施工安全生产要素配置安全控制及开工控制。上述控制都做好了，工程项目施工安全管理才能有基本的保证。在施工过程中，主要做好作业安全技术交底，施工过程安全控制，工程交更、施工方案变更的控制，安全设施、施工机械的检查验收。

2）施工安全管理控制的依据：施工安全管理控制的依据主要有以下四个方面：一是国家的法律法规；二是有关建设工程安全生产的专门技术法规性文件；三是建设工程合同；四是设计文件及图纸会审意见。

国家现行的有关工程安全生产的法律法规主要有《中华人民共和国建筑法》《中华人民共和国安全生产法》《建设工程安全生产管理条例》《建设安全生产监督管理规定》《建设工程施工现场管理规定》《建筑施工企业安全生产许可证管理规定》《建筑业安全卫生公约》等。

有关建设工程安全生产的现行行业标准主要有《建筑施工安全检查标准》（JGJ 59）、《建筑施工高处作业安全技术规范》（JGJ 80）、《建筑机械使用安全技术规程》（JGJ 33）、《施工现场临时用电安全技术规范》（JGJ 46）等。

（2）装配式混凝土建筑安全施工要求。

1）安全管理组织措施。

①制订项目的安全生产责任制，工地现场设专人负责有关的施工安全。

②施工前，由项目负责人进行安全教育和安全考核，成绩合格后方可上岗。

③在整个施工过程中，由安全负责人定期对全体施工人员进行具体施工项目的安全交底和安全检查。

④项目应制订详尽的安全管理条例和奖惩制度，各班组由安全负责人定期组织安全学习和安全教育。吊装人员要严守吊装操作规程。

⑤严禁穿拖鞋上班，进入现场必须佩戴安全帽，高空临边作业必须系安全带。

⑥加强防火教育，杜绝火灾隐患。规范用电管理，所有闸箱、电缆和用电机具必须达到安全用电的标准，做到人走断电。

⑦尽量避免上下交叉作业，严防高空坠物伤人。所有施工机械必须由专人负责保管，并且要常保养、常检查、常维修，使其保持良好的工作状态；设备要由专人操作，必须严

格遵守操作规程，防止一切可能的机械伤害。

2）构件装卸与运输。

①平面交通布置。

a. 场内行车道路应满足错车、运输车辆转弯半径等要求。

b. 当采用地下室顶板等部位设置行车道时，应有经过原结构设计单位确认的顶板支撑方案，并报施工单位技术部门审批和监理单位批准。

②构件装卸。

a. 预制构件装卸时，应按照规定的顺序进行，确保车辆平衡，避免由于装卸顺序不合理导致车辆倾覆。

b. 预制构件卸车后，应将构件按编号或使用顺序合理有序地堆放于构件存放场地，并应设置临时固定措施或采用专用支撑架存放，避免构件失稳造成构件倾覆。

③构件运输。

a. 构件运输前应根据构件的尺寸、重量、数量、道路、场地情况等合理选用运输车辆和运输路线。对于超高、超宽、形状特殊的大型构件的运输，应制订安全保障措施，防止构件滑移或倾倒。

b. 应根据构件特点采用不同的运输方式，托架、靠放架、插放架应通过专项设计，并进行强度、刚度和稳定性验算。

c. 外墙板宜采用直立运输，外饰面层应朝外，梁、板、楼梯、阳台宜采用水平运输。

d. 当构件采用靠放架立式运输时，构件与地面倾斜角度宜大于 80°，构件应对称靠放，每侧不大于 2 层，构件层间上部采用木垫块隔离。

e. 当构件采用插放架直立运输时，应采取防止构件倾倒措施，构件之间应设置隔离垫块；车辆四周应设置构件外防护钢架，严禁构件无外防护措施运输（图 8-26）。

图 8-26　插放架直立运输

f. 构件水平运输时，预制梁、柱构件叠放不宜超过 3 层，板类构件叠放不宜超过 6 层。并应在支点处绑扎牢固，在底板的边角部或与绳索接触处的混凝土，应采用衬垫加以保护。

g. 阳台板等异型构件运输时，应采取防止构件损坏的措施，车上应设有专用架，构件采用木方支撑，构件间接触部位用柔性垫片支撑牢固，不得有松动。

h. 运输车辆行驶过程中应根据运输构件情况及路况合理控制车速，通过弯道时应严格控制车速，防止构件偏移引发车辆失控。

i. 施工场地内运输车辆应按指定路线行驶，严禁随意行驶、停放。

3）预制构件堆放要求。

①堆场布置。

a. 按照总平面布置要求，分类设置预制构件专用堆场，避免交叉作业形成安全隐患。

b. 堆场应硬化平整，并应有排水措施。地基承载力须根据构件重量进行承载力验算，满足要求后方能堆放。在地下室顶板等部位设置的堆场，应有经过施工单位技术部门批准的支撑方案。

c. 现场构件堆场应按规格、品种、所用部位、吊装顺序分别设置，堆垛之间应设置通道。

d. 构件堆放区应设置隔离围栏，不得与其他建筑材料、设备混合堆放，防止搬运时相互影响造成伤害。

②构件堆放管理。

a. 施工单位应制订预制构件的堆放方案，其内容应包括运输次序、堆放场地、运输路线、固定要求、堆放支垫及成品保护措施等；对于超高、超宽、形状特殊的大型构件的运输和堆放应有专门的安全保证措施（图 8-27）。

图 8-27　构件堆放

b. 构件叠放层数应符合设计要求，无设计要求时应经过技术部门计算并经设计单位确认，防止构件堆放超限产生安全隐患。

c. 插架应有足够的刚度和稳定性，相邻插架宜连成整体并定期进行检查。

d. 带有保温材料外墙构件存放处 2 m 范围内不应进行动火作业。

e. 构件堆场周围应设置围栏，并悬挂安全警示牌。

4）吊装安全措施。

①钢索、吊钩、吊环等吊具和相关组件，应严格依照生产商的使用说明书及相关规定使用。

②吊装工具宜标准化。构件的起吊辅助工具应通过专门的设计和安全计算，制作工艺应符合行业相关要求并通过测试方可应用。

③预制构件吊具设置应保证预制构件能平衡起吊。

④当采用预埋吊环起吊时，吊点应使用专用起吊夹是；当采用埋置式接驳器专用吊具时，吊点应经过计算确认。

⑤应实施吊装令制度，安装作业开始前，应在安装作业区设置安全警示标志，并派专人看管，禁止与安装作业无关的人员进入。

⑥应配备满足吊装作业的相关人员，并撤离吊装区域非吊装作业人员。

⑦吊装前应对吊装钢丝绳、吊具、吊装预埋件、临时支撑、临时防护等进行安全检查。

⑧现场操作人员应做好自身安全防护措施。

5）模架与安全防护。

①工具式脚手架支撑系统。

a. 在深化设计阶段，施工单位应结合装配式混凝土结构施工特点完成脚手架的选型与搭设、拆除方案编制，做好预留预埋深化设计。

b. 脚手架搭设与拆除施工前，应编制专项施工方案，对材料、构配件质量进行检验，并向作业人员进行施工安全技术交底。

c. 脚手架的搭拆作业和使用应有保证安全的措施。

d. 脚手架的搭拆作业应由专业操作工担任。上岗人员应定期体检，凡不适合登高作业者，不得上架操作。

e. 脚手架应按专项施工方案规定的条件使用，作业层上严禁超载。

f. 严禁将承重支架、缆风绳、混凝土输送泵管、卸料平台及大型设备的支撑件等固定在脚手架上。

g. 6 级及以上大风天应停止架上作业：雨、雪、雾天应停止脚手架的搭拆作业：雨、雪、霜天气后上架作业应采取有效的防滑措施，并应及时扫除积雪。遇有 5 级以上大风和雨雪天气，不得进行升降脚手架的升降作业。

h. 脚手架在使用期间，遇见极端天气时，应对架体采用临时加固或防风措施。

i. 架体结构的主要受力杆件、加固件，在施工期间不得随意拆除：如因施工需要临时拆除时应有相应可靠的加固措施。

j. 作业脚手架外侧和承重支架作业层栏杆应采用安全防护措施，防止坠物伤人。

k. 在脚手架上进行电焊、气焊作业时，必须有防火措施和专人看护。

②独立钢支柱支撑系统。

a. 独立钢支柱支撑系统结构设计应依据现行国家标准《建筑结构可靠度设计统一标准》（GB 50068）、《建筑结构荷载规范》（GB 50009）、《混凝土结构设计规范》（GB 50010）及《钢结构设计规范》（GB 50017）的规定，应采用以概率理论为基础的极限状态设计方法，以分项系数设计表达式进行计算。

b. 独立支撑系统结构设计应采用两端铰接杆件的结构模型进行设计计算。

c. 独立支撑系统设计验算应包括独立支撑的强度验算、独立支撑稳定性验算、销栓抗剪验算、销栓处钢管壁端面承压验算、抗倾覆验算、楼面承载力验算。

③支撑系统的安装与拆除。

a. 支撑系统安装应符合专项施工方案，应按以下步骤进行：支撑系统安装时应按图纸进行定位放线，水平杆、三脚架等稳固措施应随独立支撑同步搭设，不得滞后安装；将插管插入套管内，安装支撑头，并将独立支撑放置于指定位置；根据支撑高度，选择合适的销孔，将销栓插入销孔内并固定，调节可调螺母使支撑头上的楞梁顶至叠合板板底标高，矫正纵横间距、立杆的垂直度、水平杆的水平度及支撑高度。

b. 支撑系统的拆除应符合下列规定：支撑系统拆除作业前，装配式结构应保持不少于两层连续支撑，并应对支撑结构的稳定性进行检查确认；独立支撑应经项目技术负责人同意后方可拆除，拆除前混凝土强度应达到设计要求；当设计无要求时，混凝土强度应符合现行国家标准《混凝土结构工程施工质量验收规范》（GB 50204）的相关规定；拆除的支撑构配件应及时分类、指定位置存放。

④安全防护。

a. 装配式混凝土结构施工在绑扎柱、墙钢筋时，应采用专用登高设施，当高于围挡时，必须佩戴穿芯自锁保险带。

b. 安全防护采用围挡式安全隔离时，楼层围挡高度应不低于 1.50 m，阳台围挡高度不应低于 1.10 m，楼梯临边应加设高度不小于 0.9 m 的临时栏杆。

c. 围挡式安全隔离，应与结构层有可靠连接，满足安全防护需要。

d. 安全防护采用操作架时，操作架应与结构有可靠的连接体系，操作架受力应满足计算要求。

e. 预制构件、操作架、围挡在吊升阶段，在吊装区域下方设置安全警示区域，安排专人看管，该区域不得随意进入。

f. 装配整体式结构施工现场应设置消防疏散通道、安全通道及消防车通道。

g. 施工区域应配置消防设施和器材，设置消防安全标志，并定期检查、维修，确保消防设施和器材完好、有效。

h. 防护架的承载能力应符合概率极限状态设计法的要求。

i. 计算构件的强度、稳定性及预埋件和焊缝强度时，应采用荷载效应组合的设计值，永久荷载分项系数应取 1.2，可变荷载分项系数应取 1.4。

j. 防护架中的受弯构件，应验算变形，验算构件变形时，应采用荷载标准值。

6）施工用电安全措施。

①建立现场临时用电检查制度，按现场临时用电管理的规定对现场的各种线路和设施进行定期检查和不定期抽查，并将检查、抽查记录存档。

②施工机具、车辆及人员，应与内、外电线路保持安全距离。

③达不到规范规定的最小距离时，必须采用可靠的防护措施。

④配电系统必须实行分级配电，电闸箱内电器系统须统一式样、统一配制，箱体统一刷涂橘黄色，并按规定设置围栏和防护（雨）棚，流动箱与上一级电闸箱的连接采用外插连接方式。

⑤配电系统必须采用“三相五线制”的接零保护系统，各种电气设备和电力施工机械

的金属外壳、金属支架和底座必须按规定采取可靠的接零保护。

⑥工作区和生活区的照明、动力电路都必须由专业电工按规定架设，任何人不得私拉电线。

7）消防措施。

①积极配合各分项施工的工作，建立消防组织，经常性地进行防火检查，及时发现和消除存在的火灾隐患。编制防火技术措施。

②现场禁止使用明火，动火作业必须履行安全监督员审批制度。

（3）施工现场安全事故的报告及调查处理程序

1）施工现场安全事故报告：事故发生后，事故现场有关人员应立即向本单位负责人报告；单位负责人接到报告后，应于 1 小时内向事故发生地县级以上人民政府安全生产监督管理部门和负有安全生产监督管理职责的有关部门报告。情况紧急时，事故现场有关人员可以直接向事故发生地县级以上人民政府安全生产监督管理部门和负有安全生产监督管理职责的有关部门报告。

安全生产监督管理部门和负有安全生产监督管理职责的有关部门接到事故报告后，应依照以下规定上报事故情况，并通知公安机关、劳动保障行政部门、工会和人民检察院。

①特别重大事故、重大事故逐级上报至国务院安全生产监督管理部门和负有安全生产监督管理职责的有关部门；

②较大事故逐级上报至省、自治区、直辖市人民政府安全生产监督管理部门和负有安全生产监督管理职责的有关部门；

③一般事故上报至设区的市级人民政府安全生产监督管理部门和负有安全生产监督管理职责的有关部门。

安全生产监督管理部门和负有安全生产监督管理职责的有关部门依照前款规定上报事故情况，应当同时报告本级人民政府。国务院安全生产监督管理部门和负有安全生产监督管理职责的有关部门以及省级人民政府接到发生特别重大事故、重大事故的报告后，应当立即报告国务院。必要时，安全生产监督管理部门和负有安全生产监督管理职责的有关部门可以越级上报事故情况。安全生产监督管理部门和负有安全生产监督管理职责的有关部门逐级上报事故情况，每级上报的时间不得超过 2 小时。

报告事故应包含以下内容：

①事故发生单位概况；

②事故发生的时间、地点以及事故现场情况；

③事故的简要经过；

④事故已经造成或者可能造成的伤亡人数（包括下落不明的人数）和初步估计的直接经济损失；

⑤已经采取的措施；

⑥其他应当报告的情况。

事故报告后出现新情况的，应当及时补报。自事故发生之日起 30 日内，事故造成的伤亡人数发生变化的，应当及时补报。道路交通事故、火灾事故自发生之日起 7 日内，事故造成的伤亡人数发生变化的，应当及时补报。

安全生产监督管理部门和负有安全生产监督管理职责的有关部门应当建立值班制度，并向社会公布值班电话，受理事故报告和举报。

2）施工现场安全事故调查：特别重大事故由国务院或国务院授权有关部门组织事故调查组进行调查。重大事故、较大事故、一般事故分别由事故发生地省级人民政府、设区的市级人民政府、县级人民政府负责调查。省级人民政府、设区的市级人民政府、县级人民政府可以直接组织事故调查组进行调查，也可以授权或委托有关部门组织事故调查组进行调查。未造成人员伤亡的一般事故，县级人民政府也可以委托事故发生单位组织事故调查组进行调查。上级人民政府认为有必要时，可以安排由下级人民政府负责调查的事故。自事故发生之日起30日内（道路交通事故、火灾事故自发生之日起7日内），因事故伤亡人数变化导致事故等级发生变化，依照本条例规定应当由上级人民政府负责调查的，上级人民政府可以另行组织事故调查组进行调查。

事故调查组应履行以下职责：

①查明事故发生的经过、原因、人员伤亡情况及直接经济损失；

②认定事故的性质和事故责任；

③提出对事故责任者的处理建议；

④总结事故教训，提出防范和整改措施；

⑤提交事故调查报告。

事故调查组有权向有关单位和个人了解与事故有关的情况，并要求其提供相关文件、资料，有关单位和个人不得拒绝。事故调查组应当自事故发生之日起 60 日内提交事故调查报告；特殊情况下，经负责事故调查的人民政府批准，提交事故调查报告的期限可以适当延长，但延长的期限最长不超过60日。

事故调查报告应当包括以下内容：

①事故发生单位概况；

②事故发生经过和事故救援情况；

③事故造成的人员伤亡和直接经济损失；

④事故发生的原因和事故性质；

⑤事故责任的认定以及对事故责任者的处理建议；

⑥事故防范和整改措施。

事故调查报告应当附具有关的证据材料。事故调查组成员应当在事故调查报告上签名。事故调查报告报送负责事故调查的人民政府后，事故调查工作即告结束。事故调查的有关资料应当归档保存。

3）施工现场安全事故处理：重大事故、较大事故、一般事故，负责事故调查的人民政府应当自收到事故调查报告之日起 15 日内做出批复；特别重大事故，30 日内做出批复，特殊情况下，批复时间可以适当延长，但延长的时间最长不超过 30 日。有关机关应按照人民政府的批复，依照法律、行政法规规定的权限和程序，对事故发生单位和有关人员进行行政处罚，对负有事故责任的国家工作人员进行处分。事故发生单位应按照负责事故调查的人民政府的批复，对本单位负有事故责任的人员进行处理。负有事故责任的人员涉嫌犯罪的，依法追究刑事责任。事故发生单位应当认真吸取事故教训，落实防范和整改措施，防止事故再次发生。防范和整改措施的落实情况应当接受工会和职工的监督。安全生产监督管理部门和负有安全生产监督管理职责的有关部门应当对事故发生单位落实防范和整改措施的情况进行监督检查。事故处理的情况由负责事故调查的人民政府或其授权的有关部门、机构向社会公布，依法应当保密的除外。

二、安全信息化管理

项目平台可以对项目施工各阶段进行数据化划分管理，每个分部分项工程均需指定安全责任人。对不同工程节点进行安全风险等级设定，对不同阶段工程可分别在建委监管平台上传对应的专项施工方案、应急处理方案，对危险性较大的区域设定声光报警点，可远程控制报警。通过信息化手段可以对上一节描述的安全管理的业务场景进行信息化支撑，具体功能如下：

1. 重点区域视频管理

项目对现场所有可能产生危险的区域、重点部位、围墙等设置无盲区视频监控，具备远程查看和回放功能。

2. 危大工程管理

项目建设单位具备相对完善的安全资料管理能力，建委监管平台具备相应在线数据化能力，可实现对现场的安全管理、检查记录、整改通知及回复等信息记录；具备问题发现、分配、整改与销项，总包、监理、建设方的协同工作全过程电子记录功能；巡检人员可使用移动终端下发隐患整改通知单、审核和复查，整改责任人可通过移动端上传整改数据；监理可针对部分危险性较大的节点工程在线发送监理专报、监理急报、监理季报。

3. 安全管理数字化

项目用户可通过移动端应用上传特定部位的安全隐患排查情况，可将隐患整改任务下发到对应责任人，责任人整改完成后须回复隐患整改情况，项目平台可完整记录整个过程。

4. 重点区域智能在线监测

对于施工重点区域，使用专业视频监控分析设备，一旦有人员入侵，立即现场语音示警并将危险行为上报到项目平台。

5. 佩戴安全帽管理

在工地进出场以及一些人员密集区域，安装专门的智能视频监控分析设备，对所有入场人员进行安全帽智能识别，对未佩戴安全帽人员进行识别判断、自动捕捉抓拍、预警提示。

通过专业视频监控分析设备实现对现场监控画面的智能分析和预警。

6. 从业人员安全教育在线管理

项目用户通过使用市级住房和城乡建设委员会开发的“建筑施工安全教育线上学习平台”或企业平台开发的学习平台进行学习，并上传相应的学习记录。

第十一节　项目资料管理信息化

项目资料包括施工项目信息、工程资料、技术资料和施工日志等内容，本节首先对项目相关的重要资料类别进行了介绍，然后对项目基本信息管理的信息化方法做了介绍，最后围绕装配式建筑的特殊性，介绍装配式混凝土建筑资料管理的信息化方法。

一、项目资料的组成及编制

1. 施工日志及施工记录信息

（1）施工日志

1）定义。

施工日志是重要的工程施工技术履历档案，是对建筑工程整个施工阶段的施工组织管理、施工技术等有关施工活动和现场情况变化的真实综合性记录，也是处理施工问题的备忘录和总结施工管理经验的基本素材，是工程竣工验收资料的重要组成部分。施工日志可按单位建立，由专人负责收集、记录、保管。

2）主要内容。

施工日志的主要内容为日期、天气、气温、工程名称、施工部位、施工内容、应用的主要工艺；人员、材料、机械到场及运行情况；材料消耗记录、施工进展情况记录；施工是否正常；外界环境、地质变化情况：有无意外停工；有无质量问题存在；施工安全情况；监理到场及对工程认证和签字情况；有无上级或监理指令及整改情况等。记录人员要签字，主管领导定期要阅签。

3）内容编写要求。

记录时间从开工到竣工验收时止，逐日记载不许中断。按时、真实、详细记录，中途发生人员变动，应当办理交接手续，保持施工日志的连续性、完整性。

①基本内容：日期、星期、气象、平均温度、施工部位、出勤人数等。平均温度可记为××～××℃，气象按上午和下午分别记录。施工部位应将分部、分项工程名称和轴线、楼层等写清楚。出勤人数一定要分工种记录，并记录工人的总人数以及工人和机械的工程量。

②工作内容：当日施工内容及实际完成情况；施工现场有关会议的主要内容；有关领导、主管部门或各种检查组对工程施工技术、质量、安全方面的检查意见和决定；建设单位、监理单位对工程施工提出的技术、质量要求、意见及采纳实施情况。

③检验内容：隐蔽工程验收情况应写明隐蔽的内容、楼层、轴线、分项工程、验收人员、验收结论等；试块制作情况应写明试块名称、楼层、轴线、试块组数；材料进场、送检情况应写明批号、数量、生产厂家及进场材料的验收情况，完成检验后须补上送检后的检验结果。

④检查内容：质量检查情况包括当日混凝土浇筑及成型、钢筋安装及焊接、砖砌体、模板安拆、抹灰、屋面工程、楼地面工程、装饰工程等的质量检查和处理记录；混凝土养护记录，砂浆、混凝土外加剂掺用量；质量事故原因及处理方法，质量事故处理后的效果验证；安全检查情况及安全隐患处理（纠正）情况；其他检查情况（如文明施工及场容、场貌管理情况等）。

⑤其他内容：设计变更、技术核定通知及执行情况；施工任务交底、技术交底、安全技术交底情况；停电、停水、停工情况；施工机械故障及处理情况；冬雨季施工准备及措施执行情况；施工中涉及的特殊措施和施工方法、新技术、新材料的推广使用情况。

4）注意事项。

①书写时一定要字迹工整、清晰，最好用正楷字书写。

②当日的主要施工内容一定要与施工部位相对应。

③养护记录要详细，应包括养护部位、养护方法、养护次数、养护人员、养护结果等。

④焊接记录也要详细记录，应包括焊接部位、焊接方式（电弧焊、电渣压力焊、搭接双面焊、搭接单面焊等）、焊接电流、焊条（剂）牌号及规格、焊接人员、焊接数量、检查结果、检查人员等。

⑤其他检查记录一定要具体详细，不能泛泛而谈。检查记录记得很详细还可代替施工记录。

⑥停水、停电一定要记录清楚起止时间，停水、停电时正在进行什么工作，是否造成损失。

（2）施工安全日志

1）定义。

施工安全日志是施工现场安全资料的主要内容之一。记好施工安全日志是安全员的一项重要职责。施工安全检查日志是专职安全生产管理人员从工程开始到工程竣工，坚持不懈记载施工过程中每天发生的与施工安全有关事件的翔实记录，是工程项目安全施工的真实写照。施工安全日志在整个工程档案中具有非常重要的位置。专职安全管理人员应每日进行安全巡查，发现事故隐患及时记录，督促限期整改。

2）填写的内容。

①基本内容包括日期、星期、天气。

②施工内容包括施工的分项名称、层段位置、工作班组、工作人数及进度情况。

③主要记事包括以下几点：

a. 巡检（发现安全事故隐患、违章指挥、违章操作等）情况。

b. 设施用品进场记录（数量、产地、标号、牌号、合格证份数等）。

c. 设施验收情况。

d. 设备设施、施工用电、“三宝（安全带、安全网、安全帽）、四口（电梯井口、通道口、楼梯口、预留洞口）”的防护情况。

e. 违章操作、事故隐患（或未遂事故）发生的原因、处理意见和处理方法。

f. 其他特殊情况。

施工安全日志应记录以下信息：现场管理人员违章指挥、作业人员违规施工、机械设备违规操作，以及高空作业、深基坑施工、临时用电的检查情况；作业人员劳动防护用品使用、施工现场安全设施、安全警示标志设置、危险物品使用的检查情况；安全隐患的处理、复查情况，重点、难点问题的汇报情况；对违规违章的相关作业人员、现场管理人员的处罚情况；施工现场落实上级要求的情况；责任制落实情况和安全技术、安全培训教育及执行情况；与施工生产安全相关的其他情况；上岗时发现的违纪情况、每日安全检查中发现的隐患及落实整改的情况；上级安全检查的内容和落实整改的情况；本人参加的各项安全活动情况：义务消防活动和消防设施维护、保养情况。

3）填写要求及注意事项。

①施工安全日志是施工安全记录，由施工现场安全员根据查看、测量、调查了解的结果按照单位工程进行填写。

②施工安全日志填写应抓住事情的关键内容，如发生了什么事；事情的严重程度；何时发生的；谁干的；谁带领谁干的；谁说的，说了什么；谁决定的，决定了什么；在什么地方（或部位）发生的，要求做什么；要求做多少；要求何时完成：要求谁来完成；怎么做；已经做了多少；做得合格不合格等，只有围绕这些关键内容进行描述，才能记述清楚，才具备可追溯性。

③施工安全日志记录要详简得当，该记的事情一定不要漏掉，事情的要点一定要表述清楚，不能写成“大事记”。

④施工安全日志记录要及时、完整、真实，文字叙述简明扼要，文本整洁。当天发生的事情应在当天记载，不得后补。

⑤记录时间要连续，从开工到竣工验收合格，逐日记载，不许中断。若工程施工期间有间断，应在日志中加以说明，可在停工最后一天或复工第一天里描述。

⑥停水、停电一定要记录清楚起止时间，停水、停电时正在进行什么工作，是否造成经济损失等，是由什么原因造成的，为以后的工期纠纷及变更理赔留有证据。

⑦施工安全日志的记录不应是流水账，要有时间、天气情况、分项部位等记录，针对检查所做的记录一定要具体详细。

⑧施工安全日志应装订成册，页次、日期应连续，不得缺页缺日，填写错了可画“×”作废，但不能撕掉。

⑨工程项目安全负责人应定期对施工安全日志进行检查，并签名以示负责。

⑩中途人员发生变动的，应当办妥交接手续，保持施工安全日志的连续性和完整性。

⑪安全员对查出的隐患应开具整改通知书，按照“三定”的原则整改，并复查、销项；凡未及时得到整改的隐患，须及时向领导反映（附书面报告），由领导解决。解决的情况应记入施工安全日志。

（3）填写格式。

填写格式可参考各地方的安全施工日志表格。

2. 技术资料编写要点

（1）分部分项工程施工技术资料的编写

1）建筑工程施工质量验收。

现行国家标准《建筑工程施工质量验收统一标准》（GB 50300）规定建筑工程施工质量应按以下要求进行验收：

①工程质量的验收均应在施工单位自检合格的基础上进行。

②参加工程施工质量验收的各方人员应具备相应的资格。

③检验批的质量应按主控项目和一般项目验收。

④涉及结构安全的试块、试件及材料，应在进场时或施工中按规定进行见证检验。

⑤隐蔽工程在隐蔽前应由施工单位通知监理单位进行验收，并应形成验收文件，验收合格后方可继续施工。

⑥涉及结构安全、节能、环境保护和使用功能的重要分部工程，应在验收前按规定进行抽样检验。

⑦工程的观感质量应由验收人员现场检查，并应共同确认。

2）分部分项工程技术资料编写方法及要点。

分部分项工程技术资料编写方法及要点如下：

①施工单位填报的工程技术文件报审表应一式两份，并应由监理单位、施工单位各保存一份。施工单位填报危险性较大分部分项工程施工方案专家论证表应一式两份，并应由监理单位、施工单位各保存一份。施工单位填写的技术交底记录应一式一份，并由施工单位自行保存。

②施工单位整理汇总的图纸会审记录应一式五份，由建设单位、设计单位、监理单位、施工单位、城建档案馆各保存一份。表中设计单位签字栏应由项目专业设计负责人签字，建设单位、监理单位、施工单位签字栏应由项目技术负责人或相关专业负责人签字。

③设计单位签发的设计变更通知单应一式五份，由建设单位、设计单位、监理单位、施工单位、城建档案馆各保存一份。工程洽商提出单位填写的工程洽商记录应一式五份，由建设单位、设计单位、监理单位、施工单位、城建档案馆各保存一份。

④材料、构配件进场检验记录应符合现行国家有关标准的规定。施工单位填写的材料、构配件进场检验记录应一式两份，由监理单位、施工单位各保存一份。

⑤隐蔽工程验收记录应符合现行国家相关标准的规定。施工单位填写的隐蔽工程验收记录应一式四份，由建设单位、监理单位、施工单位、城建档案馆各保存一份。

⑥施工单位填写的施工检查记录应一式一份，由施工单位自行保存。交接双方共同填写的交接检查记录应一式三份，由移交单位、接收单位和见证单位各保存一份。

⑦施工单位填写的工程定位测量记录应一式四份，由建设单位、监理单位、施工单位、城建档案馆各保存一份。施工单位填写的建筑物垂直度、标高观测记录应一式三份，由建设单位、监理单位、施工单位各保存一份。

⑧地基验槽记录应符合《建筑地基基础工程施工质量验收标准》（GB 50202）中的有关规定。施工单位填写的地基验槽记录应一式六份，由建设单位、监理单位、勘察单位、

设计单位、施工单位、城建档案馆各保存一份。地下工程防水效果检查记录应符合现行国家标准《地下防水工程质量验收标准》（GB 50208）中的有关规定。施工单位填写的地下工程防水效果检查记录应一式三份，由建设单位、监理单位、施工单位各保存一份。防水工程试水检查记录应符合现行国家标准《建筑地面工程施工质量验收规范》（GB 50209）、《屋面工程质量验收规范》（GB 50207）的有关规定。施工单位填写的防水工程试水检查记录应一式三份，由建设单位、监理单位、施工单位各保存一份。

⑨建筑给水排水及采暖工程、节能工程施工质量验收应符合现行国家标准《建筑给水排水及采暖工程施工质量验收规范》（GB 50242）、《通风与空调工程施工质量验收规范》（GB 50243）、《建筑节能工程施工质量验收规范》（GB 50411）的有关规定。施工单位填写的设备单机试运转记录应一式四份，由建设单位、监理单位、施工单位、城建档案馆各保存一份。

⑩电气工程、电梯及智能化建筑分部工程应符合现行国家标准《建筑电气工程施工质量验收规范》（GB 50303）、《智能建筑工程质量验收规范》（GB 50339）、《电梯工程施工质量验收规范》（GB 50310）的有关规定。

⑪结构实体混凝土强度、钢筋分项工程检验记录应符合现行国家标准《混凝土结构工程施工质量验收规范》（GB 50204）的有关规定。施工单位填写的结构实体混凝土强度检验记录应一式四份，由建设单位、监理单位、施工单位、城建档案馆各保存一份。

⑫检验批质量验收记录应符合现行国家标准《建筑工程施工质量验收统一标准》（GB 50300）的有关规定。施工单位填写的检验批质量验收记录应一式三份，由建设单位、监理单位、施工单位各保存一份。

⑬分项工程质量验收记录应符合现行国家标准《建筑工程施工质量验收统一标准》（GB 50300）的有关规定。施工单位填写的分项工程质量验收记录应一式三份，由建设单位、监理单位、施工单位各保存一份。

⑭分部（子分部）工程质量验收记录应符合现行国家标准《建筑工程施工质量验收统一标准》（GB 50300）的有关规定。施工单位填写的分部（子分部）工程质量验收记录应一式四份，由建设单位、监理单位、施工单位、城建档案馆各保存一份。

⑮单位（子单位）工程质量竣工验收记录、单位（子单位）工程质量控制资料核查记录、单位（子单位）工程安全和功能检验资料核查及主要功能抽查记录、单位（子单位）工程观感质量检查记录应符合现行国家标准《建筑工程施工质量验收统一标准》（GB 50300）的有关规定。

（2）建设工程施工管理资料的编写方法要点

建设工程施工管理资料应符合现行国家标准《建设工程文件归档规范》（GB/T 50328）的有关规定。

①基本规定。

a. 工程文件的形成和积累应纳入工程建设管理的各个环节和有关人员的职责范围；

b. 工程文件应随工程建设进度同步形成，不得事后补编。

c. 每项建设工程应编制一套电子档案，随纸质档案一并移交给城建档案管理机构。电子档案签署了具有法律效力的电子印章或电子签名的，可不移交相应纸质档案。

d. 建设单位应按下列流程开展工程文件的整理、归档、验收、移交等工作：

a）在工程招标及与勘察、设计、施工、监理等单位签订协议、合同时，应明确竣工图的编制单位、工程档案的编制套数、编制费用及承担单位、工程档案的质量要求和移交时间等内容；

b）收集和整理工程准备阶段形成的文件，并进行立卷归档；

c）组织、监督和检查勘察、设计、施工、监理等单位的工程文件的形成、积累和立卷归档工作；

d）收集和汇总勘察、设计、施工、监理等单位立卷归档的工程档案；

e）收集和整理竣工验收文件，并进行立卷归档；

f）在组织工程竣工验收前，应按本规范的要求将全部文件材料收集齐全并完成工程档案的立卷；在组织竣工验收时，应组织对工程档案进行验收，验收结论应在工程竣工验收报告、专家组竣工验收意见中明确；

g）对列入城建档案管理机构接收范围的工程，工程竣工验收备案前，应向当地城建档案管理机构移交一套符合规定的工程档案。

e. 勘察、设计、施工、监理等单位应将本单位形成的工程文件立卷后向建设单位移交。

f. 建设工程项目实行总承包管理的，总包单位应负责收集、汇总各分包单位形成的工程档案，并应及时向建设单位移交：各分包单位应将本单位形成的工程文件整理、立卷后及时移交总包单位。建设工程项目由几个单位承包的，各承包单位应负责收集、整理立卷其承包项目的工程文件，并应及时向建设单位移交。

g. 城建档案管理机构应对工程文件的立卷归档工作进行指导和服务，并按本规范的要求对建设单位移交的建设工程档案进行联合验收。

h. 工程资料管理人员应经过工程文件归档整理的专业培训。

②工程档案验收与移交。

a. 建设工程档案预验收时，应查验下列主要内容：

a）工程档案齐全、系统、完整，全面反映工程建设活动和工程实际状况；

b）工程档案已整理立卷，立卷符合本规范的规定；

c）竣工图的绘制方法、图式及规格等符合专业技术要求，图面整洁，盖有竣工图章；

d）文件的形成、来源符合实际，要求单位或个人签章的文件，其签章手续完备；

e）文件的材质、幅面、书写、绘图、用墨、托裱等符合要求；

f）电子档案格式、载体等符合要求；

g）声像档案内容、质量、格式符合要求。

b. 列入城建档案管理机构接收范围的工程，建设单位在工程竣工验收备案前，必须向城建档案管理机构移交一套符合规定的工程档案。

c. 停建、缓建建设工程的档案，可暂由建设单位保管。

d. 对改建、扩建和维修工程，建设单位应组织设计、施工单位对改变部位据实编制新的工程档案，并应在工程竣工验收备案前向城建档案管理机构移交。

e. 当建设单位向城建档案管理机构移交工程档案时，应提交移交案卷目录，办理移交手续，双方签字、盖章后方可交接。

3. 施工项目信息管理

（1）概念

施工项目信息管理是指项目经理部以项目管理为目标，以施工项目信息为管理对象所进行的有计划地收集、处理、储存、传递、应用等一系列工作的总和。

项目经理部为实现项目管理的需要，提高管理水平，应建立项目信息管理系统，优化信息结构，动态、高速、高质量地处理大量项目施工及相关信息，进行有组织的信息流通，实现项目管理信息化，为施工项目做出最优决策，取得良好经济效果和预测未来提供科学依据。

（2）基本要求

1）项目经理部应建立施工项目信息管理系统，对项目实施全方位、全过程信息化管理。

2）项目经理部中，可以在各部门中设信息管理员或兼职信息管理人员，也可以单设信息管理人员或信息管理部门。信息管理人员须经有资质的单位培训后，才能承担项目信息管理工作。

3）项目经理部应负责收集、整理、管理本项目范围内的信息。实行总分包的项目，项目分包人应负责分包范围的信息收集、整理，承包人负责汇总、整理发包人的全部信息。

4）项目经理部应及时收集信息，并将信息准确、完整、及时地传递给使用单位和人员。

5）项目信息收集应随工程的进展进行，保证真实、准确、具有时效性，经有关负责人审核签字，及时存入计算机中，纳入项目管理信息系统内。

施工项目信息管理工作长久以来一直以工作量大、涉及面广，对应各种规范标准种类繁多，表格形式多样繁杂而著称，为了适应现代建筑工程的发展，提高工作效率，提升管理质量，应运而生了工程资料管理软件，使信息管理人员更好地完成工程文件整理、归档工作，积极发挥档案资料在项目管理中的作用。

（1）主要功能

施工项目信息管理能满足表格填写、打印输出、多类型文档管理、表格的逻辑关系管理（汇总、组卷等）、模板库管理（修改、添加模板文件）、工程备份/恢复等功能。

（2）主要特点

1）自定义工程概况信息：按照质量表格填写要求，一次性定义工程概况信息，所有表格中有关信息都可以自动填写完成，大大减少了表格填写的工作量。

2）自动显示规范条文及填表指南：资料填写辅助工具，实时查阅填表指南及相应规范条文，根据规范要求实时指导填写符合规范要求的表格。

3）专家评语模板：质量验收规范组专家编制表格填写规范结论，降低手工表格填写的工作量，保障表格填写符合规范要求。

4）自动判定监测点：根据规范要求，监测点自动进行判定是否符合规范要求，并可扩充至多个监测点。

5）权限管理：根据规范要求可实现表格填写权限的全面分配，做到工程项目中各尽其职。

6）图形及文件插入：自由插入各种图形及CAD工程矢量图，支持扫描仪输入，配备数码设备输入支持。

7）汇总和组卷：案卷可自动进行分项、分部（子分部）单位工程汇总统计，自动生成有关各方及城建档案馆所需的案卷。

8）数据传递与表格打印：数据可实时通过磁盘、电子邮件等途径与参建各方进行数据交换；所见即所得的打印功能，能输出精致美观的标准文件表格。

9）技术资料库：收录了强制性条文原文、大量施工规范及施工工艺、通病防治等资料；设置施工技术交底模板；适用于全国的多种地方版本，可根据需要在全国各地进行资料库切换。

二、施工项目基本信息

施工项目基本信息主要呈现项目的整体情况，通过项目简介、视频宣传、新闻动态、关键指标，直观展示项目人员、工程、质量、安全、绿色施工、视频监控、设备管理等信息，呈现项目动态及亮点。为项目管理团队提供项目的整体管理指标（安全、质量、进度、成本及工程款回收等），监控项目关键目标执行情况及预期情况。通过平台可直接调取项目BIM模型，既形象、直观，又能体现项目的智能管理水平，为项目经理和管理团队打造一个智能化项目管控中心。

企业层应用数字化技术，通过采集及时有效的项目数据，帮助建筑企业整合核心数据资产。构建核心业务的数据仓库，通过数据仓库，实现异构数据库的数据互通和融合，打通主数据，完成数据清洗和转译。

指标库与企业的战略目标紧密结合，从企业的战略指标逐级往下拆解，形成部门的指标、项目的指标。如某公司今年的重点在于突破基础设施行业，要求在新签合同额中占比达到40%，指标中就关注基础设施行业的项目占比有没有达到要求。随着战略调整，又可以增加新的指标。

其次，根据企业多年经验的指标库数据集提取关键指标，通过工程项目和企业经营数据的多维分析，预判企业潜在风险，辅助企业管理决策，帮助企业更科学地对资源进行配置，提升企业集约化能力。基于智能的分析模型，建立数据驱动的决策体系，让管理真正从经验主义转化为数据驱动。

通过信息化系统，建立标准规范库，涵盖国标+行标+地标施工相关所有规范。按照目录章节拆分规范，形成结构化数据，多维度检索。能够快速地查找各类标准规范，极大地提升施工现场管理人员的工作效率。

支持通过搜索规范名称来定位内容、支持收藏常用的规范便于查看、支持直接筛选强制性条文内容查看。规范内容还可与现场业务进行关联，如下发整改单时，选择完隐患明细，可查看相关规范中对此隐患的标准要求。

项目管控中心还能够支持现场的移动办公应用场景。该系统包括基于Android系统的数据采集终端及远程服务器。数据采集终端由微控制器、条码扫描模块、GPS定位模块、触摸显示屏、蓝牙模块及通信模块组成，其中条码扫描模块主要由摄像头及条码解码软件组成。通过蓝牙模块，可实现与蓝牙 RFID 读卡器的连接，实现 RFID 标签扫描。远程服务器包括数据库、报表模块、通信模块及账户管理模块，永久保存构件信息。预制构件的信息存放于远程服务器，基于移动互联网，在对应的权限下，可以随时对构件的质量信息进行溯源查询。该系统可依次对预制构件的出厂环节、运输环节、进场环节、吊装环节进行跟踪管理。主要流程如下：

（1）出厂环节

通过 RFID 标签扫描，完成预制构件基本信息的录入，包括构件类型、安装位置、质检结果等。所有信息录入完成后，上传至远程服务器。

（2）运输环节

通过车辆芯片的识别添加运输汽车的信息，包括车牌号、司机等信息。确认车辆信息后，对准备出厂的预制构件进行扫描添加，自动完成预制构件与车辆的关联及出厂登记。GPS 定位模块实时对运输车辆的位置进行跟踪，运输途中可随时对车辆位置、车辆信息及所载预制构件信息进行查询。

（3）进场环节

通过扫描识别车辆信息，由进场管理员进行核实，验证通过即可对车载的预制构件进行扫描，自动完成进场登记。进场扫描结束，系统自动对车载构件进行清点，确认全部进场登记。

（4）吊装环节

通过扫描获取构件信息，包括预制构件安装位置及要求等属性。吊装完成后由吊装管理员进行质量检查，并将结果上传服务器。

信息化系统的应用，实现了该项目中预制构件生产、质检、发货、运输、进场和安装等关键节点信息的实时更新，使项目参与方能够及时掌握预制构件的状态，提高了预制构件管理水平和施工效率，达到绿色、安全、文明施工的目的。

三、装配式混凝土建筑资料管理

1. 一般规定

1）装配式混凝土建筑工程的建设、设计、施工、监理、生产单位、质量检测等相关单位或机构应遵守现行相关法律法规、标准规范，建立健全工程技术资料管理制度，形成工程质量的可追溯体系。

2）装配式混凝土建筑工程技术资料应与建设过程同步形成，并真实反映工程建设情况和实体质量。施工单位应对资料的真实性负责，不得随意修改。当需要修改时，应实行划改，并由划改人签署。工程资料应为原件，当为复印件时，提供单位应在复印件上加盖单位印章，并应有经办人签字及日期。

3）施工单位、监理单位、生产单位应及时收集整理装配式混凝土建筑工程生产、施工安装过程的工程技术资料，并符合国家、省有关注册师施工管理文件签章的规定。

4）装配式混凝土建筑工程宜在设计、生产、施工、运营管理等阶段全过程应用信息技术，形成建筑信息模型（BIM），在设计、生产、运输、施工等阶段实现专业协调和信息共享，建立装配式建筑项目数据库，形成装配式建筑工程电子（文件）文档资料。

5）装配式建筑工程技术资料的形成和积累应纳入建设管理的各个环节和有关人员的职责范围。资料的形成、收集和整理宜采用计算机管理，每项建设工程应编制一套装配式建筑电子档案，随纸质档案一并移交城建档案管理机构。

2. 施工单位职责

（1）管理职责

1）施工单位应实行技术负责人负责制，逐级建立健全施工技术、质量、材料、检（试）验等工程技术资料管理岗位职责，设专人管理施工资料，及时、准确、完整地收集、整理、编制、传递施工资料并宜采用信息技术进行施工资料管理。

2）施工单位应当根据施工图设计文件、部件制作详图和相关技术标准编制施工组织设计及专项施工方案，并报请企业技术负责人审核、监理单位项目总监理工程师审批。

3）施工单位在套筒灌浆操作过程中应由施工质量检验人员及监理人员负责现场监督，留存灌浆施工检查记录及影像资料，灌浆施工检查记录由灌浆作业人员、施工质量检验人员及监理人员共同签字确认，影像资料应包括灌浆作业人员、施工质量检验人员及监理人员同时在场记录。

4）施工单位宜建立预制混凝土部件现场安装首段验收制度，选择有代表性的施工段进行预制混凝土部件安装，由建设单位组织设计、施工、监理和预制混凝土部件生产单位对其质量进行验收，包括外观质量、位置尺寸偏差、连接质量、接缝防水施工质量、预留预埋件等，并形成验收记录。

5）施工单位应审查并汇总各分包单位编制的工程技术资料。分包单位应负责其分包范围内施工资料的收集和整理，及时移交总包单位，并对施工资料的真实性、完整性和有效性负责。

6）工程竣工验收前，施工单位应按承包合同中约定的份数和规定的时间，向建设单位提交完整、准确、经施工单位技术负责人审批的施工资料，并对施工资料的真实性、完整性和有效性负责。

7）建设工程实行总承包管理的，总承包单位应负责收集、汇总各分包单位形成的工程资料，并应及时向建设单位移交。各分包单位应按照合同约定将本单位形成的工程资料整理、组卷后及时移交总包单位，并承担相应的责任。

（2）资料管理

施工资料管理的内容包括工程质量管理资料和施工技术管理资料、工程质量控制资料、工程施工测量资料、施工物资资料、施工记录资料、装配式建筑检查资料、安全和功能检查资料、过程验收资料、质量验收记录表、施工质量验收资料、工程竣工报告等。

1）工程质量管理资料：

①工程概况表；

②施工现场质量管理检查记录；

③施工检测计划及施工日志等。

2）施工技术管理资料：施工技术资料是在施工过程中形成的，用以指导、规范科学施工的技术文件及反映工程变更情况的各种资料的总称。有以下内容：

①施工组织设计及施工方案；

②技术交底记录；

③图纸会审记录；

④设计变更通知单；

⑤工程洽商记录等。

3）工程质量控制资料：

①施工测量资料；

②施工物资资料；

③施工记录资料。

4）工程施工测量资料：

①工程定位测量记录；

②基槽平面标高测量记录；

③楼层平面放线及标高测量记录；

④建筑物垂直度及标高测量记录；

⑤变形观测记录等。

5）施工物资资料：

①各种材料、设备、构配件等质量证明文件；

②材料及构配件进场检验记录；

③设备开箱检验记录；

④设备及管道附件试验记录；

⑤设备安装使用说明书；

⑥各种材料的进场复试报告；

⑦预拌混凝土（砂浆）运输单等。

6）施工记录资料：

①隐蔽工程验收记录；

②接地检查记录；

③地基验槽记录；

④地基处理记录；

⑤桩施工记录；

⑥混凝土浇灌申请书；

⑦混凝土养护测温记录；

⑧部件吊装记录；

⑨预应力筋张拉记录；

⑩首层装配结构检查记录等。

7）装配式建筑检查资料：

①装配式结构部件位置和尺寸允许偏差检查记录表；

②装配式结构尺寸允许偏差检查记录表；

③部件外观质量缺陷检查记录表；

④预制楼板类部件外观尺寸允许偏差检查记录表；

⑤预制墙板类部件外形尺寸允许偏差检查记录表；

⑥预制梁柱桁架类部件外形尺寸允许偏差检查记录表；

⑦装饰部件外观尺寸允许偏差检查记录表；

⑧预制部件安装尺寸允许偏差检查记录表；

⑨整体卫浴、厨卫间安装检验检查表及相关配件资料；

⑩按照现行国家标准《混凝土结构工程施工质量验收规范》（GB 50204）附录B的要求形成《受弯预制构件结构性能检验报告》；

⑪按照现行国家标准《混凝土结构工程施工质量验收规范》（GB 50204）附录C的要求形成《结构实体混凝土检验报告》。

8）安全和功能检查资料：

①土工、基桩性能；

②钢筋连接；

③埋件（植筋）拉拔；

④混凝土（砂浆）性能；

⑤卫浴集成设备系统性能检验；

⑥饰面砖拉拔；

⑦装配式结构连接质量检测；

⑧机电系统运转测试报告或测试记录。

9）过程验收资料：

①检验批质量验收资料；

②分项工程质量验收资料；

③分部（子分部）工程质量验收记录等。

10）质量验收记录表：

①施工单位在完成分项工程检验批施工并自检合格后，由项目专业质量检查员填写检验批质量验收记录表，报请项目专业监理工程师组织质量检查员等进行验收确认。

②分项工程所包含的检验批全部完工并验收合格后，由施工单位技术负责人填写分项工程质量验收记录表，报请项目专业监理工程师组织有关人员进行验收确认。

③分部（子分部）工程所包含的全部分项工程完工并验收合格后，由施工单位技术负责人填写分部（子分部）工程质量验收记录表，报请项目总监理工程师组织有关人员验收确认。

④地基与基础、主体结构分部工程完工后，由建设、监理、勘察、设计和施工单位进行分部工程验收并加盖公章。

11）竣工质量验收资料：

①单位工程质量竣工预验收报验表；

②单位（子单位）工程质量竣工验收记录；

③单位（子单位）工程质量控制资料核查记录；

④单位（子单位）工程安全和功能检查资料核查及主要功能抽查记录；

⑤单位（子单位）工程观感质量检查记录等。

12）工程竣工报告：

①单位工程完工后施工单位应编写工程竣工报告，内容包括由工程概况及实际完成情况、工程实体质量、施工资料、主要建筑设备、系统调试、安全和功能检测、主要功能抽查等组成。

②单位（子单位）工程完工后，由施工单位填写单位工程竣工预验收报验表报项目监理部，申请工程竣工预验收。总监理工程师组织项目监理部人员与施工单位进行检查预验收，合格后总监理工程师签署单位工程竣工预验收报验表、单位（子单位）工程质量控制资料核查记录、单位（子单位）工程安全和功能检查资料核查及主要功能抽查记录和单位（子单位）工程观感质量检查记录等并报建设单位，申请竣工验收。

3. 竣工验收与备案文件

（1）一般规定

1）工程竣工验收前，勘察单位应对勘察文件进行检查，并按要求填写勘察单位工程质量评估报告，质量评估报告应经该项目勘察负责人和勘察单位有关负责人审核签字。

2）工程竣工验收前，设计单位对设计文件及施工过程中由设计单位签署的设计变更通知书进行检查，并填写设计单位工程质量评估报告，质量评估报告应经该项目设计负责人和设计单位有关负责人审核签字。

3）施工单位在工程完工后提出工程竣工报告，工程竣工报告应经项目经理和施工单位有关负责人审核签字。实行监理的工程，工程竣工报告须经总监理工程师签署意见。

4）工程竣工预验收合格，项目监理机构应出具工程质量评估报告，工程质量评估报告应经总监理工程师和工程监理单位技术负责人审核签字后报建设单位。

5）建设单位收到施工单位编写的工程竣工报告后，对符合竣工验收要求的工程，组织勘察、设计、施工、监理等单位组成验收组，制定验收方案，对于重大工程和技术复杂工程，根据需要可邀请有关专家参加验收组。

6）工程竣工验收合格后，建设单位应及时出具工程竣工验收报告。

（2）验收文件

1）装配式建筑的验收应符合现行国家标准《建筑工程施工质量验收统一标准》（GB 50300）及相关标准的规定。当国家现行标准对工程中的验收项目未作具体规定时，应由建设单位组织设计、施工、监理等相关单位制定验收要求。

2）装配式混凝土结构验收时，除应按现行国家标准《混凝土结构工程施工质量验收规范》（GB 50204）的要求提供文件和记录外，尚应提供下列文件和记录：

①工程设计文件、预制部件制作和安装的深化设计图；

②预制部件、主要材料及配件的质量证明文件、进场验收记录、抽样复验报告；

③预制部件安装施工记录；

④钢筋套筒灌浆、浆锚搭接连接的施工检验记录；

⑤后浇混凝土部位的隐蔽工程检查验收文件；

⑥后浇混凝土、灌浆料、坐浆材料强度检测报告；

⑦外墙防水施工质量检验记录；

⑧装配式结构分项工程质量验收文件；

⑨装配式工程重大质量问题的处理方案和验收记录；

⑩装配式工程其他文件和记录。

3）施工单位应在交付使用前向建设单位提供《建筑质量保证书》和《建筑使用说明书》。

《建筑质量保证书》除应按现行有关规定执行外，尚应注明相关部品部件的保修期限及保修承诺；

《建筑使用说明书》除应按现行有关规定执行外，尚应包含以下内容：

①二次装修、改造的注意事项。应包含允许业主或使用者自行变更的部分与禁止变更的部分；

②建筑部品部件生产厂、供应商提供的《产品使用维护说明书》，主要部品部件宜注明合理的检查与使用维护年限。

4）建设单位应在竣工验收合格后，按《建设工程质量管理条例》的规定向备案机关备案，并提供相应的文件。

5）竣工决算及声像文件应符合下列规定：

①工程决算文件应按有关主管部门的相关规定和施工合同的约定整理组卷。

②在工程建设过程中形成的具有保存价值的录音带、硬盘等记录的声音，应由建设单位保存，并交城建档案管理机构存档。

③工程开工前的原貌、施工阶段和工程竣工后的新貌所形成的具有保存价值的照片、影片等，应由建设单位保存，并交城建档案管理机构存档。

4. BIM 技术及电子文件档案管理

（1）一般规定

1）装配式建筑工程的信息技术应用管理目标宜根据项目需求制订，采用移动互联网、物联网、建筑信息模型（BIM）、地理信息系统（GIS）等信息技术，并满足数据整合、互用的要求。

2）采用物联网技术（RFID、二维码等）结合应用的装配式建筑工程，项目监理机构应审核与此相关的信息管理方案。

3）装配式建筑工程信息技术应用管理应支持相关方及时获取、应用及更新信息。

（2）BIM 技术应用

1）装配式建筑工程宜全过程应用 BIM 技术，建设单位在招标文件及建设工程合同中明确设计、生产、施工阶段应用 BIM 技术的具体要求，包括 BIM 技术应用目标、应用范围、应用内容、参建单位 BIM 应用能力、信息交换标准和要求、人员配备等内容，并给予相应的费用保障。

2）设计单位应建立包括建筑、结构、内装、给排水、暖通空调、电气设备、消防等信息的 BIM 模型，并为后续的深化设计、部件生产、施工装配等阶段和质量常见问题防控提供必要的设计信息。施工图深化设计单位应在设计 BIM 模型基础上，考虑部件生产、吊装、运输、施工装配等要求，形成深化设计 BIM 模型，并为后续的部件生产、施工装配等阶段提供必要的信息。

3）装配式建筑工程监理宜按照工程监理合同约定，编制 BIM 技术应用监理实施细则，明确 BIM 监理工作的专业工程特点、监理工作流程、监理工作要点、监理工作方法及措施，实现 BIM 监理控制、监理管理的目标。

4）项目监理机构在 BIM 技术应用中，宜在装配式建筑施工过程模型基础上附加或关联质量控制、进度控制、造价控制、工程变更控制、安全管理、合同管理、信息管理、竣工验收等监理信息。

5）工程总承包单位或建设单位负责项目 BIM 技术应用的组织、策划和具体实施，确定设计、施工装配、部件生产等阶段 BIM 应用目标和内容，统筹协调项目各阶段的 BIM 模型创建、应用、管理以及各参与方的数据交换与交付，推进建设各环节实施信息共享、有效传递和协同工作。

6）施工单位应当在预制生产 BIM 模型基础上，通过附加或关联施工信息形成施工 BIM 模型，建立基于 BIM 模型的施工管理模式和协同工作机制，并加强在设计变更、施工组织设计、施工技术交底、施工项目管理、质量常见问题防控等关键环节的应用，逐步实现基于 BIM 的竣工验收与工程技术资料交付。

7）预制混凝土部件生产单位应在深化设计 BIM 模型基础上，完成部件生产详图制作，对部件的外轮廓及节点构造、配筋、预留预埋、吊点等关键部位质量和常见问题进行管控，并将质量管控等关键信息附加或关联到深化设计 BIM 模型上，形成预制生产 BIM 模型，并为后续的施工装配阶段提供必要的信息。

（3）电子文件档案管理

1）归档电子文件的格式应符合现行行业标准《建设电子文件与电子档案管理规范》（CJJ/T 117）的规定。

2）电子文件的归档保存范围应符合国家相关规范的规定。

3）建设单位应为工程项目建立电子文件流转与归档管理系统，电子文件的签批应采用电子签名等手段，所载内容应真实、可靠。

4）采用电子签名手段形成的原始电子文件，纸质文件应与原始电子文件保持一致。通过扫描方式形成的电子文件，扫描电子文件应与纸质文件保持一致。

5）扫描电子文件的质量应符合现行行业标准《纸质档案数字化规范》（DA/T 31）。

6）建设、监理、施工单位应建立电子档案管理系统，工程竣工验收前，通过电子文件流转与归档管理系统向电子档案管理系统进行移交。

7）电子档案的元数据应符合现行行业标准《建设电子档案元数据标准》（CJJ/T 187）的规定。

8）电子档案的保管应符合现行行业标准《建设电子文件与电子档案管理规范》（CJJ/T 117）的规定。

9）电子档案的利用应遵守国家相关保密规定。

5. 工程资料的归档与移交

1）电子文件归档应包括在线归档和离线归档两种方式。可根据实际情况选择其中一种或两种方式结合进行归档。

2）归档时间应符合下列规定：

①根据建设程序和工程特点，归档可分阶段分期进行，也可在单位或分部工程通过竣工验收后进行。

②勘察、设计单位应在任务完成后，施工、监理单位应在工程竣工验收前，将各自形成的有关工程档案移交给建设单位归档。

③勘察、设计、施工单位在收齐工程文件并整理立卷后，建设单位、监理单位应根据城建档案管理机构的要求，对归档文件完整、准确、系统情况和案卷质量进行审查。审查合格后方可向建设单位移交。

④工程档案的编制不得少于两套，一套应由建设单位保管，一套（原件）应移交当地城建档案管理机构保存。

⑤勘察、设计、施工、监理等单位向建设单位移交档案时，应编制移交清单，双方签字、盖章后方可交接。

⑥勘察、设计、施工及监理单位应按国家有关规定和本规范的要求，将自身应归档保存的文件整理立卷后，向本单位档案部门归档保存。

第十二节　技术管理信息化

利用信息化系统，在线提交技术文件及审查文件，提供文档台账管理功能。帮助企业积累方案清单库及优秀方案库，帮助专业人员快速完成方案编制计划。

方案编制进度预警、方案项目及企业报审、引用规范库辅助编制方案、引用施工模拟分析方案合理性、随时查看审批进展。提供方案在线编辑功能、提供技术文件交底管理功能、提供与BIM技术关联功能。

一、技术交底

以下信息化技术已被广泛认可，能够有效提升技术交底的质量。

（1）AR（Augmented Reality，增强现实）技术

AR技术不仅能够展现真实世界的信息，还能将虚拟的信息同时显示出来，两种信息相互补充、叠加。在视觉化的增强现实中，利用显示器把真实世界与图形合成在一起，便可以看到真实的世界。该技术通过头戴式显示器与有摄像能力的运算设备（如便携电话）连接，使用专用软件在施工现场将虚拟图像投在现实物体上，实现对各个部件和分项的检

查，另外通过增强现实的技术交底可以更真实反映出施工工序的全过程。

（2）VR（Virtual Reality，虚拟现实）技术

VR 技术是一种多源信息融合、交互式的三维动态视景和实体行为的仿真系统，通过能够追踪眼部动作和头部运动的专用头戴式显示器访问提前建立的精细三维模型，使用户沉浸到该环境中。利用 VR 技术结合 BIM 模型，使体验者在虚拟工程现场任意漫游，便于发现模型中存在的隐形缺陷，减少由于事先规划不周造成的损失，从而提高施工质量。与传统展示方式相比，在虚拟现实系统中可以自由行走，与模型对象进行交互，使体验者获得身临其境的真实感受，增强体验效果，降低传统的实体施工样板方面的投入。

（3）MR（Mixed Reality，混合现实）技术

以 BIM 数据为核心，将建筑信息模型、协同管理与混合现实技术有机结合在一起，建筑模型可以锚定和重新锚定在物理环境中。借助 MR 技术，通过头戴式显示器将预先搭建的三维模型与现实场景相结合，设计师、工程师及施工人员，可以在项目中任何有利于观察的位置检查模型。借助 BIM 技术和 MR 技术进行建筑综合管线排布，可以在项目实体中检验其排布合理性，并以此对施工班组进行技术交底，减少返工，有效提高工程质量，消除施工难点。

某局公司承建的北京某项目使用 BIM＋VR 技术进行技术交底，取得了一定的效果。该工程建设地点为北京市房山区，共包括 6 栋 21 层住宅、6 栋 11 层住宅及若干配套设施，其中住宅均采用装配整体式剪力墙结构，预制率达到 40%，预制构件类型包括预制外剪力墙、预制内剪力墙、预制叠合楼板、预制阳台板、预制楼梯、预制女儿墙、装配式混凝土 F 板、预制隔板等。由于该工程施工作业面较大、预制构件数量多且安装工艺较复杂、工期紧张，项目部引入 BIM＋VR 技术进行工程信息集成管理与项目方案模拟，捕捉项目风险管理的关键节点。在工程实施前，项目部根据工程特点制定完备的 BIM 实施方案，在依托 BIM 技术进行深化设计的基础上，利用完善的深化模型进行预拼装并模拟施工工艺，对一些关键节点（如套筒灌浆）利用 VR 技术对操作工人进行技术交底，完全杜绝施工现场预制构件发生干涉碰撞的情况，并促进了预制构件的安装工作高速高质地完成。

结合 BIM＋VR 技术，设计成果移交给施工单位后将不再是传统的图纸加文档数据，而是虚拟建造出来的项目模型，完全真实地还原了设计意图，施工人员可迅速找出施工重难点部位，并且快速分析出更加有利于施工的施工方案，提高了设计工作的效率。在施工过程中，不同专业不同结构段的技术人员在传统施工中往往会存在施工先后次序、施工配合协作、施工经验等方面的问题，给项目的质量安全带来严重影响。通过虚拟建造模型配合现场情况进行模型漫游、查看、测量等操作，可以提前与施工各方沟通，做好施工方案，为施工的安全做好准备。

目前我国装配式混凝土建筑仍处于推广阶段，许多施工企业对装配式混凝土建筑的施工技术和管理缺乏经验，而装配式混凝土建筑施工技术环环相扣、牵一发而动全身，若对技术理解不到位，可能对工程的质量和效率造成很大影响。在这种情况下，技术交底成为承上启下的关键环节，详尽准确的技术交底有利于工程的顺利开展，促进“减费增效”。

除图纸解说外，装配式混凝土建筑施工方案技术交底通常包括安装流程、套筒灌浆工艺等内容。为充分理解装配式混凝土建筑施工涉及的新型、复杂的工艺，通常需要作业人

员拥有良好的空间想象力和较丰富的施工经验，而实际上施工作业人员文化水平参差不齐，技术交底需要同时对工程技术人员、一线工人、非专业工作人员进行，仅仅依靠传统的图纸表达搭配口头阐述的方式可能无法达到预期的效果，不利于工程的开展。为解决上述问题，采用信息化技术对施工方案进行模拟，以可视化形式对施工过程中的难点和要点进行说明，对施工管理人员和劳务班组理解方案具有极大的帮助作用。对于采用新技术和工序复杂的部位，运用三维软件进行工序与工艺的模拟，可以使操作人员更直观地了解整个施工工序的安排，清晰把握施工过程，为合理组织施工和提高建筑质量创造条件。

二、施工组织管理

利用 BIM 技术对施工组织的创新应用，实现场地布置、工期及相关主要施工工序三维模拟，复核技术方案合理性，降低人为策划错误，优化工期，保证项目最优策划。

建立三维实体模型，运用施工现场布置软件进行三维场地布置（图 8-28）。将施工现场的平面元素立体直观化，帮助技术人员更直观地进行各阶段场地的布置策划，综合考虑各阶段的场地转换，并结合绿色施工中节地的理念优化场地，避免重复布置。

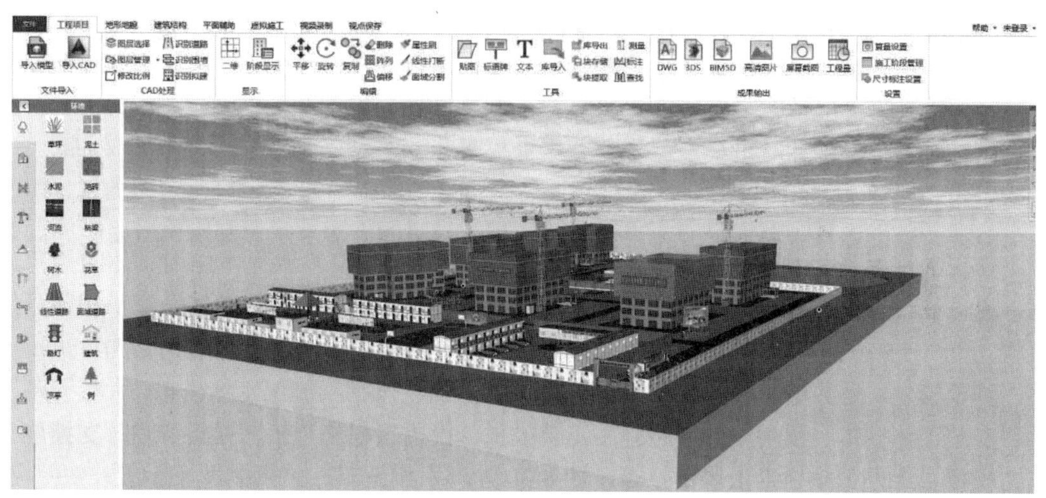

图 8-28　三维实体模型

传统的施工进度计划编制和应用多适用于技术人员和管理人员，不能被参与工程的各级各类人员理解和接受，基于 BIM 技术的施工进度模型将施工中每一个工作以可视化形象的建筑构件虚拟建造过程来显示，提高建筑工程的信息交流层次。将三维实体模型、三维场地模型和施工进度计划进行关联，实现 4D 施工模拟对施工进度的模拟控制和更新。对于施工进度的提前或延迟，软件会以不同颜色予以显示（颜色可调整），为项目的进度管控提供参考（图 8-29）。

将施工方案进行模拟对比，为选取符合实际情况的施工方案提供决策依据。方案三维化，提升编制与交底质量，让方案与交底不流于形式，减少 50%由于交底不到位导致的返工。

将 BIM 应用于施工计划的验证，对整个施工过程或某一期间内的工序进行模拟，以实现项目整体施工进度或某一节点工期的管理和工艺的控制。

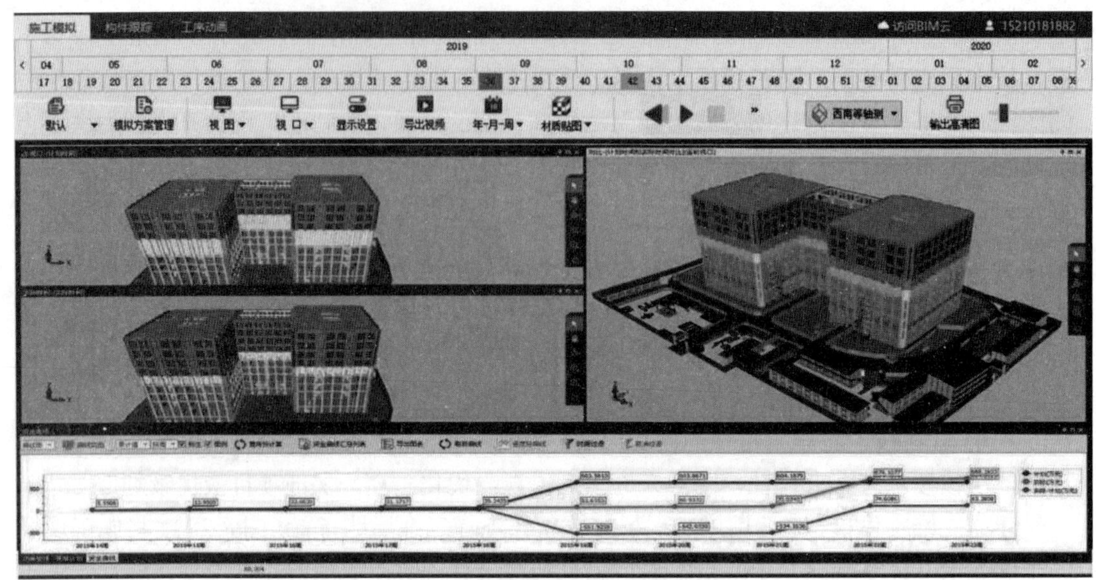

图 8-29　基于 BIM 技术的施工模拟

在 BIM 模型中体现工程项目建造过程的施工安全风险点，根据施工进度计划，在施工安全风险工段自动提醒，并通过 BIM 模型中 URL 参数设置提供技术措施计划动画和预防措施提醒。

三、施工工艺管理

在工艺库系统模块中，对项目工程中所有构件的施工工艺流程作详细具体的规范说明。提供在线查询、下载、传输施工工艺功能、提供上传更新工艺库功能、提供权限分级授权功能。支持同步到手机端，方便技术人员在施工现场对构件进行管控时参考。

基于模型，提供复杂节点 BIM 三维展示功能，提供脚手架施工工艺模拟、大型设备及构件安装工艺模拟、预制构件拼装施工工艺模拟、模板工程施工工艺模拟、临时支撑施工工艺模拟、土方工程施工工艺模拟等，图 8-30 为脚手架施工工艺模拟。

图 8-30　脚手架施工工艺模拟

1. 虚拟预拼装

虚拟预拼装是基于高精度的BIM构件模型，包括图纸信息、物理数据、钢筋信息、预埋件信息、预留孔洞信息等参数信息，借助BIM应用软件将各个构件的安装工艺在计算机中进行的预拼装。预拼装是检查设计合理性、验证工艺可靠性、检核加工构件精确性、保证施工质量的一种有效措施。就传统的预拼装而言，采取已加工完成后构件，在既选定场地进行预拼装，其拼装过程需要耗费大量的人力、物力及时间。鉴于此，探索一种低成本、高效率的智能化预拼装技术势在必行。目前，虚拟预拼装技术已取得了长足发展，市面上涌现出多种基于BIM技术可用于虚拟预拼装的软件，应用较广泛的软件有以下几种：

（1）Revit系列软件

Revit系列软件是我国目前建筑行业BIM体系中使用较广泛的软件之一。该软件的特点是族库资源丰富和参数化程度高。进行虚拟预拼装时，可调用软件默认族库或企业相关标准族库，通过参数化的方式创建符合工程要求的预制构件模型，拼装为整体后进行检查和校核。

（2）Navisworks系列软件

Navisworks系列软件能够将各类工程设计软件创建的数据与各种几何图形和信息相结合，将其作为整体的三维项目，通过多种文件格式进行实时审阅。该软件可以进行虚拟预拼装，审查硬碰撞（物理意义上的碰撞）和软碰撞（时间意义上的碰撞），可以定义复杂的碰撞规则，并通过3D模型和动画能力直观演示出建筑施工的步骤。

（3）Rhino系列软件

Rhino系列软件可以创建、编辑、分析和转换曲线、曲面和实体，并且在复杂度、角度和尺寸方面没有任何限制。该软件建模功能强大，尤其适用于创建复杂的预制构件模型，并对各类型预制构件进行拼装和干涉检查。

与传统实体预拼装相比，基于BIM技术的虚拟预拼装技术可以极大地节约时间及成本，避免安全隐患，达到相同的应用效果。虚拟预拼装技术应用可针对工程具体精度要求及特点分为两种形式，一种是以设计图纸为精确建模基础，另一种是以实际生产构件为精确建模基础。前者适用于一般精度要求的工程，如整体式装配剪力墙工程或一般钢结构工程。对于大型复杂钢结构工程等有较高精度要求的工程，可先以设计图纸为精确建模基础，再以实际生产构件为建模基础。前者的优势在于较大地节省了时间成本，而后者较好地考虑了生产加工误差对于施工效果的影响。应用中应以合理工艺为指导，与设计图纸位置相匹配，进行模拟预拼装，当所有构件预拼装完成后，检验整个过程及结果是否满足拼装要求。在整个预拼装实施过程中，应将施工误差及构件误差考虑在内，原则上以现行相关规范要求为底线，实际生产、施工水平为依托。预拼装技术中温度变化、应力等因素使构件产生相应的形变较难考量与模拟，需选用相应的技术措施加以解决。

2. 预制构件质量跟踪管理

与传统现浇建造方式相比，装配式建筑预制构件的生产、运输、安装是在不同的时间、地点由不同的项目参与者完成的，而最终的建筑则要将所有信息集成。采用传统方式进行信息传递，项目人员难以获得构件的实时状态，增加了沟通成本和决策错误率，不利于成本管理、工期管理和构件质量追溯。为了解决这些问题，射频识别技术（Radio Frequency Identification，RFID）已在大量工程中应用，取得了良好的效果。

四、施工方案智能管理

传统的施工方案通常采用文字描述结合平面、立面、剖面等二维形式展现，基于规范、施工经验、实际工程特点进行布置，缺少三维效果及方案可行性直观模拟，对于方案的技术可行性、拟用机械设备及施工方法的合理性缺少有效的验证。目前基于 BIM、Navisworks、3DMAX 等技术的施工方案智能管理可实现模拟施工方案的重要过程，通过三维动态的方式直观展现出来，实现对方案的可行性进行检验，优化施工方案，并对方案实施全过程进行智能化管理。施工方案智能管理是充分利用 BIM 软件的特性精准建模，例如，采用 Revit、Tekla、Rhino 等系列软件，同时建立专门的族模型。并形成标准族库，便于推广使用；族库按照参数化、标准化建立，达到提高效率的目的。精准模型建立后根据具体施工方案并结合 3D MAX 等技术进行 3D 可视化施工模拟，可整合进度信息进行 4D 施工模拟，还可再整合成本信息进行 5D 施工模拟，方案具体实施过程中可结合相关管控系统实现方案从设计到实施的整体智能管理。目前建筑行业可通过 Revit、Tekla、Rhino、Navisworks、3DMAX 等实现，包括 3D 场地漫游优化临设场地布置，群塔作业模拟结合防碰撞系统、防倾倒系统等安全管控系统实现塔吊的智能管理，施工电梯布置模拟优化资源运输及人员通行交通组织，其他重大方案智能管理等目的。

施工方案的智能管理包括从方案设计、优化到整个方案实施管控，通过虚拟现实技术直观阐述方案设计阶段包括施工部署、施工流程、施工工艺在内的完整施工方案设计内容，为施工方案的选择和优化提供重要依据。后期实施过程中根据各方案的特性结合管控系统，实现方案的智能管理，从而实现项目的进度、成本、安全目标，为企业创造价值。典型案例如下：

1. 北京某保障房项目

（1）应用背景

该工程地上建筑面积约 9.2 万 m^2，共包含 7 栋装配整体式剪力墙结构高层住宅及若干配套设施，各住宅单体预制率达到 40%以上，装配率达到 60%以上。主要预制构件类型包括预制夹芯外墙、预制内墙、预制叠合板、预制空调板、预制楼梯、预制外墙角模、预制女儿墙等，预制构件总计 540 种 22 464 件。

由于各类构件总数较大，各专业条件较复杂，应用传统二维设计模式不能很好地适应深化设计的庞杂工作，也无法直观地判断碰撞、冲突情况；各类预制构件连接节点数较为复杂，二维技术交底考验作业人员的想象力和工程经验，不利于工程的开展；工厂及施工现场堆放构件量大，人工很难合理地规划生产进度与运输、堆放进度，一旦出现问题也很难进行责任追溯。

（2）应用信息化系统及主要功能

该工程在建设过程中主要应用了 Revit、Revit Live、Navisworks 等软件及装配式混凝土建筑施工管理平台，其主要功能有以下几点：

1）Revit 软件。2014 年开始依托 Revit 软件进行装配式建筑深化设计的研究，并形成了自主研发的三维参数化构件、钢筋、预埋件族库，建立了基于 BIM 进行预制构件深化设计的工作方法。在装配式混凝土建筑施工领域，Revit 软件可用于预制构件的精细深化设计、构件碰撞检查、三维展示等。

2）Revit Live 软件。2014 年开始 Revit Live 软件应用于远程同步 VR 展示等。

3）Navisworks 软件。2014 年开始 Navisworks 软件应用于装配式混凝土建筑施工领域，可用于预制构件校核、模拟施工、三维展示等。

4）装配式混凝土建筑施工管理平台。

装配式混凝土建筑施工管理平台 2017 年起在研发公司的各装配式项目中推广应用。该平台能够将采集到的数据进行整合，提取有用信息，使各部门能顺畅地进行信息交流，方便不同企业对工业化项目设计、深化、施工全过程的进度、质量、安全和人员配置等进行实时监测和精准管理，实现不同企业不同过程不同阶段的协同工作。同时，通过管理平台大数据的整合分析，实现施工质量、安全等各项工作的持续改进。

（3）应用范围

本工程施工全过程采用了信息化技术。

在装配式建筑深化设计阶段应用的信息化技术有以下几种：

1）深化设计。利用 Revit 软件高质、高效地完成预制构件的深化设计，在三维空间精确完成构件内的钢筋与埋件的布置和避让。

2）预拼装和碰撞检查。将在 Revit 软件中制作的预制构件模型导入 Navisworks 软件中拼装进行碰撞检查并生成报告，两种软件可以一键互导，因此可以在发现问题后及时修改并进行复查。

3）构件纠错。在 Navisworks 软件中对预制构件进行校核，检查构件是否存在设计错漏或缺陷。

在装配式建筑施工阶段应用的信息化技术有以下几种：

1）可视化交底。利用 Navisworks 软件生成施工模拟动画，对装配式建筑工程进行全方位展现，对施工细节进行可视化的交底和方案论证，发现施工中存在的或可能出现的问题。

2）可视化辅助施工。利用 Revit Live 软件进行沉浸式 VR 展示，模拟装配式建筑关键施工工艺和整体流程，精准展示各类型预制构件安装部位和安装方式，更高效地帮助施工人员领会设计意图。

3）同步交互。将 Revit Live 软件展示功能和 Revit 软件设计功能进行交互，项目等技术人员使用工作电脑或移动设备（如平板电脑）可以实时查看模型，一旦发现问题，可以通过标记位置并添加注释的方式实时反馈至总部技术人员负责维护的中心模型中，软件会以高亮和闪动方式提醒工作人员注意出现问题的位置和描述，总部技术人员提出解决方案后及时对 Revit 模型进行调整和优化，项目部人员再次开启 Revit Live 软件即可查看更新后的模型。

4）进度和质量管理。模型文件中包含的预制构件各项信息如材料用量、尺寸、重量等可按规定格式导出为 Excel 文件，并快速导入装配式混凝土建筑施工管理平台中，并对预制构件的深化设计、生产、运输、安装等过程的进度和质量进行管控，所有信息均在平台上进行体现，进度实时调控，严守质量底线。

5）预制构件智能化管理。利用 Revit 软件将典型预制构件组合在一起模拟施工现场中构件的可能地放方式，利用数量和平均尺寸规划堆放架的尺寸与容积，以此计算出每个堆放架放满预制剪力墙的情况下所占用的场地宽度和面积，然后将此类信息通过 Excel 格式导入装配式混凝土建筑施工管理平台中，在平台中已存储有堆场数量和面积以及构件数量和运输进度等信息的情况下，自动规划出各个堆场的合理容量及每个构件堆放的合理位置，并自动引导货车司机在对应堆场位置卸车。保证在安全的情况下使施工现场可以堆放足够的预制构件以满足快速施工的要求，当堆放构件不足或过量时及时通知构件厂调整发货量。

（4）应用效果

信息化技术在本工程各环节的应用减少了错漏、返工现象，合理规划进度，节约了工程成本和周期，提升了工程质量。

在深化设计阶段，利用信息化技术进行深化设计，有效地解决了传统设计方法中预制构件造型复杂、统计难、避让难、工作量大等问题，和过往同等体量工程经验中的传统设计方法相比，工作效率提高 55%以上，人力减少 30%以上，由于人工干预减少，图纸整体质量大幅提升。

利用信息化技术对预制构件进行预拼装，单层累计发现钢筋碰撞 80 余处，设计未留洞、留槽 30 余处，有效避免了施工现场返工和材料浪费，为项目节约工期约 15 天，为项目节约直接成本近 10 万元，间接成本数十万元。

利用信息化技术对预制构件错漏情况进行检查，确保所有预留预埋位置准确无误，最终施工现场未出现因预制构件预留预埋缺漏导致延误工期的情况。

在施工阶段，通过可视化交底，帮助项目工程技术人员和一线工人更好更快地掌握新工艺、新技术，促进了项目在诸如套筒灌浆等关键技术节点的规范施工，达到质量与效率双丰收。

1）可视化辅助施工：帮助工人快速识别构件位置和安装流程，只需扫描构件上的二维码，即可在三维模型中查看该预制构件的位置，避免吊错构件、吊错位置，比不使用信息化技术时吊装效率提高了约 15%，平均每周减少塔吊吊次 5%～10%，空出的吊次可用于吊装模板、钢筋等，进一步提高了施工效率。

2）同步交互：信息化技术帮助项目部和总部使用统一模型，避免了信息交互的延后性，更保证了信息的真实无损。本工程施工条件变更后，总部技术人员和项目部技术人员协同对模型进行修改，仅用很少时间就完成了所有调整，有力保障了本工程的实施。

3）进度和质量管理：预制构件可通过信息化平台全程追踪，运输者、验收者、操作者均可实时查询，保障质量追溯的可行性；工程图纸及时传递，所有信息详尽准确，平台对质量缺陷零容忍，保障了工程品质；生产、出厂、入场验收、吊装，每道工序均须扫码登记确认，哪一步出了问题、耽误了多少时间一目了然，帮助项目及时、合理地调整进度计划。

4）预制构件管理：计算机辅助人脑进行预制构件排布，让项目能够使用最小的面积放置足够多的预制构件；在预制构件吊装期间实时监控，及时通知构件厂调整生产计划或运输特定型号的预制构件至施工现场，保证项目堆场内至少存放 1 层施工所需的全部预制构件，最终本工程未出现因缺少预制构件影响工期的情况。

2. 北京某公租房项目

（1）应用背景

项目采用装配式整体剪力墙结构，装配式装修，预制率达 68%，总建筑面积 217 621.70 m^2，总造价 8.655 亿元。该工程主要应用 Revit、Tekla、Rhino 等软件建立构件模型，应用 Navisworks、3DMAX 等软件进行施工模拟，应用 5D 协作平台进行现场进度、安全、质量、成本管控。

（2）应用范围

1）BIM 建模。方案设计期，统一各项协同设计标准、专业团队配置，实现全专业在三维环境下协同设计；建立完整的工程项目三维模型与信息数据库，仅标准层预制构件族库建模达 196 个，建筑、结构、装修、机电建模面积达 217 621.7 m^2。结合可视化应用的不同需求（如向业主汇报交流、技术协调、专项设计），较好地实现可视化展示和沟通协调效果，并根据反馈信息进行修正，为后续设计交付、协同管理、运维管理等夯实基础，保证三全（全专业、全过程、全员）BIM 应用目标的实现。

以标准层为例，每一个构件都包括图纸信息、物理数据、钢筋信息、预埋件信息、预留孔洞信息等参数信息。

通过构件库的建立和维护，为今后类似项目提供很好的素材支撑，提高了建模效率及 BIM 应用能力。BIM 模型精度要求见表 8-1。

表 8-1　BIM 模型精度要求

序号	专业工程	范围	模型精度	备注
1	总承包管理	全部	LOD300-400	模型输出加工图纸
2	混凝土结构	全部	LOD300	保证模型与图纸一致
3	预制构件	全部	LOD400	模型输出加工图纸
4	机电	全部	LOD300	保证模型与图纸一致
5	装饰装修	样板间	LOD200-300	保证模型与图纸一致

2）深化设计。装配式建筑对前期设计的要求很高，构造节点及连接方式繁杂，且为批量化生产加工，这就需要通过深化设计来确定节点、预留孔等细节问题，尽量避免出错，否则会因为细节问题耽误施工进度，影响工期，进而增加费用。通过各专业模型信息整合，采用动画模拟、碰撞检查或预拼装等措施进行检查纠正，并对模型进行深化及优化，从而实现进度及成本目标。

3）构件管理。在已建立完整工程项目的三维模型与信息数据库的基础上，借助于 PCIS 系统及 BIM 5D 系统，将 RFID 技术、BIM 模型与构件管理进行整合，从而实现构件从生产到安装的信息化、可视化管理模式。

基于 BIM 5D 系统可以实时掌握构件库存状态、吊装信息、安装情况、成品检验等情况，使项目管理人员对进度安排有了精确的数据支持，将构件的整个生命周期信息数据化，从而达到精细化管理的目的。

4）场地布置。装配式结构施工中构件材料的堆放是比较重要的环节，其中涉及车辆运输路线规划、塔吊旋转半径范围、堆放场地规划等问题，同时需要考虑与其他施工环节的联系。因场地环境复杂，堆场面积狭小，交叉作业频繁，同时为保障施工进度，确定施工现场预制构件堆放存量保持在 1～1.5 层，需要控制好构件进场的量。

在这样的要求下，通过 BIM 技术建立完整的场地模型，真实模拟现场施工时的构件堆放状态，最终确定构件堆场的摆放方案，确定构件堆场的硬化面积。同时分析施工计划与实际现场施工信息，考虑用平板式运输车进行构件的运输，这就需要合理规划场地内的运输道路，利用 BIM 技术对构件运输进场进行真实模拟，针对模拟情况，调整规划路线，调整路宽、回转半径等信息，并最终确定合理的堆放场地及其他施工用料场地，保证各施工环节用料顺利进行。

5）碰撞检查。基于 Revit 软件建立高精度的 BIM 构件模型及各专业的 BIM 模型，将所有专业的模型链接导入 Revit 软件中。利用 Revit 软件自带的碰撞检查功能，可以很直观地看到构件之间空间位置关系，是否有碰撞。Revit 软件主要检查构件中钢筋、预埋件、预留洞、斜支撑、机电管线、连接件等是否与自身及其他构件存在碰撞问题。

针对检查出的碰撞问题，进行汇总评审、协调设计，甲方、分包方召开 BIM 协调会，确认碰撞问题的解决方案，并形成深化设计的最终方案。

本工程共检查出碰撞点 200 多处，其中预制构件碰撞点 30 多处，调整构件图纸 10 张，达到了优化施工方案、减少后期图纸更改造成的返工的目的，确保了施工的顺利进行。

6）施工模拟。由于本工程阳台挂板等装饰构件连接包含螺栓连接、焊接连接等，涉及连接件 30 余种，相较于传统工程，其工艺复杂，施工技术尚不成熟，经验不足，为质量控制带来较大困难。为了解决这一难题，项目在施工前借助 Navisworks 软件，将各个构件的安装工艺进行模拟施工，对操作工人进行三维可视化的动态技术交底，让施工操作人员更直观地了解施工工艺，提前掌握施工细节，保证了后续实际施工的顺利进行。

7）RFID 技术应用。通过应用 BIM 技术结合 RFID 技术、PCIS 装配式混凝土 IS 系统及 BIM 5D 系统，对于数量巨大的预制构件进行有序高效地管理，减少在传统人工验收和物流模式下出现的验收数量偏差、构件堆放位置偏差、出库记录不准确等问题的发生，可显著节约时间和成本。

在预制构件的工业化生产中，采用 BIM 软件通过项目自定义编码，对单个构件实现唯一编码，在平台导出二维码，通过施工现场扫描可查看对应的构件信息、图纸、设计变更，同时对构件生产、验收、运输、安装过程进行跟踪，实现数字化施工管理。

8）BIM 5D 系统运用。基于 BIM 5D 的施工项目精细化管理工具，为项目的进度、成本、物料管控及时提供准确信息，便于项目管理人员基于数据进行有效决策。在施工过程中，采用 BIM 信息集成平台，实现以进度管理为主线，以质量管理、安全文明绿色施工管理、成本管理、总平面管理、文档管理为主要内容的施工过程综合管理。通过将项目管理信息与 BIM 信息集成，实现海量施工信息的集成和三维可视化查询，辅助施工过程管理，提高工程管理水平，保证工程优质高效完成。

应用 BIM 5D 系统集成土建、机电、幕墙等专业信息模型，承接 Revit、MagiCAD 等国际主流建模软件模型，无缝对接 BIM 算量系列软件。

现场的质量、安全从发现问题到最终的问题解决，实现了整个流程的闭环。过程中，可以根据工艺工法库的检测标准进行质量控制。

项目部通过工艺工法库及时查看与应用，实现项目施工统一标准，保证施工质量、减少返工。同时企业可根据积累的施工经验，形成企业内部的标准库。

9）变更模型维护管理。BIM 5D 系统集成全专业模型，并以集成模型为载体，关联施工过程中的进度、合同、成本、质量、安全、图纸、物料等信息，将施工图纸、文档、BIM 模型统一纳入 BIM 5D 系统进行统一管理。将变更内容及时反映到各类工程资料及 BIM 模型中，确保施工变更 BIM 模型与施工图纸文档的一致性。

（3）BIM 应用效果

1）工期可控，提高效率。通过应用 BIM 技术，实现设计阶段对施工阶段劳动力的综合分析，在对住宅产业化虚拟三维建造的过程中引入劳动力、物资和场地的概念，从而提高设计对施工的指导，减少劳务选择风险及因设计不合理而造成的施工进度滞后等问题，可有效控制成本并缩短工期。

2）信息化管理，提升效益。通过 BIM 技术的特性，采用合适的协同管理平台，实现对现场施工的信息化管理，对预制装配结构施工起到了很好的促进作用，使得施工过程的管控更为精细化。利用 BIM 技术能有效提高装配式建筑的生产效率和工程质量，将生产过程各阶段参与人员和信息联系起来，真正实现以信息化促进产业化。

3）改善技术交底，培养专业人才。利用 BIM 技术可视化、参数化的特性，改善传统交底手段，使技术交底更为精准高效，有利于提升现场工人的操作水平，方便施工现场对分包工程质量的控制。本工程采用三维技术交底的方式，建立了产业化施工标准，拥有了产业化设计施工团队，培养了专业化人才，提高了对工程质量的控制水平。

利用 BIM 技术能有效提高装配式建筑的生产效率和工程质量，将生产过程中的上下游企业联系起来，真正实现以信息化促进产业化。借助 BIM 技术三维模型的参数化设计，使图纸生成修改的效率有了大幅度的提高，解决了传统拆分设计中的图纸量大、修改困难的难题；钢筋的参数化设计提高了钢筋设计的精确性，提升了可施工性。加上时间进度的 5D 模拟，进行虚拟化施工，提高了施工现场管理水平，缩短了施工工期，减少了图纸变更和施工现场的返工，节约投资。

因此，BIM 技术的使用能够为装配式建筑的设计、施工、运维提供有效帮助，使得装配式工程精细化这一特点更容易实现，进而推动现代建筑产业化的发展，促进建筑业发展模式的转型。

第十三节　进度管理信息化

进度生产管理信息化应用主要包括利用双代号网络图进度计划软件编制施工总进度计划及季度、月度、周等的期间计划；基于稳定的建筑空间结构（模型）将多级计划打通，现场施工人员通过手机App等终端及时、准确地反馈项目进度偏差状况，实现动态的项目进度控制，同时对项目现场的影像资料、形象进度记录等进行过程记录，方便查看及跟踪（图8-31）。

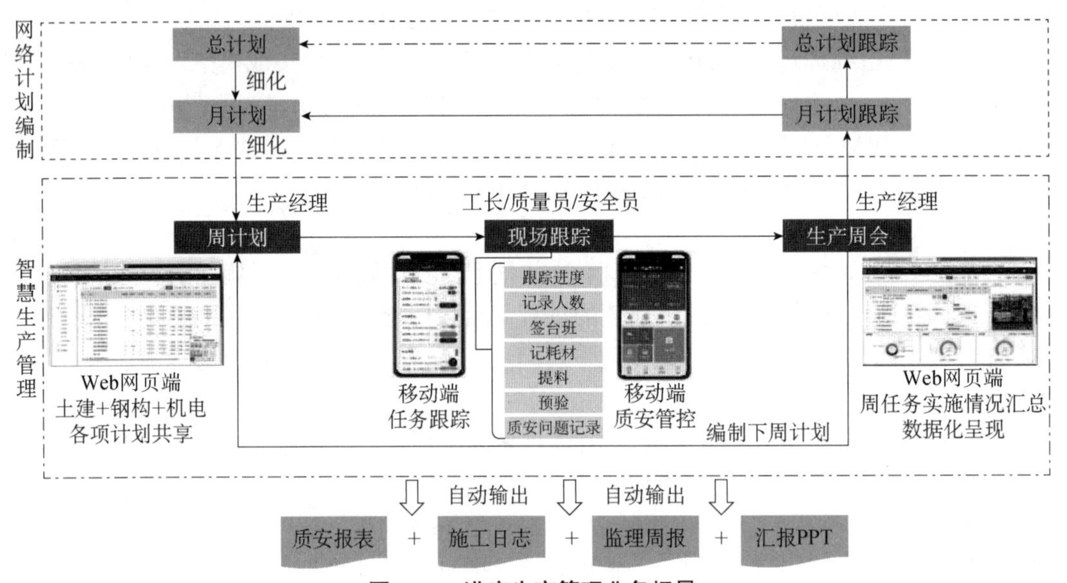

图8-31　进度生产管理业务场景

通过总、月、周三级计划联动，实现计划动态管理和周任务过程检视，提升项目计划管控能力。在任务执行过程中，生产经理以周为单位基于区域做工序任务拆解，附带技术方案、图纸、设计变更等资源。工长通过手机App端，选择既定任务安排周计划，基于准确信息资源高效组织施工，实施现场跟踪，记录现场上工人数、机械台班、材料消耗、质量安全问题整改回复等数据。这些数据又可以辅助一线作业人员输出施工日志、质量安全报表、监理周报和对外汇报PPT等相关内页素材，为项目管理人员提高工作效率，为管理层提供进度管理多维度数据分析的平台。通过BIM模型，生成二维、三维作战地图（图8-32），将现场进度详情呈现在平台上，管理人员通过作战地图宏观把控项目情况，为管理决策提供思路。

企业级进度管理从组织维度对比排名各项目工期情况，辅以项目倒计时数据，针对工期延期程度不同按红、黄、蓝进行风险预警，便于企业管理层对延误严重项目进行重点关注，针对不同延误原因及时做出调整。从组织维度对比排名各项目周计划任务总数、完成率及各类任务状态占比数量，辅助企业及时掌握各组织任务安排情况，并针对任务执行情况较差的组织及时做出调整。

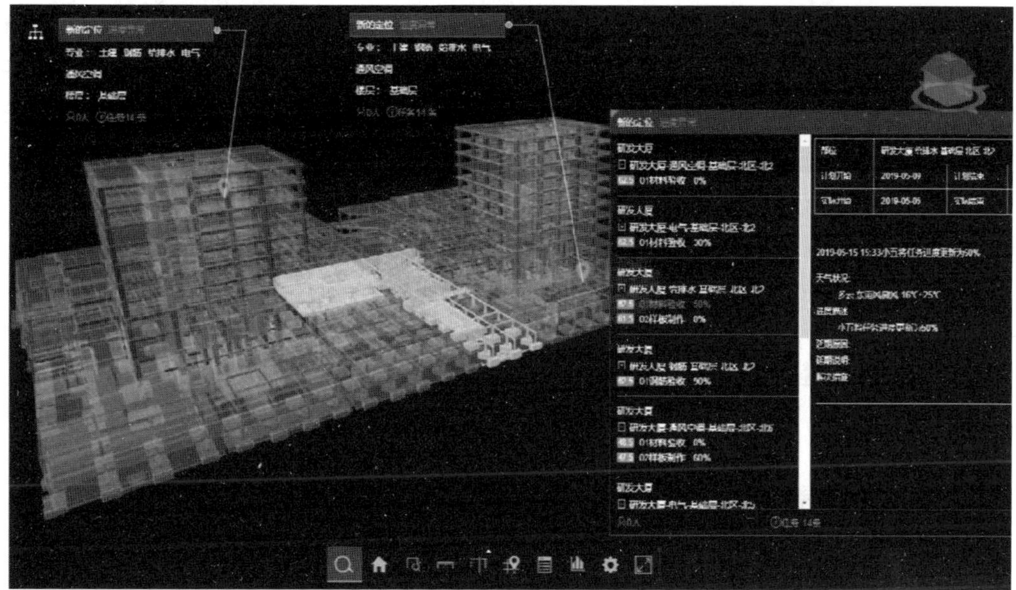

图 8-32　三维作战地图

一、施工段划分及施工顺序知识

1. 划分施工段的原则、方法及注意事项

（1）施工段的定义

施工段是组织流水作业时，把施工对象划分为劳动量相等或相近的若干段，这些段即施工段。每一施工段在某一段时间内只从事一个施工过程的工作队（或小组）工作。

划分施工段的目的是确保不同的施工队能在不同的施工区段上同时进行施工，避免了由于不同的施工队不能同时在一个工作面上施工而产生的相互等待、停歇现象，同时又互不干扰。

（2）施工段划分原则

在同一时间内，一个施工段只容纳一个专业施工队施工，不同的专业施工队在不同的施工段上平行作业，为了保证拟建工程的结构整体完整性，不能破坏结构的力学性能，不能在不允许留施工缝的结构构件部位分段，应尽可能利用施工缝、沉降缝等自然分界线，合理划分施工段，一般应遵循以下原则：

1）连续性原则。施工段的划分应保证施工过程的连续性，确保施工过程流畅，没有断位。

2）协作性原则。施工段的划分应有利于各专业队伍协同作业，以提高工程建造效率。

3）均衡性原则。施工段的划分应确保各个施工环节按照施工生产计划的要求均衡推进。

4）经济性原则。施工段的划分应充分考虑工程建设的经济性。

（3）施工段划分的方法及注意事项

1）施工段的划分方法。在工程施工过程中，常采用依次施工、平行施工、流水施工三种施工组织形式，而在建筑安装工程的施工过程中，流水施工法是最常用的施工组织形式。这三种组织形式都要将施工对象划分为若干个施工区段，在划分施工区段时，应根据具体情况采用科学合理的划分方法，同时施工区段划分时应综合考虑工程量、施工工期及劳动力安排，合理安排施工区段，制订完善的施工组织，保质保量地按时完成工程项目。

2）施工段划分注意事项。

①各施工段所花费的劳动量基本相等，确保流水施工的连续性和均衡性，通常一个作业队伍在各施工段所花费劳动量的差值控制在15%以内。

②施工段的分界线应尽量与施工对象自身的结构界限一致，施工对象自身的结构界限包括伸缩缝、沉降缝、抗震缝等。

③施工段的数量要合理，施工段的数量过多会减少每个工作面的作业人数，导致工作面不能充分利用，从而延长施工周期：施工段的数量过少造成劳动力、施工机械、材料供应过于集中，导致经常出现“断流”的现象，不利于组织流水施工，从而影响施工效率。

④每个施工段都应有足够的工作面，保证每个施工段所能容纳的劳动力数量或机械台数能够满足合理劳动组织的要求，从而充分发挥工人和机械的效率。

2. 确定施工顺序的原则、方法及注意事项

施工顺序是指各项工程或施工过程之间的先后次序。它既要满足施工的客观规律，又要合理解决好各工种之间在时间上的衔接问题。施工顺序需要根据实际的工程施工条件和采用的施工方法来确定，所以施工顺序不是固定不变的，但也不能随意修改，应符合工艺技术规律和当前的生产力水平，因而在确定施工顺序时应遵循以下原则：

1）遵循施工程序。施工程序是经过大量实践工作总结出来的工程建设过程中的客观规律，是工程项目科学决策和顺利进行的重要保证。因此，施工顺序应在不违背施工程序的前提下确定。

2）符合施工工艺。任何项目的施工工艺都有自己的客观规律和相互制约因素，通常是不能违背的，确定施工顺序必须符合施工工艺的要求。

3）与投入的机具相适应。施工顺序应与施工方法和施工机械的要求一致，在施工过程中，采用不同的施工方法和施工机械其施工顺序是不同的。

4）符合施工组织要求。施工顺序应符合施工组织的要求，在施工过程中，当施工顺序存在几种方案时，应该结合施工组织方案，进行技术、经济比较，最终选择技术可行、经济合理，同时有利于施工的施工方案。

5）满足工程质量。施工顺序应考虑施工质量的要求，在施工过程中，为了满足施工质量的要求，施工过程要注意先后顺序。

6）适应气候条件。施工顺序应符合当地的气候条件，不同地区的气候特点是不同的，施工顺序的安排应考虑当地气候特点对工程施工过程的影响。

7）满足安全生产。施工顺序应考虑安全技术的要求，合理的施工顺序，必须以各施工过程的搭接不会产生安全事故为前提。

二、施工进度计划的内容及编制

1. 施工进度计划的类型及作用

（1）概述

1）施工进度计划。施工进度即为工程施工进行的速度，在工程项目实施过程中要消耗时间、劳动力、材料、成本等才能完成项目的任务。施工进度计划是根据已批准的建设文件或签订的承发包合同，将工程项目的建设进度做出周密的安排，施工进度计划是把预期施工完成的工作按时间坐标序列表达出来的书面文件。

预期施工完成的工作可以用实物工程量表示，如建筑工程中的土石方开挖数量、建筑装饰工程中的抹灰面积等；也可用预期完成的产值金额数表示。前者称实物形象进度计划，后者称完成投资额度计划。时间坐标可以是年、季、月、周、日，按不同的需要选定。

施工进度计划是项目施工组织设计的重要组成部分，对工程履约起着主导作用。编制施工总进度计划的基本要求是保证工程施工在合同规定的期限内完成；迅速发挥投资效益；保证施工的连续性和均衡性；节约费用、实现成本目标。

2）工程工期。工程工期是指工程从开工起到完成承包合同规定的全部内容，达到竣工验收标准所经历的时间，工程工期一般按日历日计算，有明确的起止日期。可以分为定额工期、计算工期与合同工期。

①定额工期是指在平均建设管理水平、施工工艺和机械装备水平及正常的建设条件（自然的、社会经济的）下，工程从开工到竣工所经历的在一定的经济和社会条件下，在一定时间内由建设行政主管部门制定并发布项目建设所消耗的时间标准。定额工期具有一定的法规性。对具体建设项目的建设工期确定具有指导意义，体现了合理建设工期，反映了一定时期国家、地区或部门不同建设项目的建设和管理水平。

②计算工期是指在根据项目方案（如工艺、组织和管理等）的情况，排定网络计划后，根据网络计划计算出的工期。

③合同工期是在定额工期的指导下，由工程建设的承发包方根据项目建设的具体情况，经招标投标或协商一致后在承包合同书中确认的建设工期。合同工期一经鉴定，对合同双方都具有强制性约束作用，受到国家经济合同法的保护和制约。

3）施工进度管理基本概念。施工进度管理是施工管理的重要内容之一，其实质就是合理安排资源供给，有条不紊地实施施工项目各项活动，保证施工项目按业主的工期要求及施工企业投标时在进度方面的承诺完成。施工进度管理的总目标是实现承包合同规定的目标工期。

施工进度管理的目的是保证进度计划的顺利实施，并纠正进度计划的偏差，即保证各工程活动按进度计划及时开工、按时完成，确保总工期不推迟。

施工进度管理是指根据施工项目工期目标要求编制出最优的施工进度计划，并在经确认的进度计划的基础上全面实施工程各项具体工作，在一定的控制期内检查实际进度完成情况并将其与进度计划相比较，若出现偏差，应分析产生的原因和对工期的影响程度，找出必要的调整措施，修改原计划，不断如此循环，直至工程项目竣工验收。施工进度管理应建立以项目经理为责任主体，由各子项目负责人、计划人员、管理人员、作业队长及班组长参加的项目进度控制体系。

4）影响施工进度管理的因素。施工进度管理是一个动态的过程，受工程建设内部、外部因素影响较大，在施工工程中应认真分析和预测，采取合理的措施，在动态管理中实现进度目标。影响施工进度管理的因素主要有以下几点：

①建设项目内部。

a. 建筑工程土建工期的延误。无论工业还是民用项目，土建工程先行是一个客观规律，土建工程包括装饰工程在内，只要工期延误，必然会影响安装工程的进度。

b. 项目业主资金不到位。资金不足，不能如期按合同支付约定的工程款，进而影响工程设备、材料的如期供应，最终将影响进度的正常推进。

c. 施工方法不当。由于施工方案中的施工方法不当，造成质量或安全事故，如后果严重，会导致返工或重做，也会影响施工进度计划的执行。

d. 施工组织管理不力。施工组织不合理、规划不善、管理混乱、资源得不到科学调度、施工中发现的问题不能及时处置，必然使施工进度失去有效控制。

e. 各专业分包单位不能如期履行分包合同。一个建筑工程项目往往由一个总包单位带领多个专业分包单位共同完成工程建设，只要其中一个专业分包单位违约耽误工期，就无法组织工程总体验收，导致总工期目标无法实现，所以加强总包对专业分包的管理至关重要。

②建设项目外部。

a. 政府对建设的宏观调控。政府根据宏观政策，依法对某些项目建设发出放缓进度的指令，有的需要停建或缓建。

b. 建筑工程的设备、材料供应商由于自身原因不能如期供货。

c. 水、电、气等管线单位不能如期接通供应，或供给不能满足需要导致试运转无法按计划执行。

d. 工程项目的施工设计图纸不能按计划提供，或施工过程中有重大施工设计变更。

e. 施工过程中突发意外事件，主要指由于自然灾害等不可抗拒因素（如洪水、台风、地震等）对工程建设的影响而造成进度的延误。

（2）施工进度计划的类型

1）根据工程规模划分

①施工总进度计划；

②单位工程施工进度计划；

③分部分项工程施工进度计划。

2）根据指导施工时间长短划分

①年度计划；

②季度计划；

③月度计划；

④旬或周计划。

3）根据建筑工程类别划分

①建筑土石方工程进度计划；

②建筑土建工程进度计划；

③建筑装饰工程进度计划；

④建筑安装工程进度计划。

4）根据作用不同划分

①控制性进度计划；

②实施性进度计划。

（3）施工进度计划的作用

1）控制性施工进度计划的作用：控制性施工进度计划通常为施工总进度计划，工程一般由多个单位工程组成或工期较长，需要跨多个年度才能建成，其作用表现为：

①施工总进度计划描述的对象是单位工程的开工、竣工时间，是对整个项目工期目标实行的宏观控制，因而计划的时间坐标是以年、季、月为主，属于控制性计划。

②单位工程进度计划编制的工期目标应符合施工总进度计划时间节点的安排，仅在总进度计划做出调整后，新开工的单位工程进度计划才能与原总进度计划的安排有差异，这是计划安排严肃性的体现。

③在实施过程中经常检查实际进度是否按计划要求进行，对出现的偏差分析原因，采取措施或调整、修改原计划，直到工程竣工交付使用。

2）实施性施工进度计划的作用：除对跨多年度的工程因其规模庞大具有控制性作用外，大多数单位工程施工进度计划均为实施性计划，其作用表现为：

①建筑安装工程的单位工程实施性施工进度计划应表达所有专业（分部）的施工内容，是编制该工程各专业施工进度计划的依据。

②实施性施工进度计划编制时对生产资源情况、作业条件状况、作业环境分析等均做了充分的了解，因而计划的实施具有较强的可操作性。

3）施工进度计划的作用。施工进度计划是组织施工活动的基础，在施工项目管理中主要有以下几个方面的作用：

①可以确立施工组织机构内部各成员及工作的责任范围及相应的职权，以便按要求去指导和控制施工活动，减少风险。

②可以促进施工单位与施工项目相关组织（如业主、设计单位、其他施工单位）的交流与沟通，增加业主的满意度，促进施工项目经理部内部各部门的协调，从而使项目中各项活动协调一致。

③可以使项目经理部各职能部门、作业队及其成员明确各自的奋斗目标、实现目标的方法、途径及期限，并确保以时间、成本及其他资源需求的最小化实现项目目标。

④可作为进行分析、协商及记录施工范围变化的基础，也是约定时间、人员和费用的基础，这就为施工的跟踪控制过程提供了基线，用以衡量进度、计算各种偏差及决定或预防整改措施，便于对工程变更进行管理。

⑤可作为向业主、监理工程师汇报，以及进行施工索赔的重要依据。

⑥施工进度计划通常采用横道图、网络计划等方法表示，便于工程人员及相关单位的理解和使用。

2. 施工进度计划表达、检查及偏差纠正的方法

（1）施工组织

任何一个工程项目都是由许多施工过程组成的，而每个施工过程可以组织一个或多个施工队来进行施工，如何安排各施工队的先后顺序或平行搭接施工，是组织施工的一个基本问题。通常，在工程施工过程中采用依次施工、平行施工、流水施工三种施工组织形式，具体如下：

1）依次施工。依次施工又称顺序施工，是将工程对象任务分解成若干个施工过程，按照一定的施工顺序，前一个施工过程完成后，后一个施工过程才开始施工；或前一个施工段完成后，下一个施工段才开始施工。它是最基本的、最原始的施工组织形式。

依次施工组织的优点是每天投入的劳动力较少，机械使用不集中，材料供应较单一，施工现场管理简单，便于组织和安排。依次施工组织方式的缺点有以下几点：

①由于没有充分利用工作面去争取时间，所以工期最长。

②各队组施工及材料供应无法保持连续和均衡，工人有窝工的情况。

③不利于改进工人的操作方法和施工机具，不利于提高工程质量和劳动生产率。

④按施工过程依次施工时，各施工队组虽能连续施工，但不能充分利用工作面，工期长，且不能及时为上部结构提供工作面。

由此可见，采用依次施工不但工期长，而且在组织安排上也不尽合理。当工程规模较小，施工工作面又有时限，采用依次施工是合适的，也是常见的。

2）平行施工。平行施工可以组织几个相同的专业工作队，在同一时间、不同的工作面上进行施工。各单位工程同时开工，同时竣工。其特征是充分利用工作面，工期可以大大缩短，但单位时间投入的施工资源量成倍增长，现场临时设施也相应增加。

平行施工的优点是能充分利用工作面，完成工程任务的时间最短，即施工工期最短。但由于施工班组数成倍增加（即投入施工的人数增多），机具设备相应增加，材料供应集中，临时设施、仓库和堆场面积也要增加，从而造成组织安排和施工管理困难，增加施工管理费用。如果工期要求不紧，工程结束后又没有更多的工程任务，各施工班组在短期内完成施工任务后，就可能出现工人窝工现象。因此，平行施工一般适用于工期要求紧、规模大的建筑群及分期分批组织施工的工程任务，这种方式只有在各方面的资源供应有保障的前提下才是合理的。

3）流水施工。流水施工是把施工对象划分为若干施工段，每个施工过程的施工队依次连续地在每个施工段进行作业，当前一个施工队完成一个施工段的作业后，就为下一个施工过程提供了作业面，不同的施工过程，按照工程对象的施工工艺要求，先后投入施工，使各施工队在不同的空间可以互不干扰地同时进行不同的工作。流水施工能够充分、合理地利用工作面争取时间，减少或避免工人停工、窝工。而且，由于其连续性、均衡性好，有利于提高劳动生产率，缩短工期。同时，可以促进施工技术与管理水平的提高。

流水施工是在依次施工和平行施工的基础上产生的，它既克服了依次施工和平行施工的缺点，又具有两者的优点。其主要特点是施工具有良好的连续性、均衡性和节奏性，使各种物资可以均衡地使用，使施工企业的生产能力可以充分地发挥，劳动力得到了合理的安排和使用，主要具有以下几点：

①科学地利用了工作面，争取了施工时间，工期比较合理。

②工作队及其工人实现了专业化施工，可使工人的操作技术熟练，更好地保证工程质量，提高劳动生产率。

③专业工作队及其工人能够连续作业，使相邻的专业工作队之间实现了最大限度的合理搭接。

④单位时间投入施工的资源量较为均衡，有利于资源供应的组织工作。

⑤为文明施工和进行现场的科学管理创造了有利条件。

（2）施工进度计划表示方法

工程建设是一个系统工程，必须协调好人、财、物、时、空之间的关系，才能保证工程按预定的目标完成。当人、财、物一定的条件下，合理制订施工方案，科学制订施工进度计划，并统揽其他各要素的安排，是工程建设的核心。同时也可以提高施工单位的管理水平。常用的表示施工进度计划的方法有横道图和网络图。

1）横道图。横道图是用水平线条表示工作流程的一种图表，它是由美国管理学家甘特于 20 世纪初提出的，故横道图也称甘特图。横道图是传统的进度计划表示方法，是反映施工与时间关系的进度图表，其图左边按工作的先后顺序列出项目的工作名称，图右边是进度表，图上边的横栏表示时间，用水平线段在时间坐标下标出项目的进度线，水平线段的位置和长短反映该项目从开始到完工的时间。利用横道图可将每天、每周或每月的实际进度情况进行记录。

横道图的编制步骤：

①分析施工对象的性质，以专业或工序划分工作内容；

②依据施工工艺规律确定各专业或工序的前后衔接关系；

③将构成整个工程的全部分项工程纵向排列填入表中；

④在总工期或上一级进度计划（如月计划要服从年计划或季计划安排）的控制下，安排各项工作内容的完成时间，从而作为生产要素（资源）配置数量的依据；横轴表示可能利用的工期；

⑤绘制横道图。这个日程的分配是为了在预定的工期内完成整个工程，对各分项工程的所需时间和施工日期进行计算分配。

2）网络图。20 世纪 50 年代末，美国陆续出现了一些计划管理的新方法。这些方法的基本原理：首先，应用网络图的形式来表达一项计划中各个工作（如任务、活动、过程、工序）的先后顺序和相互关系；其次，通过计算找出计划中的关键工作和关键线路；再次，通过不断改善网络计划，选择最优方案并付诸实践；最后，在计划执行过程中进行有效的控制与监督，保证最合理地使用各种资源，以最小的消耗取得最大的经济效果。因此，这种方法引起了世界各国的重视，在工业、农业、国防和科研计划与管理中得到了广泛的应用。由于这些方法是建立在网络模型的基础上，并且主要用来进行计划和控制，因此，它又被称为网络计划技术。网络计划技术在建筑工程中，主要应用于建筑工程项目的进度计划管理。

经过长期的实践证明，网络图与横道图相比有许多优点：

①网络图能把工程项目过程中的各有关工作组成一个有机的整体，能全面、明确地表

达出各项工作开展的先后顺序和反映出各项工作之间的相互制约、相互依赖的工作关系。

②能进行各种时间参数的计算，在名目繁多、错综复杂的计划中找出决定工程进度的关键工作，便于项目管理者集中力量抓主要矛盾，确保工期，避免盲目施工，给各层管理者十分清晰的关键线路的概念。

③能够从许多可行方案中，选出最优方案。

④在计划的执行过程中，某一工作由于某种原因推迟或提前时，可以预见工作变更对整个计划的影响程度，并迅速进行调整，保证对计划进行有效的控制与监督。

⑤网络计划中反映出来的各项工作的机动时间，可以更好地调配人力、物力，十分方便地进行工期和资源的优化。

⑥网络图所表达的不仅是项目的工期计划，还是项目活动的流程图。网络图的使用能使项目管理者对项目进行逻辑性的、系统的、通盘的考虑。

根据现行行业标准《工程网络计划技术规程》（JCJ/T 121）的规定，推荐常用的工程网络计划类型有双代号网络计划、单代号网络计划，其基本原理称为统筹法。统筹法是应用网络图形来表达一项工程建设计划各项工作的开展顺序及其相互的关系，通过时间参数计算，找出关键工作和关键线路，并通过优化，寻找计划的最佳方案，同时网络计划也便于在执行中对计划的监督，保证合理地使用人力、物力和财力，以最小的消耗取得最大的经济效果。目前已有不少计算机软件在工程建设领域推广网络计划的绘制和执行中的控制，使网络计划不便于计算资源消耗量的缺点得以改进和克服。

（3）施工进度计划检查方法

在工程项目的实施过程中，为了进行进度控制，进度控制人员应经常地、定期地跟踪检查工程施工的实际进度情况，主要是收集工程项目进度材料，进行统计整理和对比分析，确定实际进度与计划进度之间的关系，其主要工作包括：

1）跟踪检查工程实际进度。跟踪检查工程实际进度是项目进度控制的关键措施，其目的是收集实际施工进度的有关数据。跟踪检查的时间和收集数据的质量，直接影响控制工作的质量和效果。一般检查的时间间隔与工程项目的类型、规模、施工条件和对进度执行要求程度有关。通常可以确定每月、半月、旬或周进行一次。检查和收集资料的方式一般采用进度报表方式或定期召开进度工作汇报会。根据不同需要，检查的内容包括：

①检查期内实际完成和累计完成工程量；

②实际参加施工的劳动力、机械数量和生产效率；

③窝工人数、窝工机械台班数及其原因分析；

④进度管理情况；

⑤进度偏差情况；

⑥影响进度的特殊原因及分析。

2）整理统计跟踪检查数据。收集到的工程项目实际进度数据，要进行必要的整理、按计划控制的工作项目进行统计，形成与计划进度具有可比性的数据。

3）对比实际进度与计划进度。将收集的资料整理和统计成具有与计划进度有可比性的数据后，用工程项目实际进度与计划进度的比较方法进行比较。通过比较得出实际进度与计划进度一致、超前、拖后三种情况。

4）工程项目进度检查结果的处理。按照检查报告制度的规定，将工程项目进度检查的结果，形成进度控制报告向有关主管人员和部门汇报。

进度控制报告是把检查比较的结果、有关施工进度现状和发展趋势，提供给项目经理及各级业务职能负责人的最简单的书面报告。进度控制报告是根据报告的对象不同，确定不同的编制范围和内容而分别编写的。一般分为项目概要级进度控制报告、项目管理级进度控制报告和业务管理级进度控制报告。

通过检查应向企业提供月度进度报告的内容主要包括以下几点：

①项目实施概况、管理概况、进度概要的总说明；

②项目施工进度、形象进度及简要说明；

③施工图纸，材料、物资、构配件的供应进度，劳务记录及预测，日历计划；

④对建设单位、业主和施工者的工程变更指令、价格调整、索赔及工程款收支情况；

⑤进度偏差的状况和导致偏差的原因分析，解决问题的措施，计划调整意见等。

（4）施工进度计划偏差纠正办法

施工进度计划偏差的原因分析：由于工程项目的工程特点，尤其是较大和复杂的工程项目，工期较长，影响进度因素较多。编制计划、执行和控制工程进度计划时，必须充分认识和估计这些因素，才能克服其影响，使工程进度尽可能按计划进行，当施工进度出现偏差时，应考虑有关影响因素，分析产生的原因。

影响施工进度的主要因素：

①工期及相关计划的失误。

a. 拟定计划时遗漏部分必需的功能或工作。

b. 施工计划值（如计划工作量、持续时间）不足，相关的实际工作量增加。

c. 资源数或能力不足，如计划时没有考虑到资源的限制或缺陷，没有考虑到如何完成工作。

d. 出现了施工计划中没有考虑到的风险或状况，使工程实施未达到预定的效率。

e. 在现代工程中，上级（业主、投资者、企业主管）常常在工程开始时就提出很紧迫的工期要求，使承包方或其他设计人、供应商的工期太紧，而且许多业主为了缩短工期，常常压缩承包商做标期、前期准备的时间。

②工程条件的变化。

a. 工作量的变化。可能是由于设计的修改、错误、业主新的要求、修改项目的目标及系统范围的扩展造成的。

b. 外界（如政府、上层系统）对项目新的要求或限制，设计标准的提高可能造成项目资源的缺乏，使工程无法及时完成。

c. 环境条件的变化。工程地质条件和水文地质条件与勘察设计不符，如地质断层、地下障碍物、软弱地基、溶洞及恶劣的气候条件等，都会对工程进度产生影响，造成临时停工或破坏。

d. 发生不可抗力事件。在工程实施中出现意外的事件，如战争、内乱、拒付债务、工人罢工等政治事件；地震、洪水等严重的自然灾害；重大工程事故、试验失败、标准变化等技术事件；通货膨胀、分包单位违约等经济事件都会影响工程进度计划。

③管理过程中的失误。

a. 计划部门与实施者之间、总分包商之间、业主与承包商之间缺少沟通。

b. 工程实施者缺乏工期意识，例如，管理者拖延施工图纸的供应和批准，任务下达时缺少必要的工期说明和责任落实，拖延了工程活动。

c. 项目参加单位对各个活动之间的逻辑关系没有了解清楚，下达任务时也没有做详细的解释。

d. 由于其他方面未完成项目计划规定的任务造成拖延。例如，设计单位拖延设计、运输不及时、上级机关拖延批准手续、质量检查拖延、业主处理问题不果断等。

e. 承包商没有集中力量施工，材料供应拖延，资金缺乏，工期控制不紧。这可能是由于承包商同期工程太多，力量不足造成的。

f. 业主没有集中资金的供应，拖欠工程款，或业主的材料、设备供应不及时。

④其他原因。

由于采取其他调整措施造成工期的拖延，如设计的变更、质量问题的返工、实施方案的修改。

（5）分析进度计划偏差的影响

1）若出现偏差的工作为关键工作，则无论偏差大小，都会对后续工作及总工期产生影响，必须采取相应的调整措施，若出现偏差的工作不是关键工作，需要根据偏差值与总时差和自由时差的大小关系来确定对后续工作和总工期的影响程度。

2）分析进度偏差是否大于总时差，若工作进度偏差的影响大于该工作的总时差，则说明此偏差必将影响后续工作和总工期，必须采取相应的调整措施；若工作的进度偏差小于或等于该工作的总时差，则说明此偏差对总工期无影响，但它对后续工作的影响程度，需要根据比较偏差与自由时差的情况来确定。

3）分析进度偏差是否大于自由时差。若工作的进度偏差大于该工作的自由时差，则说明此偏差对后续工作会产生影响。应根据后续工作允许影响的程度来进行调整。若工作的进度偏差小于或等于该工作的自由时差，则说明此偏差对后续工作无影响，因此，原进度计划可以不做调整。

施工进度计划的调整方法：

1）增加资源投入；

2）改变某些工作的逻辑关系；

3）调整资源供应；

4）增减工作范围；

5）提高劳动生产率。

3. 常用施工进度计划编制方法

建筑安装工程项目施工进度计划是进度控制的依据。通常，需要编制两种施工进度计划，即建筑安装工程项目施工总进度计划和建筑安装施工进度计划。

（1）建筑安装工程项目施工总进度计划的编制

建筑安装工程项目施工总进度计划是对整个群体工程编制的施工进度计划。由于施工的内容较多，施工工期较长，故其计划项目综合性大，较多控制性，较少作业性。

1）编制依据。

①施工合同。施工合同中的施工组织设计，合同工期，开工、竣工日期，关于工期的延误、调施等约定，均是编制施工总进度计划的依据。

②施工进度目标。除了合同约定的施工进度目标，企业本身有自己的施工目标（一般要比合同目标短，以求保险的进度目标），用以指导施工进度计划的编制工期。

③工期定额。工期定额中规定的工期，是施工项目的最大工期限额；在编制施工总进度计划时，以此为最大工期标准，力争缩短而绝对不能超限。

④有关技术、经济资料是指可供参考的施工档案资料、地质资料、环境资料、统计资料等。

⑤施工部署与主要施工方案。施工部署与主要施工方案是施工组织总设计中的内容。编制施工总进度计划应在施工部署和主要施工方案确定后进行。

2）编制步骤。

①计算工程量。工程量可按初步设计（或扩大初步设计）图纸和有关定额手册或资料进行计算。常用的定额、资料有以下几种：

a. 概算指标和扩大结构定额。

b. 每万元、每十万元投资工程量、劳动量及材料消耗扩大指标。

c. 已建成的类似建筑物、构筑物的资料。

②确定各单位工程的施工期限。各单位工程的施工期限应根据合同工期确定，同时还要考虑建筑类型、结构特征、施工方法、施工管理水平、施工机械化程度及施工现场条件等因素。

③确定时间。各单位工程开工、竣工的时间和相互搭接关系，主要考虑以下几点要求：

a. 尽量做到均衡施工，使劳动力、施工机械和主要材料供应在整个工期各单位中达到均衡。

b. 施工顺序必须与主要生产系统投入生产的先后次序相符，同时还要安排好配套工程的施工时间。

c. 注意季节对施工顺序的影响，使施工季节不导致工期拖延、不影响工程质量。

d. 注意主要工种和主要施工机械连续施工。

④编制正式施工总进度计划。

a. 初步施工总进度计划编制完成后，要对其进行检查。主要检查总工期是否符合要求，资源供应是否能够保证，资源使用是否均衡等。

b. 如果出现问题，可进行调整。调整方法可以改变某些工程的起止时间或调整主导工程的工期。

c. 如果是网络计划，可利用计算机分别进行工期优化、费用优化和资源计划优化。

d. 初步施工总进度计划经过调整符合要求后，即可编制正式的施工总进度计划。

⑤编制施工总进度计划说明书。

a. 本施工总进度计划安排的总工期。

b. 总工期与合同工期、指令工期的比较，得出施工提前率。

c. 各单位工程的工期、开工日期、竣工日期与合同约定的比较和分析。

d. 施工高峰人数、平均人数及劳动力不均衡系数。

e. 本施工总进度计划的优点和存在的问题。

f. 执行本计划的重点和措施，有关责任的分配等。

3）编制内容。

①施工总计划的内容包括编制说明、施工进度计划表、分期分批施工工程的开工日期和完工日期及工资一览表、资源需要量及供应平衡表等。

②施工总进度计划表是最主要内容，用来安排各单位工程计划开工、竣工日期、工期、搭接关系及其实施步骤。

③资源需要量及供应平衡表是根据施工总进度计划表编制的保证计划。包括劳动力、材料、构件、商品混凝土、预制构件和施工机械等资源计划。

（2）建筑安装施工进度计划的编制

建筑安装施工进度计划是对单位工程或单体工程编制的施工进度计划的总称。由于其所包含的施工内容具体明确，施工期较短，故其作业性较强，是进度控制的直接依据。

1）编制依据。

①项目管理目标。项目管理目标责任书中有六项内容，其中“应达到的项目进度责任书目标”。是指这个目标既不是合同目标，也不是定额工期，而是项目管理的责任目标，不但有工期，还有开工时间和竣工时间及主要搭接关系等。

②施工总进度计划。单位工程进度计划应执行施工总进度计划中的开工时间、竣工时间、工期安排、计划搭接关系及其说明书。如需要调整，应征得施工总进度计划审批者的同意。

③施工方案。施工方案中所包含的内容都对施工进度计划有约束作用。

④主要材料和设备的供应能力。在编制单位工程施工进度计划时，必须考虑主要材料和机械设备的供应能力是否能够满足需求量的要求。

⑤施工人员的技术素质和劳动效率。施工人员的技术素质高低，影响着施工的进度和质量。因此，施工人员技术素质和劳动效率必须满足施工规定的要求。

⑥对施工现场条件、气候条件、环境条件这三项的调查研究，如果在施工组织总设计中已经编制完成，可继续使用其作为依据，否则要重新调整。

⑦工程进度及经济指标。已建成的同类工程实际进度及经济指标。

2）编制内容。

建筑安装施工进度计划的编制内容包括以下几点：

①编制说明；

②进度计划图（表）；

③资源需要量计划；

④单位工程施工进度计划的风险分析及控制措施。

3）风险分析及控制措施。

①施工项目进度控制常见的风险。

a. 工程变更，工程量增减。

b. 材料等物资供应、劳动力供应、机械供应不及时。

c. 自然条件的干扰。

d. 拖欠工程款。

e. 分包影响。

②风险分析控制措施。

a. 风险分析及控制措施是根据“项目管理实施规则”中的“项目风险管理规则”和“保证进度目标的措施”调整并细化编制的，具有可操作性。

b. 控制措施可以从技术措施、组织措施、经济措施和合同措施4个方面来实施控制。

（3）建筑安装施工进度计划编制的注意事项

1）建筑安装施工进度计划在实施中能控制和调整，便于沟通协调，使工期、资源、费用等目标获得最佳的效果，应能最大限度地调动积极性，发挥投资效益。

2）确定工程项目施工顺序，要突出主要工程，满足先地下后地上，先干线后支线等施工基本顺序要求，满足质量和安全的需要，注意生产辅助装置和配套工程的安排，满足用户要求。

3）确定各项工程的持续时间，应计算出工程量，根据类似施工经验，结合施工条件，加以分析对比和必要的修正，最后确认各项工程的持续时间。

4）在确定各项工程的开工/竣工时间和相互搭接协调关系时，应分清主次抓住重点，优先安排工程量大的工艺生产主线，保证重点兼顾一般。

5）编制建筑安装施工进度计划时，应满足连续均衡施工要求，使资源得到充分的利用，提高生产率和经济效益。

6）进度计划安排中留出一些后备工程，以便在施工过程中作为平衡调剂使用。考虑各种不利条件的限制和影响，为施工进度计划的动态控制做准备。

4. 施工项目进度计划实施情况的检查要点及调整方法

（1）施工项目进度控制的概念

施工项目进度控制是指在既定的工期内，编制出最优的施工进度计划，在执行该计划的施工中，经常检查施工实际进度情况，并将其与计划进度相比较，若出现偏差，应分析产生的原因和对工期的影响程度，找出必要的调整措施，修改原计划，不断地如此循环，直至工程竣工验收。施工项目进度控制的总目标是确保施工项目的既定目标工期的实现，在保证施工质量和不增加施工实际成本的条件下，可适当缩短工期。

（2）施工项目进度控制的原理

1）动态控制原理。工程进度控制是一个不断变化的动态过程。在项目开始阶段，实际进度按照计划进度的规划进行运动，但由于外界因素的影响，实际进度往往会与计划进度出现偏差，产生超前或滞后的现象。这时通过分析偏差产生的原因，采取相应的改进措施，调整原来的计划，使二者在新的起点上重合，并通过发挥组织管理作用，使实际进度继续按照计划进行。在一段时间后，实际进度和计划进度又会出现新的偏差。如此，施工项目进度控制又出现了一个动态的调整过程。

2）系统原理。为了对施工项目实施进度计划控制，必须有施工项目总进度计划、单位工程施工进度计划、分部分项工程进度计划及季度和月（旬）作业计划。这些计划组成了施工项目进度计划系统。施工项目实施全过程的各级负责人，包括项目经理、施工队长、班组长及其所属全体成员组成施工项目实施的完整组织系统，遵照计划目标努力完成施工任务。为了保证施工项目实施还应有一个施工项目进度的检查控制系统，使计划控制得以落实，保证计划按期实施。

3）信息反馈原理。信息反馈是施工项目进度控制的重要环节，施工项目的实际进度通过信息反馈给基层进度控制工作人员，在分工的职责范围内，信息经过加工逐级反馈给上级主管部门，最后到达主控制室，主控制室整理统计各方面的信息，经过比较分析做出决策，调整施工项目进度计划。进度控制不断调整的过程实际上就是信息不断反馈的过程。

4）弹性原理。在编制施工项目进度计划时应留有余地，即使施工项目进度计划具有弹性。在项目进度控制时，可以利用这些弹性，缩短有关工作的时间，使检查前拖延的工期通过缩短剩余计划工期的方法仍能达到预期的计划目标。

5）封闭循环原理。施工项目进度控制通过计划、实施、检查、比较分析、确定调整措施、比较和分析实际进度与计划进度之间的偏差，找出产生的原因和解决的办法，确定调整措施，再修改原进度计划，形成一个封闭的循环系统。

6）网络计划技术原理。网络计划技术原理是工程进度控制的计划管理和分析计算的理论基础。在进度控制中要利用网络计划技术原理编制进度计划，根据实际进度信息，比较和分析进度计划，又要利用网络计划的工期优化、工期与成本优化和资源优化的理论调整计划。

（3）施工项目进度控制的方法

1）行政方法。用行政方法控制施工项目的进度，是指上级单位及上级领导人、本单位领导人，利用其行政地位和权力，发布进度指令，进行指导、协调和考核，利用激励手段（奖、罚、表扬、批评）、监督和督促等方式进行进度控制。使用行政方法进行进度控制，优点是直接、迅速和有效，但应当注意其科学性，防止武断、主观和片面。行政方法应结合政府监理开展工作，多一些指导，少一些指令。行政方法控制进度的重点应是进度控制目标的决策或指导，在实施中应尽量让实施者自行控制，尽量少进行行政干预。

2）经济方法。所谓的进度控制经济方法是指用经济类的手段对进度控制进行影响和制约。在承发包合同中，要有有关工期和进度的条款。建设单位可以通过工期提前奖励和延期罚款实施进度控制，也可以通过物资的供应数量和进度实施进行控制。施工企业内部也可以通过奖励或惩罚的经济手段进行施工项目的进度控制。

3）管理技术方法。施工项目进度控制的管理技术方法是指通过各种计划的编制、优化、实施和调整从而实现施工项目进度控制的方法，主要包括流水作业方法、科学排序方法、网络计划方法、滚动计划方法和电子计算机辅助进度管理等。

（4）施工项目进度计划控制的措施

施工项目进度计划控制的措施包括组织措施、经济措施、技术措施和管理措施，其中最重要的措施是组织措施，最有效的措施是经济措施。

1）组织措施。

①系统的目标决定了系统的组织，组织是目标能否实现的决定性因素，因此应先建立

施工项目的进度控制目标体系。

②充分重视健全项目管理的组织体系，在项目组织结构中应有专门的工作部门和符合进度控制岗位资格的专人负责进度控制工作。进度控制的主要工作环节包括进度目标的分析和论证、编制进度计划、定期跟踪进度计划的执行情况、采取纠偏措施，以及调整进度计划，这些工作任务和相应的管理职能应在项目管理组织设计的任务分工表和管理职能分工表中标示并落实。

③建立进度报告、进度信息沟通网络、进度计划审核、进度计划实施中的检查分析、图纸审查、工程变更和设计变更管理等制度。

④应编制施工项目进度控制的工作流程，如确定施工项目进度计划系统的组成，确定各类进度计划的编制程序、审批程序和计划调整程序等。

⑤施工项目进度控制工作包含了大量的组织和协调工作，而会议是组织和协调的重要手段，建立进度协调会议制度，应进行有关进度控制会议的组织设计，以明确会议的类型，各类会议的主持人及参加单位和人员，各类会议的召开时间、地点，各类会议文件的整理、分发和确认等。

2）经济措施。常见的经济措施包括以下几个方面：

①为确保施工项目进度目标的实现，应编制与施工项目进度计划相适应的资源需求计划（资源进度计划），包括资金需求计划和其他资源（人力和物力资源）需求计划，以反映工程实施的各时段所需要的资源。通过资源需求的分析，可发现所编制的进度计划实现的可能性，若资源条件不具备，则应调整进度计划；同时考虑可能的资金总供应量、资金来源（自有资金和外来资金）及资金供应的时间。

②及时办理工程预付款及工程进度款支付手续。

③在工程预算中应考虑加快工程进度所需要的资金，其中包括为实现项目进度目标将要采取的经济激励措施所需要的费用，如对应急赶工给予优厚的赶工费及对工期提前给予奖励等。

④对工程延误收取误期损失赔偿金。

3）技术措施。技术措施包括以下几个方面：

①不同的设计理念、设计技术路线、设计方案会对工程进度产生不同的影响。在设计工作的前期，特别是在设计方案评审和选用时，应对设计技术与工程进度的关系做分析比较。

②采用技术先进和经济合理的施工方案，改进施工工艺和施工技术、施工方法，选用更先进的施工设备。

4）管理措施。施工项目进度控制的管理措施涉及管理的思想方法、手段、承发包模式、合同管理和风险管理等。在理顺组织的前提下，科学严谨的管理显得十分重要。采取相应的管理措施时必须注意以下问题：

①施工项目进度控制在管理观念方面存在的主要问题是缺乏进度计划系统的观念，分别编制各种独立而互不联系的计划，形成不了计划系统：缺乏动态控制的观念，只重视计划的编制，而不重视对计划进行动态调整；缺乏进度计划多方案比较和选优的观念。合理的进度计划应体现资源的合理使用、工作面的合理安排、有利于提高建设质量、有利于文明施工和合理地缩短建设周期。因此对于建设工程项目进度控制必须有科学的管理思想。

②用工程网络计划的方法编制进度计划必须很严谨地分析和考虑工作之间的逻辑关系，通过工程网络的计算可发现关键工作和关键路线，也可知道非关键工作可利用的时差，工程网络计划的方法有利于实现进度控制的科学化，是一种科学的管理方法。

③重视信息技术（包括相应的软件、局域网、互联网及数据处理设备）在进度控制中的应用。虽然信息技术对进度控制而言只是一种管理手段，但它的应用有利于提高进度信息处理的效率、有利于提高进度信息的透明度、促进进度信息的交流和项目各参与方的协同工作。

④承发包模式的选择直接关系到工程实施的组织和协调。为了实现进度目标，应选择合理的合同结构，以避免过多的合同交界面而影响工程的进展。

⑤加强合同管理和索赔管理，协调合同工期与进度计划的关系，保证合同中进度目标的实现；同时严格控制合同变更，尽量减少由于合同变更引起的工程拖延。

⑥为了实现进度目标，不但应进行进度控制，还应注意分析影响工程进度的风险，并在分析的基础上采取风险管理措施，以减少进度失控的风险量。常见的影响工程进度风险有组织风险、管理风险、合同风险、资源（人力、物力和财力）风险及技术风险等。

（5）施工项目进度控制的内容

施工阶段进度控制的内容一般是从事前控制、事中控制、事后控制 3 个方面来体现。

1）施工项目进度事前控制内容。

①编制建设项目施工进度规划；

②编制单项工程施工进度计划；

③编制工程项目施工进度实施细则；

④协调工程项目施工进度实施过程。

2）施工项目进度事中控制内容。

①实施施工进度计划；

②做好施工进度记录；

③严格进行施工进度检查；

④分析施工进度执行情况，并找出偏差；

⑤修改和调整施工进度计划；

⑥向有关单位和部门报告项目施工进展状况。

3）施工项目进度事后控制内容。

①及时进行项目施工验收工作；

②办理工程索赔；

③整理项目进度资料，并建立相应档案。

（6）施工项目进度计划的实施与检查

1）施工项目进度计划的实施。施工项目进度计划的实施就是施工活动的进展，也是用施工项目进度计划指导施工活动、落实和完成计划。施工项目进度计划应通过编制年、季、月、旬、周施工进度计划实现。年、季、月、旬、周施工进度计划应逐级落实，最终通过施工任务书由班组实施。在施工项目进度计划实施过程中应进行下列工作：

①跟踪计划的实施并进行监督，当发现进度计划执行受到干扰时，应采取调度措施。

②在施工项目计划图上进行实际进度记录，并跟踪记载每个施工过程的开始日期、完成日期，记录每日完成数量、施工现场发生的情况、干扰因素的排除情况。

③执行施工合同中对进度、开工及延期开工、暂停施工、工期延误、工程竣工的承诺。

④跟踪形象进度并对工程量、总产值、耗用的人工、材料和机械台班等的数量进行统计与分析，编制统计报表。

⑤落实控制进度措施应具体到执行人、目标、任务、检查方法和考核办法。

⑥处理进度索赔。对于分包工程，分包人应根据项目施工进度计划编制分包工程施工进度计划并组织实施。项目经理部应将分包工程施工进度计划纳入施工项目进度控制范畴，并协助分包人解决施工项目进度控制中的相关问题。在进度控制中，应确保资源供应进度计划的实现。当出现下列情况时，应采取处理措施：

第一种情况：当发现资源供应出现中断、供应数量不足或供应时间不能满足要求时，应及时通知供货单位，同时动用经常储备材料。

第二种情况：由于工程变更引起资源需求的数量变更和品种变化时，应及时调整资源供应计划。

第三种情况：当发包人提供的资源供应进度发生变化不能满足施工进度要求时，应督促发包人执行原计划，并对造成的工期延误及经济损失进行索赔。

2）施工项目进度计划的检查。在施工项目的实施进程中，为了进行进度控制，进度控制人员应经常、定期地跟踪检查施工实际进度情况，主要是收集施工项目进度材料，进行统计整理和对比分析，确定实际进度与计划进度之间的关系。其主要工作包括以下几点：

①跟踪检查施工的实际进度。跟踪检查施工的实际进度是施工项目进度控制的关键措施。其目的是收集实际施工进度的有关数据。跟踪检查的时间和收集数据的质量，直接影响控制工作的质量和效果。

一般检查的时间间隔与施工项目的类型、规模、施工条件和对进度执行要求的程度有关。通常可以确定每月、半月、旬或周进行一次。若在施工中遇到天气、资源供应等不利因素的严重影响，检查的时间间隔可临时缩短，次数应频繁，甚至可以每日进行检查，或派人员驻现场监督。检查和收集资料的方式一般采用进度报表方式或定期召开进度工作汇报会。为了保证汇报资料的准确性，进度控制的工作人员要经常到现场察看施工项目的实际进度情况，从而保证经常、定期的准确掌握施工项目的实际进度。

检查的内容主要包括在检查时间段内任务的开始时间、结束时间、已进行的时间，完成的实物工程量、资源消耗情况等。

②整理统计检查数据。对于收集到的施工项目实际进度数据，要进行必要的整理，并按计划的工作项目进行统计，要以相同的量纲和形象进度，形成与计划进度可比的数据。一般可以按实物工程量、工作量和劳动消耗量以及累计百分比，整理和统计实际检查的数据，以便与相应的计划完成量相对比分析。

③对比分析实际进度与计划进度。将收集的资料整理和统计成具有与计划进度可比性的数据后，用施工项目实际进度与计划进度的比较方法进行比较。通常用的比较方法有横道图比较法、S 形曲线比较法和“香蕉”形曲线比较法、前锋线比较法和列表比较法等。通过比较得出实际进度与计划进度是相一致的，还是超前的，或拖后的结论，以便为决策

提供依据。

④施工项目进度检查结果的处理。施工项目进度检查要建立报告制度，即将施工进度检查比较的结果、有关施工进度现状和发展趋势，以简要、明了的书面报告形式向有关主管人员和部门汇报。

施工项目进度控制报告的编写，原则上由计划负责人或进度控制人员与其他项目人员协作编写。进度报告时间应与进度检查时间相协调，一般每月报告一次，重要的、复杂的项目每日或每周报告一次。

施工项目进度控制报告根据报告的对象不同，一般分为以下 3 个级别：

a. 项目概要级的进度控制报告是以整个施工项目为对象描述进度计划执行情况的报告。它是报给项目经理、企业经理或业务部门以及监理单位或建设单位（业主）的。

b. 项目管理级的进度控制报告是以单位工程或项目分区为对象说明进度计划执行情况的报告，重点是报给项目经理和企业业务部门及监理单位的。

c. 业务管理级进度控制报告是以某个重点部位或某项重点问题为对象编写的报告，供项目管理者及各业务部门使用，以便采取应急措施。

⑤施工项目进度控制报告的内容主要包括项目实施概况、管理概况、进度概要；项目施工进度、形象进度及简要说明；施工图纸提供进度；材料、物资、构配件供应进度；劳务记录及预测；日历计划；对建设单位、业主和施工者的变更指令等。《建设工程项目管理规范》中对月度施工进度控制报告内容做了以下规定：

a. 进度执行情况的综合描述。

b. 实际施工进度图。

c. 工程变更、价格调整、索赔及工程款收支情况。

d. 进度偏差的状况和导致偏差的原因分析。

e. 解决问题的措施。

f. 计划调整意见。

（7）施工项目进度计划的调整

1）进度偏差分析。通过上述进度比较方法，当发现实际进度与计划进度出现偏差时，应及时分析该偏差产生的主要原因及对后续工作和总工期的影响。如果进度偏差较小，应在分析其产生原因的基础上采取有效措施，解决矛盾，排除障碍，继续执行原计划。若进度偏差较大或经过努力确实不能按原计划实现时，再考虑对原计划进行必要的调整。即适当延长工期，或改变施工速度。计划的调整一般是不可避免的，但应当慎重，尽量减少调整。工作偏差分析概括起来包括以下几个方面：

①分析进度偏差的工序是否为关键工序。当产生偏差的工序是关键工序时，无论偏差大小，都将影响后续工作及总工期，必须采取相应的调整措施；若出现偏差的工序是非关键工序，则需要根据偏差值与总时差和自由时差的大小关系确定对后序工作和总工期的影响程度，采取相应的调整措施。

②分析进度偏差是否大于总时差。当工序的进度偏差大于该工序的总时差时，必将影响后续工作和总工期，必须采取相应的调整措施；若工序的进度偏差小于或等于该工序的总时差时对总工期无影响，但它对后续工序的影响程度需要根据比较偏差与自由时差的情

况来确定。

③分析进度偏差是否大于自由时差。当工序的进度偏差大于该工序的自由时差时，对后续工序产生影响，可根据后续工作允许影响的程度而决定如何调整；若工序进度偏差小于或等于该工序的自由时差则对后续工序无影响，原计划可以不做调整。

综上分析，进度控制人员可以确认应该调整产生进度偏差的工序和调整偏差值的大小，以便确定采取调整的新措施，获得新的符合实际进度情况和计划目标的进度计划。

2）施工项目进度计划的调整方法。

①缩短某些工作的持续时间。通过检查分析，如果发现原有进度计划已不能适应实际情况，为了确保进度控制目标的实现或需要确定新的计划目标，则必须对原进度计划进行调整，以形成新的进度计划，作为进度控制的新依据。这种方法的特点是不改变工作之间的先后顺序，通过缩短网络计划中关键线路上工作的持续时间来缩短工期，并考虑经济影响，实质是一种工期费用优化，通常优化过程需要采取一定的措施来达到目的，具体措施包括以下内容：

a. 组织措施。如增加工作面，组织更多的施工队伍；增加每天的施工时间（如采用三班制等）；增加劳动力和施工机械的数量等。

b. 技术措施。如改进施工工艺和施工技术，缩短工艺技术间歇时间；采用更先进的施工方法，以减少施工过程的数量（如将现浇方案改为预制装配方案）；采用更先进的施工机械，加快作业速度等。

c. 经济措施。如实行包干奖励；提高奖金数额；对所采取的技术措施给予相应的经济补偿等。

d. 其他配套措施。如改善外部配合条件；改善劳动条件；实施强有力的调度等。一般来说，不管采取哪种措施，都会增加费用。因此，在调整施工进度计划时，应利用费用优化的原理选择费用增加量最小的关键工作作为压缩对象。

②改变某些工作之间的逻辑关系。当工程项目实施中产生的进度偏差影响到总工期，且有关工作的逻辑关系允许改变时，不改变工作的持续时间，可以改变关键线路和超过计划工期的非关键线路上的有关工作之间的逻辑关系，达到缩短工期的目的。例如，将顺序进行的工作改为平行作业，对于大型建设工程，由于其单位工程较多且相互间的制约比较小，可调整的幅度较大，所以容易采用平行作业的方法调整施工进度计划。而对于单位工程项目由于受工作之间工艺关系的限制，可调整的幅度较小，所以通常采用搭接作业及分段组织流水作业等方法来调整施工进度计划，有效缩短了工期。但不管是平行作业还是搭接作业，建设工程单位时间内的资源需求量将会增加。

③其他方法。除了分别采用上述两种方法来缩短工期，有时由于工期拖延得太多，当采用某种方法进行调整，其可调整的幅度又受到限制时，还可以同时利用缩短工作持续时间和改变工作之间的逻辑关系等两种方法对同一施工进度计划进行调整，以满足工期目标的要求。

综上所述，施工项目进度计划在实施中的调整必须依据施工进度计划检查结果进行，施工进度计划的调整内容包括施工内容、工程量、起止时间、持续时间、工作关系、资源供应。调整时应采用科学的方法，并应编制调整后的施工项目进度计划。项目经理部应及时进行施工进度控制总结。总结时应依据施工进度计划、施工进度计划执行的实际记录、施工进度计划的检查结果及施工进度计划的调整资料。总结内容包括合同工期目标及计划工期目标的完成情况；施工进度控制经验；施工进度控制中存在的问题及分析；科学的施工进度计划方法的应用情况；施工进度控制的改进意见。

三、装配式混凝土建筑进度管理

1. 施工进度计划编制

（1）计划编制依据

装配混凝土建筑进度计划编制是根据国家有关设计、施工、验收规范编写的，如《装配式混凝土结构技术规程》（JGJ 1）、《装配式混凝土建筑技术标准》（GB/T 51231）、《混凝土结构工程施工质量验收规范》（GB 50204）、《混凝土结构工程施工规范》（GB 50666），部分省市地方规程及单位工程施工组织设计，依据工程项目施工合同、预制构件生产企业生产能力、施工进度目标、专项拆分和深化设计文件，结合施工现场条件、有关技术经济资料进行编制。

（2）计划编制程序

收集编制资料，确定进度控制目标，根据具体工程招投标文件要求，工程项目预制装配率、预制构件生产厂家的生产能力，预制构件最大重量和数量、其他现浇混凝土工程量、后浇混凝土工程量，拟用的吊装机械规格数量、所需劳动力数量、工程拟开工和拟竣工时间，编制预制构件安装的施工工艺流程，编制施工进度计划和必要的说明书。

（3）计划编制内容

1）预制构件生产计划管理。预制构件的生产计划对工程整体进度计划完成影响尤为明显，特别是构件预制装配率较高的工程；预制构件制作工艺可分为固定台模法与机组流水法两种。预制构件的制作过程包括模板的制作与拼装计划，钢筋的制作与加工计划，混凝土的制备计划，构件脱模、养护计划，构件成品场内运输堆放计划等。

预制构件生产计划管理应由预制构件生产单位编制，经施工总包单位、项目监理单位审查，特别是预制构件生产计划应同施工总包编制的单位施工进度计划相协调，做好无缝对接。

2）计划编制具体要求。施工现场应按照项目部单位工程施工进度计划的控制点，制订专门的预制构件安装进度计划。一般应包括下列内容：

进度计划图表，选择采用双代号网络图、横道图，其图表中宜有资源分配。进度计划编制说明应有进度计划编制依据，包括计划目标、关键线路说明、资源需求说明。

①编制的专项施工计划中主要包括各分项工程工序之间的逻辑关系，预制构件及材料采购规格、数量，预制构件及材料分阶段运抵现场的时间，预制构件安装同后浇混凝土之间的衔接工序。

②基础施工阶段计划：基础开挖阶段计划应充分考虑在拟建建筑物四周留出足够堆放预制构件的经硬化的场地和运输道路，安装的塔式起重机位置及进场时间，汽车式起重机或履带式起重机进退场时间；基坑支护方案应充分考虑预制构件及运输车辆对基坑周边的

附加荷载的不利影响，编制施工进度计划作用是科学控制施工进度，便于所需预制构件及其他材料分批采购，合理安排劳动力，动态控制施工成本费用。

③主体施工阶段计划：主体施工阶段计划应充分考虑塔式起重机、汽车式起重机或履带式起重机吊装预制构件就位时间，后浇混凝土支模、绑扎钢筋、混凝土成型的计划时间，后浇混凝土内部水电暖通、弱电预留预埋时间，编制施工进度计划作用是科学控制施工进度，预制构件同后浇混凝土合理穿插工序，预制构件中预留预埋同后期水电暖通、弱电穿线穿管配合衔接时间，土建专业同设备专业合理穿插工序，合理安排劳动力，动态控制施工成本费用。

④装饰装修施工阶段计划：装饰装修施工阶段计划应充分考虑部品就位时间，主体结构同装饰装修合理安排施工时间，内部水电暖通、弱电系统末端设施安装同装饰装修部品安装合理穿插工序时间，现场部分湿作业装饰时间，编制施工进度计划作用是科学控制施工进度，合理安排劳动力和资源供应，能够保证顺利竣工。

2. 装配式混凝土建筑施工进度控制

（1）施工进度控制方法

由于施工进度控制是一个不断进行的动态控制，况且预制构件生产计划由施工现场外委托加工分包企业承担，预制构件进场时间可能有所变化，故实际进度同计划进度有偏差，因此，要随时分析产生偏差的原因，预制构件同后浇混凝土合理穿插工序，衔接合理，随时采取相应措施，及时调整优化计划，使实际进度同计划进度相符。

1）行政方法

专项施工员会同项目部经理利用行政命令，进行指导、协调、考核，利用激励手段，督促预制构件生产单位按期完成构件加工任务，并及时送到施工现场，督促预制构件施工安装进度按照预定计划科学有效地实施。

2）经济手段

项目经理及专项施工员利用分包合同或其他经济责任状，对预制构件生产单位和施工现场作业班组或劳务队人员进行控制约束，采取提前奖励拖后处罚的方法，确保预制构件专项施工安装进度按时完成。

3）管理方法

在施工安装中通过采用施工人员多年自行总结的适用性操作办法，确保既定专项预制构件施工安装进度计划目标能够实现。

4）组织措施

项目经理及专项施工员通过科学组织合理安排，联系预制构件生产单位按每楼层所需构件及时按期运送到施工现场，安装构件时将施工项目分解成若干细节，如地下室及楼层现浇层完工时间，每一楼层预制构件或部品安装完工时间；落实到作业班组或劳务队，达到预定施工进度计划要求。

5）技术措施

采用新工艺、新技术、新材料、新设备及适用的操作办法，如预制叠合楼板采用钢独立支撑或盘扣式脚手架系统；剪力墙或框架柱采用钢斜支撑，加快预制构件施工安装进度。选用合理的吊装机械或开发适合具体工程使用的专用吊装机械及机具、后浇混凝土部分采用定型钢模板、塑料模板或铝模板及支撑系统，加快后浇混凝土施工进度，缩短施工持续时间。

6）经济合同措施

同预制构件生产企业密切沟通，使预制构件按照标准层施工计划尽量根据每一标准层所用的数量规格分批进场，减少或消除现场构件二次周转次数，从而降低安装机械费和人工费用；安装作业阶段应同作业班组或劳务分包方订立具体的专项承包合同，确保预制构件施工进度按时完成，按期完成进行经济奖励，安装工期拖后对作业班组或劳务分包进行经济处罚。

专项施工员会同项目部经理确保专项工程进度的资金落实，留足采购预制构件及相关材料的专项资金，按时发放作业班组或分包方工资，对施工操作人员采用必要的奖惩手段，保证施工工期按时完成。

（2）进度阻碍原因分析

1）设计优化信息不通畅。装配式混凝土建筑与传统建筑在设计上存在着较大的不同，其对建筑设计方案优化所需时间更长，需要建设单位、施工单位、监理单位、设计单位等多方参与进来，对设计方案进行探讨和协商，从而就设计方案中存在的问题进行解决，保证设计方案的可行性。这就需要加强各参与方之间的沟通，加强信息的共享。而当前却存在着设计信息不流畅的问题，其主要原因就是各参与方之间缺乏沟通交流，没有认识到自身的责任，从而对前期的各项工作造成影响，进而延长了设计时间。因此，打造良好的沟通平台，加强各方的交流十分重要。

2）构件制作阶段进度缓慢。装配式混凝土建筑增加了预制构件生产的环节，其所需要的构件都是在工厂进行生产，这就使得构件生产、吊装、存放及运输等都成为项目进度管理中的重点内容。但在实际的生产过程中存在着构件制作进度缓慢的情况，主要原因为我国装配式混凝土建筑仍处于发展的初期阶段，生产规模相对较小，而且构件从生产到运输的生命周期相对较长，不能达到预期的目标，这就对装配式混凝土建筑施工周期形成了影响，也是目前较难控制的问题，亟待采取有效措施来提高工作效率。

3）建造施工阶段过于混乱。装配式混凝土建筑在施工阶段是直接将制作完成的构件进行现场装配，与传统建筑施工方式有着很大不同。所以在装配式混凝土建筑施工中，构件的存放、吊装是进度管理中的核心内容。但当前在施工阶段却存在不少的问题，构件入场并没有进行详细的信息登记，缺乏专业管理人员进行看管，构件存放较为混乱，这就严重影响了吊装作业的实施。而且在吊装施工中，受人员因素的影响，使信息录入存在偏差，指挥时主观意识较强，从而导致吊装工作很容易出现质量问题，进而对施工进度造成严重的影响。

4）现场装配阶段。在装配式混凝土建筑现场施工过程中，主要是对构件进行现场装配作业，在项目进度管理中，可借助BIM技术实现信息数据的实时共享，建立4D时空模型，对现场装配过程实现可视化动态管理。通过采集预制构件的详细信息，并将其制作折线图，结合施工进度计划，对现场装配过程中可能存在的延误因素进行分析，并且积极沟通制定解决措施。此过程能够实时反映施工进度，直观地体现装配流程和材料、人工等情况。在现场装配之前，可对塔吊等大型设备作业进行模拟，确定塔吊位置的合理性，相互之间不会存在干扰，对构件摆放位置和场地机械操作路线进行合理规划，避免施工现场出现混乱，避免出现安全事故和延误工期。在现场装配过程中，通过 BIM 技术的信息交流平台能够起到纽带的作用，施工单位通过交流平台能全面、准确地了解设计意图，而且当施工出现变更时，也能够及时掌握并进行调整，从而有效保证了施工进度。同时，构件安装时可以将信息标签与 BIM 模型坐标进行对比，及时发现是否存在偏差，发现偏差时及时预警，从而保证施工人员安装时能及时纠正错位，避免对施工进度造成影响。

（3）进度管控措施

1）一般措施。

①组织措施：增加预制构件安装施工工作面，增加工程施工时间，增加劳动力数量，增加工程施工机械和专用工具等。

②技术措施：改进工程施工工艺和施工方法，缩短工程施工工艺技术间歇时间，在熟练掌握预制构件吊装安装工序后改进预制构件安装工艺，改进钢套筒或金属波纹管套筒灌浆工艺等。

③经济措施：对工程施工人员采用“小包干”和奖惩手段，对于加快的进度所造成的经济损失给予补偿。

④其他措施：加强作业班组或劳务队思想工作，改善施工人员生活条件，劳动条件等，提高施工人员的工作积极性。

2）构件生产及运输。构件生产及运输主要影响供货计划，供货不及时将影响现场安装进度，构件生产及运输须满足以下要求：

①构件生产厂家根据构件数量、构件生产难度、构件堆放场地、构件养护条件、生产单位的产能等提前确认生产计划，组织生产备货，准时供应成品构件。

②构件生产厂家确保构件生产质量且在发生质量缺陷时能及时更换相同构件。

③运输过程中采用运输防护架、木方、柔性垫片等成品保护措施。

④应就近选择构件生产厂家，合理规划到施工现场的运输路线，评估路况，合理安排运输时间。

3）现场道路、场地准备。施工现场道路和场地须满足构件运输车辆行驶要求及构件堆场要求，确保运输车辆不在场地内拥堵，影响车辆作业时间，具体应包括：

①道路应设计成环形道路，保证运输畅通，道路转弯半径应大于 10 m。

②道路宽度不小于 6 m，净高不小于 6.5 m。

③当道路和堆场位于地下室顶板上时应采取顶撑加固措施。

④道路和堆场的规划应考虑塔吊的覆盖半径。

4）现场备料及堆场设计。现场的备料数量及堆场的设计须保证安装作业不会出现停滞，具体须满足以下要求：

①构件数量较多，工期较紧时可在现场备料 1～2 层，确保现场施工的连续性。当构件数量较少时，可无须安排堆场，直接从运输车辆上起吊安装，减少现场周转运输时间。

②构件堆场应防止构件损坏以及安装混乱对工期产生的不利影响。

③务必按照安装顺序合理堆放构件，确保安装效率最大化。

④构件堆放时应安排堆放间距 1 m 左右，确保安装时不会相互产生影响，且方便工人操作，以加快安装效率。图 8-33 为某项目构件堆放。

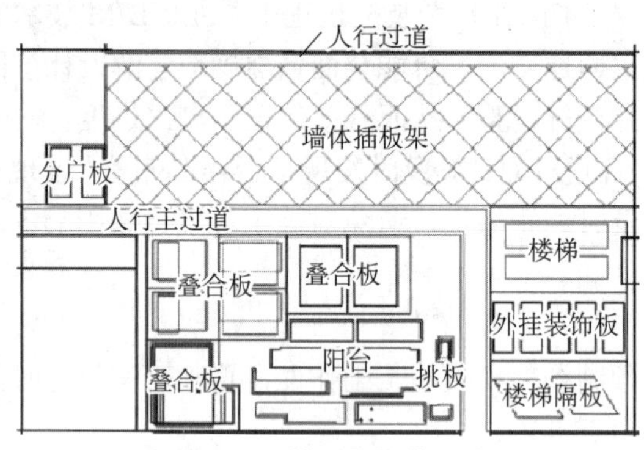

图 8-33　某项目构件堆放

⑤在卸车堆场时，按先吊放最外侧、后吊放内侧的顺序一次摆放至定型堆架上，不得混淆。

⑥需要及时跟进进货计划，联系构件厂人员确认供货的楼层、批次、时间及地点，进货堆场做到与现场施工有序错开，做到精细化管理。

5）吊装机械选择。为保证吊装作业进度正常，须对吊装机械的型号、数量、平面布置进行提前策划，须满足以下要求：

①根据构件质量、数量及力矩等数据合理选择吊装机械，确保构件安装作业及构件堆场作业正常。

②根据现场场布、施工流水、施工工期等规划吊装机械型号、数量、进场时间，确保构件安装流水作业，不会产生堆积、窝工现象。

6）穿插流水组织。不同施工段的流水安排及不同工序之间的合理穿插可加快单层吊装进度，在进行施工流程策划时须考虑以下因素和原则：不同工序穿插时应满足流水节拍相等或呈倍数关系；工序穿插时应有足够的工作面，便于施工；关键工序的进度控制是所有工序进度控制的重点。

7）施工过程控制。

①确保收面平整度和楼层标高，减少吊装偏差修整时间。

②合理安排班组，做到流水施工。

③钢筋绑扎与吊装作业穿插进行，不占用工期。

④合理选择支撑体系，若有叠合板构件则推荐采用独立支撑体系，其余情况可采用满堂架支撑体系。

⑤前期策划时须安排好构件吊装顺序，吊装应按照顺序依次进行，为后续工序提供操作面。

第十四节　工程测量信息化

一、智能测量技术

智能测量技术是指在结构施工的不同阶段，采用基于全站仪、电子水准仪、地理信息系统、北斗卫星定位系统、三维激光扫描仪、数字摄影测量、物联网、无线数据传输、多源信息融合等多种智能测量技术，解决特大型、异形、大跨径和超高层等复杂结构、混凝土结构工程中传统测量方法难以解决的测量速度、精度、变形等技术难题，实现对构件安装精度、质量与安全、工程进度的有效控制。主要包括以下内容：

（1）高精度三维测量控制网布设技术

采用北斗空间定位技术，利用同时智能型全站仪[具有双轴自动补偿、伺服马达、自动目标识别（ATR）功能和机载多测回测角程序]和高精度电子水准仪及条码因瓦水准标尺，按照现行国家标准《工程测量规范》（GB 50026），建立多层级、高精度的三维测量控制网。

（2）钢结构地面拼装智能测量技术

使用智能型全站仪及配套测量设备，利用具有无线传输功能的自动测量系统，结合工业坐标测量软件，实现空间复杂钢构件的实时、同步、快速地面拼装定位。

（3）构件精准空中智能化快速定位技术

采用带无线传输功能的自动测量机器人对空中构件安装进行实时跟踪定位，利用工业坐标测量软件计算出相应控制点的空间坐标，并同对应的设计坐标相比较，及时纠偏、校正，实现钢结构快速精准安装。

（4）基于三维激光扫描的高精度钢结构质量检测及变形监测技术

采用三维激光扫描仪，获取安装后的钢结构空间，通过比较特征点、线、面的实测三维坐标与设计三维坐标的偏差值，从而实现钢结构安装质量的检测。该技术的优点是通过扫描数据可实现对构件的特征线、特征面进行分析比较，比传统检测技术更能全面反映构件的空间状态和拼装质量。

（5）基于数字近景摄影测量的高精度钢结构性能检测及变形监测技术

利用数字近景摄影测量技术对钢结构桥梁、大型钢结构进行精确测量，建立钢结构的真实三维模型，并同设计模型进行比较、验证，确保钢结构安装的空间位置准确。

（6）基于物联网和无线传输的变形监测技术。

通过基于智能全站仪的自动化监测系统及无线传输技术，融合现场钢结构拼装施工过程中不同部位的温度、湿度、应力应变、北斗定位数据等传感器信息，采用多源信息融合技术，及时汇总、分析、计算，全方位反映钢结构的施工状态和空间位置等信息，确保结构工程施工的精准性和安全性。

二、常用智能测量设备与系统

（1）数字水准仪

电子水准仪又叫数字水准仪，由基座、水准器、单远镜及数据处理系统组成，电子水准仪是以自动安平水准仪为基础，在望远镜光路中增加了分光镜和探测器（CCD）。并采用条纹编码标尺和图像的处理电子系统而构成的光机电一体化的高科技产品（图 8-34）。

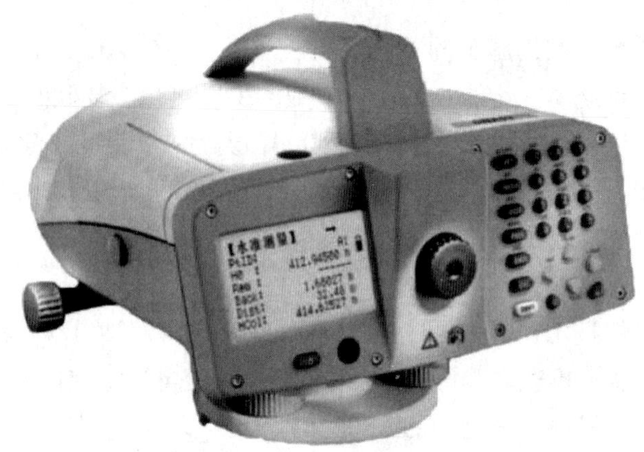

图 8-34　数字水准仪

目前，电子水准仪的照准标尺和调焦仍需目视进行。人工调试后，标尺条码一方面被成像在望远镜分化板上，供目视观测；另一方面通过望远镜的分光镜，又被成像在光电传感器（又称探测器）上，供电子读数。由于各厂家标尺编码的条码图案各不相同，因此条码标尺一般不能互通使用。当使用传统水准标尺进行测量时，电子水准仪也可以像普通自动安平水准仪一样使用，不过这时的测量精度低于电子测量的精度，特别是精密电子水准仪，由于没有光学测微器，当作普通自动安平水准仪使用时，其精度更低。

（2）三维激光扫描仪

三维激光扫描系统主要由三维激光扫描仪、计算机、电源供应系统、支架及系统配套软件构成。三维激光扫描仪作为三维激光扫描系统的主要组成部分，是由激光射器、接收器、时间计数器、马达控制可旋转的滤光镜、控制电路板、微电脑、CCD 机及软件等组成，是测绘领域的一次技术革命。它突破了传统的单点测量方法，具有高效率、高精度的独特优势。三维激光扫描技术能够提供扫描物体表面的三维数据，因此可以用于获取高精度高分辨率的数字地形模型。

三维激光扫描技术是近年来出现的新技术，在国内越来越引起研究领域的关注。它是利用激光测距的原理，通过记录被测物体表面大量的密集的点的三维坐标、反射率和纹理等信息，可快速复建出被测目标的三维模型及线、面、体等各种图件数据。由于三维激光扫描系统可以密集、大量获取目标对象的数据点，因此相对于传统的单点测量，三维激光扫描技术也被称为从单点测量进化到面测量的革命性技术突破。该技术在文物古迹保护、建筑、规划、土木工程、工厂改造、室内设计、建筑监测、交通事故处理、法律证据收集、灾害评估、船舶设计、数字城市、军事分析等领域也有了很多的尝试、应用和探索。三维激光扫描系统包含数据采集的硬件部分和数据处理的软件部分。按照载体的不同，三维激光扫描系统又可分为机载、车载、地面和手持型。它主要应用于逆向工程，负责曲面抄数，工件三维测量，针对现有三维实物（样品或模型）在没有技术文档的情况下，可快速测得物体的轮廓集合数据，并加以建构，编辑，修改生成通用输出格式的曲面数字化模型。

（3）数字摄影测量系统

数字摄影测量是指基于摄影测量的基本原理，应用计算机技术提取所摄对象用数字方式表达的几何与物理信息的测量方法。

数字摄影测量测图是利用计算机对数字影像或数字化影像进行处理，由计算机视觉（其核心是影像匹配与影像识别）代替人眼的立体量测与识别，完成影像几何与物理信息的自动提取。此时不再需要传统的光机仪器的人工操作方式，而是自动化的方式。若处理的原始资料是光学影像（即相片），则需要利用影像数字化仪对其数字化。按对影像进行数字化的程度，又可分为混合数字摄影测量与全数字摄影测量。

①混合数字摄影测量

混合数字摄影测量通常是在解析测图仪上安装一对 CCD 数字相机，对要进行量测的局部影像进行数字化，由数字相关（匹配）获得点的空间坐标。Zeiss 的解析测图仪 C100 附加一对 CCD 相机构成可自动量测物体表面的系统。原 Wild 与 Kern 的解析测图仪也可以构成类似的系统。海拉瓦的 DCCS（Digital Compaprator Correlation System）也属于此种系统。

②全数字摄影测量

全数字摄影测量（也称软拷贝摄影测量）处理的是完整的数字影像，若原始资料是相片，则首先利用影像数字化仪对影像进行完全数字化。利用传感器直接获取的数字影像可直接进入计算机，或记录在磁带上，通过磁带机输入计算机。由于自动影像解释仍然处于研究阶段，因而全数字摄影测量主要是生成数字地面模型（DTM）与正射影像图。其主要内容包括方位参数的解算、沿核线重采样、影像匹配、解算空间坐标、内插数字表面模型（如 DTM）、自动绘制等值线、数字纠正产生正射影像及生成带等值线的正射影像图等。

第十五节　文明施工信息化

一、文明施工

文明施工是保持施工现场良好作业环境、卫生环境和工作程序的重要途径。主要包括规范施工现场的场容，保持作业环境的整洁卫生；科学组织施工，使生产有序进行；减少施工对周围居民和环境的影响，遵守施工现场文明施工的规定和要求，保证职工的安全和身体健康。

文明施工措施有以下几点：

1）施工现场必须设置明显的施工标牌，标明工程项目名称、建设单位、设计单位、施工单位、项目经理和施工现场总代表人的姓名、开工和竣工日期、施工许可证批文号等。施工单位负责现场标牌的保护工作。

2）施工管理人员在施工现场应佩戴证明其身份的证卡。

3）按照施工总平面布置图设置各项临时设施。包括现场堆放的大宗材料、成品、半成品和机具设备不得侵占场内道路及安全防护等设施。

4）施工现场对用电线路、用电设施的安装和使用必须符合安装规范与安全操作规程的规定，并按照施工组织设计进行架设，严禁任意拉线接电。施工现场必须有保证施工安全的夜间照明及潮湿场所的照明和手持照明灯具，必须采用符合安全要求的电压。

5）施工机械应当按照施工组织设计总平面图规定的位置和线路设置，不得任意侵占场内道路。施工机械进场必须经过安全检查，合格后方能使用。施工机械操作人员必须按有关规定培训合格后上岗。

6）应保持施工现场道路畅通，排水系统处于良好的使用状态；保持场容场貌的整洁，随时清理建筑垃圾。在车辆、行人通行的地方施工，应当设置施工标志，并对沟、井、坎、穴进行封闭。

7）施工现场对各种安全设施和劳动保护器具必需定期检查和维护，及时消除隐患，保证其安全有效。

8）施工现场必需设置各类必要的职工生活设施，并符合卫生、通风、照明要求。职工的膳食、饮水等应当符合卫生要求。

9）应当做好施工现场安全保卫工作，采取必要的防盗措施，在现场周边设立维护设施。

10）应当严格依照《中华人民共和国消防条例》的规定，在施工现场建立和执行防火管理制度，设置符合消防要求的消防设施，并保持完好的备用状态。在容易发生火灾的地区施工，或存储、使用易燃易爆器材时，应当采取特殊的消防安全措施。

11）施工现场发生的工程建设重大事故处理，依照《工程建设重大事故报告和调查程序规定》执行。

二、施工现场环境保护

施工现场环境保护要按照国家法律法规、各级主管部门和企业的要求，保护和改善作业现场环境，控制现场各种粉尘、废水、废气、固体废弃物、噪声、振动等对环境造成的污染和危害。

1. 环境保护措施

1）妥善处理泥浆水，未经处理不得直接排入城市设施和河流。

2）除设有符合规定的装置外，不得在施工现场熔融沥青或焚烧油毡、油漆及其他会产生有毒有害烟尘和恶臭气体的物质。

3）使用密封式的筒体或采取其他措施处理高空废弃物。

4）采取有效措施控制施工过程中的扬尘。

5）禁止将有害有毒废弃物用作土方回填。

6）对产生噪声、振动的施工机械，应采取隔声材料降低噪声，避免夜间施工，减轻噪声扰民。

2. 环境治理措施

（1）施工现场空气污染物的处理

1）严格控制施工现场和施工运输过程中的降尘和飘尘对周围大气的污染，可采用清扫、洒水、覆盖密封等措施降低污染。

2）严格控制有毒有害气体的产生和排放。如禁止随意燃烧油毡、橡胶、塑料、皮革、树叶、枯草、各种包装物等废弃物品，尽量不使用有毒有害的涂料等化学物质。

3）所有机动车尾气排放必须符合国家现行标准。

（2）对施工现场污水处理

1）控制污水排放；

2）改革施工工艺，减少污水产生；

3）综合利用废水。

（3）施工现场噪声污染的处理

噪声控制可从声源、传播途径、接收者防护等方面来考虑。

1）声源控制。从声源上降低噪声，这是防止噪声污染的根本措施。包括尽量采用低噪声的设备和工艺代替高噪声设备与加工工艺；在声源处安装消声器消声，严格控制人为噪声。

2）传播途径控制。在传播途径上控制噪声的方法主要有吸声、隔声、消声、减振降噪等。

3）接收者防护。让处于噪声环境下的人员使用耳塞、耳罩等防护用品，减少相关人员在噪声环境中的暴露时间，以减轻噪声对人体的危害。

（4）固体废弃物的处理

1）物理处理。包括压实浓缩、破碎、分选脱水、干燥等。

2）化学处理。包括氧化还原、中和、化学浸出等。

3）生物处理。包括好氧处理、厌氧处理等。

4）热处理。包括焚烧、热解、焙烧、烧结等。

5）固化处理。包括水泥固化法、沥青固化法等。

6）回收利用。包括回收利用和集中处理等资源化、减量化方法。

7）处置。包括土地填埋、焚烧、贮留池贮存等。

三、文明施工信息化管理场景

1. 扬尘、噪声监测

在工地现场主出入口内侧设置扬尘、噪声监测点，数据采样口应设置在距离地面 3 m 以上的地方，需准备一块专门的 LED 单色显示屏，具备自动校准和设备故障报警提示功能，可对 $PM_{2.5}$、PM_{10}、TSP、风向风速、噪声等环境相关参数实时监测和显示，并将数据传输到项目平台，系统对超标指数情况进行预警报警（图 8-35）。

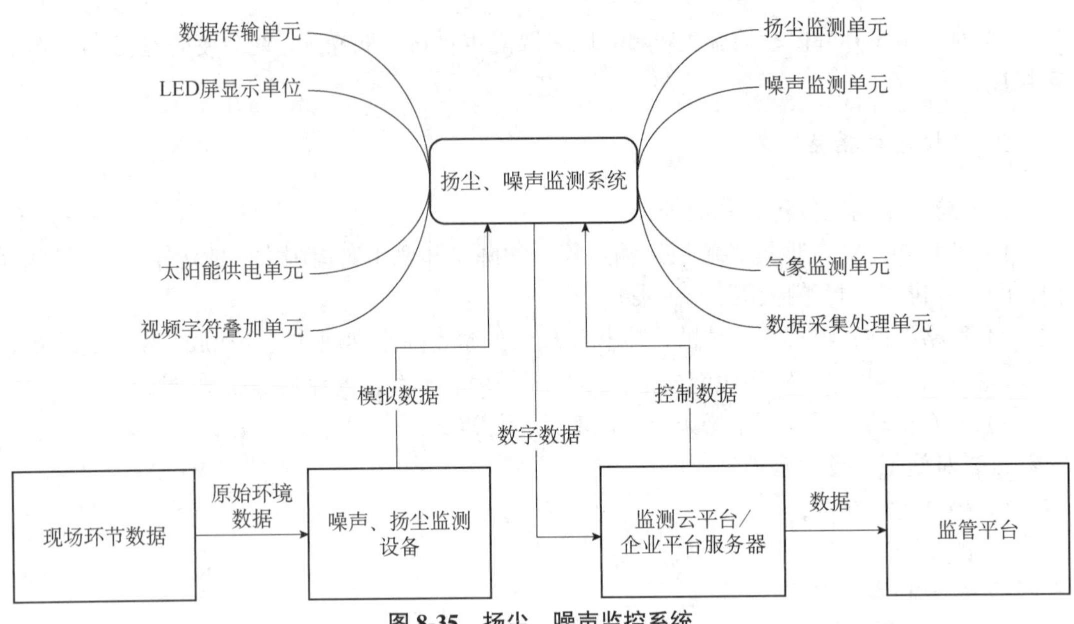

图 8-35　扬尘、噪声监控系统

扬尘噪声监测系统会实时获取现场监测数据，项目平台可及时获取各种监测数据和预警信息，并对接至监管平台。进行现场报警联动配置后，扬尘超标可自动启动喷淋或雾炮装置（图 8-36）。

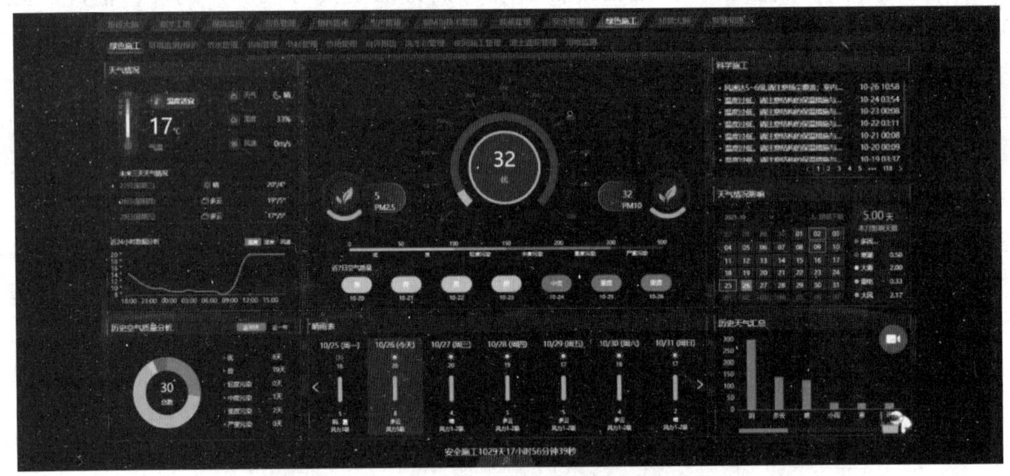

图 8-36　扬尘、噪声监测系统实时数据

2. 车辆冲洗监测系统

对于所有出场渣车，必须进行车辆冲洗，抑制施工现场扬尘污染，改善施工现场环境，提升现场施工文明，提高道路清洁度，促进城市环境品质。安装监控设备可以有效威慑出场车辆，对于无视规定的车辆也可形成追溯证据。

车辆冲洗监测系统主机和远程监测管理平台组成。主机安装在工地现场的洗车池出口端，依靠智能识别高清摄像头分析系统和水流传感器监测传输系统；通过无线网络把车辆未清洗的各种参数、图像实时上传至车辆冲洗监测系统（图 8-37）。

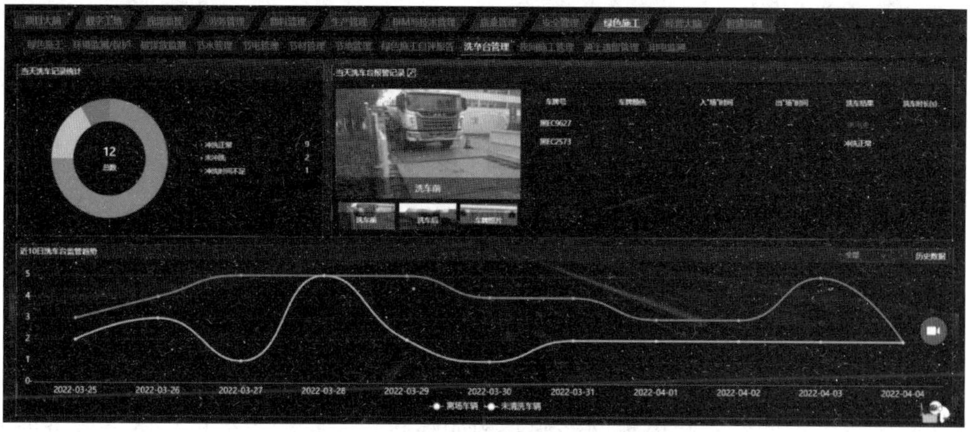

图 8-37　车辆冲洗监测系统实时展示

3. 扬尘多点监测

项目根据周边环境和现场施工情况，增设扬尘监测点，避免扬尘对周边敏感区域、建筑的影响，扬尘、噪声共用一套项目平台系统。

4. 噪声多点监测

在主要噪声源和毗邻工地周边存在声敏感建筑和噪声敏感区域增设噪声监测点，监测噪声对周边区域的影响，对超标情况进行预警和报警，语音提醒现场人员和相关管理负责人，及时进行处理，扬尘噪声共用一套项目平台系统。

5. 喷淋联动控制管理

扬尘、噪声监测系统中配置了雾炮联动，现场触发预警之后，可控制联动雾炮或其他喷淋设备进行自动降尘处理。

6. 气象监测

根据工地现场周边环境设置小型气候气象监测点，并满足以下要求：

1）小型气候气象监测点应包括温度、湿度、风向、风速、环境、空气质量等参数的气象监测功能。

2）小型气候气象监测点应具备气象监测超标判定的现场声光报警、远程报警及设备故障报警功能。

3）具备实时监测、本地显示、在线传输、离线传输、移动客户端查询等信息化功能。

7. 固废垃圾信息化管理

建设项目监管平台提供相应数据管理模块，建立专门的固废垃圾处理档案，对施工现场的各种固废垃圾进行信息化管理。

第九章 信息安全管理

信息与人们的工作、学习、生活息息相关，在信息飞速发展的时代各种信息以不同的方式存储在实体介质和虚拟网络中，例如银行、医院的数据库，网络服务商的数据，这些信息如果不能被很好地保存和使用，那么将对个人隐私、公私财产造成不可估量的损害。

信息安全管理是一个庞大而又复杂的工程，因此，在设计信息系统时需要多角度、全方位的整合、测试、整理、规划和实施。与此同时，信息系统的各个模块也在不停地变化，模块之间整合过程中的安全缺陷对系统造成安全威胁，我们通过所说的“木桶原理”可以充分地说明这个问题，即组成木桶需要由若干个木块，木块的长短不一，决定木桶容量的不是最长的木块，恰恰是最短的木块，这就好比信息系统中的信息安全程度取决于所有模块中最不稳定的部分、安全度最薄弱的地方，所以在信息的产生、传递、存储、使用和销毁的事件中，每个事件本身和事件之间的过程中都会出现安全隐患。

信息安全的技术管理是十分复杂的，它是由涉密载体的管理和相关人员、相关设备设施的管理等共同构成的、信息安全的行政管理包括安全组织结构、人事安全管理、应急处置方案等，信息安全的技术管理和行政管理就构成了信息安全管理，信息安全管理的能力就来源于技术、管理和人，三位一体，缺一不可。其中管理是手段，技术是基本要求，人是基础，也是信息安全管理中最薄弱的一环。信息安全管理给国家，集体、个人在各种层面带来了最基本的安全保障，在信息流通的过程中，如何保证信息能够不被以任何形式泄露，是信息具有可用性、可靠性、准确性、时效性和传播性的基本属性的基础，这对于信息来说是至关重要的，信息安全管理中人和技术是相互作用的，个人能力的强弱取决于对技术的掌握程度，有效的管理方法是个人和技术的基础，技术的发展应用要靠人的智慧来推动，三者合理的融合就构成了保密安全体系。

信息安全管理，是确保信息在流通的各个环节中始终保持其应有的基本属性。信息安全是一个相对宽泛的概念，凡是对信息、信息系统、载体、场所、人员、安全保密产品的安全保护，内容涉及安全属性的相关技术和理论都是信息安全管理的研究领域。

第一节 信息安全风险管理

一、信息安全风险管理基础知识

安全管理是信息安全中非常重要的一环。要实现较完善的安全管理，必须分析和评估安全需求，建立满足需求的计划，然后实施这些计划，并进行日常维护和管理。由此可见，安全管理过程的第一步就是要建立一个全局安全目标，然后将其整合到机构的安全政策中去。实现这一要求的关键是明确所拥有和需要保护的信息资产，对资产面临的风险进行评估和控制，将风险减小到可以接受的水平。

（1）安全风险（Security Risk）

所谓安全风险（以下简称风险）就是威胁利用资产的一种或多种脆弱性，导致资产丢失或损害的潜在可能性，即威胁发生的可能性与后果的结合。通过确定资产价值及相关脆弱性水平，可以得出风险的度量值。

（2）风险评估（Risk Assessment）

风险评估是对信息和信息处理设施的威胁、影响（安全事件所带来的直接损失和间接损失）和脆弱性及三者发生可能性的评估。

作为风险管理的基础，风险评估是组织确定信息安全需求的一个重要途径，属于组织信息安全管理体系策划的过程。风险评估的主要任务包括以下五个方面。

1）识别组织面临的各种风险；

2）评估风险概率和可能带来的负面影响；

3）确定组织承受风险的能力；

4）确定风险降低和控制的优先等级。推荐风险降低对策；

5）风险评估也就是确认安全风险及其大小的过程，即利用适当的风险评估工具，包括定性和定量的方法，确定资产风险等级和优先控制顺序。

（3）风险管理（Risk Management）

所谓风险管理就是以可接受的代价识别、控制、降低或消除可能影响信息系统的安全风险的过程。风险管理通过风险评估来识别风险大小，通过制定信息安全方针、采取适当的控制目标与控制方式对风险进行控制，使风险被避免、转移或降至一个可被接受的水平。风险管理还应考虑控制费用与风险之间的平衡。

在风险管理过程中，有几个关键的问题需要考虑。首先，要确定保护的对象（或者资产）是什么？它的直接和间接价值如何？其次，资产面临哪些潜在威胁？导致威胁的问题是什么？威胁发生的可能性有多大？第三，资产中存在哪些弱点可能会被威胁所利用？利用的容易程度又如何？第四，一旦事件发生，组织会遭受怎样的损失或者面临怎样的负面影响？最后，组织应该采取怎样的安全措施才能将风险带来的损失降低到最低程度？解决以上问题的过程，就是风险管理的过程。

（4）安全需求（Security Demand）

分析和定义安全需求，并以保密性、完整性及可用性等方式明确地表达出来，有助于指导安全控制机制的选择和风险管理的实施。在信息安全体系中，要求组织确认三种安全需求。

①评估出组织所面临的安全风险，并控制这些风险的需求。

②组织、贸易伙伴、签约客户和服务提供商需要遵守的法律法规及合同的要求。

③组织制订支持业务运作与处理，并适合组织信息系统业务规则和业务目标的要求。

（5）安全控制（Security Control）

安全控制就是保护组织资产、防止威胁、减少脆弱性、限制安全事件影响的一系列安全实践、过程和机制。为获得有效的安全，常常需要把多种安全控制结合起来使用，实现检测、威慑、防护、限制、修正、恢复、监测和提高安全意识等多种功能。

（6）剩余风险（Residual Risk）

即实施安全控制后，仍然存在的安全风险。

（7）适用性声明（Applicability Statement）

所谓适用性声明，是指对适用于组织需要的目标和控制的评述。适用性声明是一个包含组织所选择的控制目标与控制方式的文件，相当于一个控制目标与方式清单，其中应阐述选择与不选择的理由。

二、信息安全风险处置

（1）信息安全风险处理措施选择

应选择和实施控制目标和控制措施以满足风险评估和风险处理过程中所识别的要求。这种选择应考虑接受风险的准则以及法律法规和合同要求。

信息安全控制措施是组织解决某一方面信息安全问题的目的、范围、流程和步骤的集合，也可以理解为信息安全策略，如防病毒策略、防火墙策略、访问控制策略、电子邮件安全策略等。

组织应根据信息安全风险评估的结果，针对具体风险，制定相应的控制目标和实施相应的控制措施。选择控制目标和控制措施应考虑组织的文化以及策略的可实施性。

（2）信息安全风险处理计划制订

信息安全风险处理计划至少应包括以下内容：

1）风险描述；

2）导致风险的原因；

3）风险处理的目标（包括残余风险）；

4）风险处理所需的资源；

5）风险处理责任人；

6）风险处理时间计划；

7）风险处理跟踪情况；

8）目前实际的残余风险。

三、信息安全培训知识

来自人员的信息安全威胁，通常是由于安全意识淡薄、对信息安全方针不理解或专业技能不足等原因造成的。为确保工作人员意识到信息安全的威胁和隐患，并在他们正常工作时遵守企业的信息安全方针，企业需要提供必要的信息安全教育与培训。这种教育和培训有时候要扩大到有关的第三方（外部组织）用户。

1. 信息安全教育的对象

信息安全涉及的面非常广，除了自然科学之外，还涉及社会科学的很多学科，包括计算机、通信网络、密码学、电磁学、管理学、审计学及法学等，而且正在形成一个独立的新学科。学科的特点决定了信息安全教育的特点。

信息安全教育的对象，应当包括信息安全相关的所有人员，主要包括下列人员：

1）领导和管理人员；

2）信息系统的工程技术人员，包括系统研发和维护人员；

3）一般用户；

4）计算机及设备生产厂商；

5）法律工作者；

6）其他有关人员。

2. 信息安全教育的内容

信息安全教育的具体内容和要求会因培训对象的不同而有所不同，主要包括法规教育、安全技术教育和安全意识教育等。

（1）法规教育

法规教育是信息安全教育的核心，只要与信息系统相关的人员（包括技术人员、管理人员和领导）都应该接受信息安全的法规教育。

我国关于信息安全方面的法律较多，其中包括《中华人民共和国计算机信息系统安全保护条例》《计算机软件著作权登记办法》《计算机软件保护条例》《中华人民共和国标准化法》《中华人民共和国保守国家秘密法》和《中华人民共和国网络安全法》等。

（2）安全技术教育

信息及信息安全技术，是信息安全的技术保证。常用的信息安全技术包括加密技术、防火墙技术、入侵检测技术、漏洞扫描技术、备份技术、计算机病毒防御技术和反垃圾邮件技术等。为了防止信息安全相关人员在操作信息系统时，由于误操作等引入安全威胁，对信息安全造成影响，应当对相关人员进行安全技术教育和培训。此外，作为安全技术教育的一部分，还必须了解信息系统的脆弱点和风险，以及与此有关的风险防范措施和技术。

（3）安全意识教育

所有与信息系统相关的人员都应当接受安全意识教育，安全意识教育的主要包括以下内容：

1）组织信息安全方针与控制目标；

2）安全职责、安全程序及安全管理规章制度；

3）适用的法律法规；

4）防范恶意软件；

5）与安全有关的其他内容。

除了以上教育和培训，组织管理者还应根据工作人员所从事的安全岗位不同，提供必要的专业技能培训。例如，负责网络安全的人员应得到安全技术、风险评估方法、控制标准的选择与实施等方面的培训等。

为确保与信息安全有关的所有人员均能得到必要的培训，并保证培训效果，分管培训的部门应对培训活动进行策划，编制培训计划并按计划要求实施培训，培训结束后还应通过适当的方式（如考试、现场操作等）进行考核。

第二节　软件使用安全管理

一、软件安全管理知识

软件安全（Software Security）就是使软件在受到恶意攻击的情形下依然能够继续正确运行及确保软件被在授权范围内合法使用的思想。

数据安全保护系统以全面数据文件安全策略、加解密技术与强制访问控制有机结合为设计思想，对信息媒介上的各种数据资产，实施不同安全等级的控制，有效杜绝机密信息泄漏和窃取事件。主要有以下的软件安全管理措施：

（1）透明加解密技术

提供对涉密或敏感文档的加密保护，达到机密数据资产防盗窃、防丢失的效果，同时不影响用户正常使用。

（2）泄密保护

通过对文档进行读写控制、打印控制、剪切板控制、拖拽、拷屏/截屏控制和内存窃取控制等技术，防止泄露机密数据。

（3）强制访问控制

根据用户的身份和权限以及文档的密级，可对机密文档实施多种访问权限控制，如共享交流、带出或解密等。

（4）双因子认证

系统中所有的用户都使用 USB-KEY 进行身份认证，保证了业务域内用户身份的安全性和可信性，完全符合国家保密局的要求。

（5）文档审计

能够有效地审计出，用户对加密文档的常规操作事件。

（6）三权分立

系统借鉴了企业和机关的实际工作流程，采用了分权的管理策略，系统管理采用审批，执行和监督了职权分离的模式。

（7）安全协议

确保密钥操作和存储的安全，密钥存放和主机分离。

（8）对称加密算法

系统支持常用的AES、RC4、3DES等多种算法，支持随机密钥和统一密钥两种方式，更安全可靠。

（9）软硬兼施

独创软件系统与自主知识产权的硬件加密U盘融合，可更好地解决复杂加密需求和应用场景，U盘同时作为身份认证KEY，使用更方便，安全性更高。

（10）跨平台、无缝集成技术

系统采用最先进的跨平台技术，能支持Linux/Windows环境应用，稳定兼容64、32位系统及各种应用程序，能与用户现有的PDM/OA/PLM等系统整合，提升用户体验。

二、软件使用与维护知识

1. 软件使用

在使用特定软件的时候，应当遵循软件使用说明书，按照规定使用软件。

2. 软件维护

（1）改正性维护

改正性维护是指改正在系统开发阶段已发生而系统测试阶段尚未发现的错误。这方面的维护工作量要占整个维护工作量的17%～21%。所发现的错误有的不太重要，不影响系统的正常运行；其维护工作可随时进行：而有的错误非常重要，甚至影响整个系统的正常运行，其维护工作必须制订专项计划，并进行复查和控制。

（2）适应性维护

适应性维护是指使用软件适应信息技术变化和管理需求变化而进行的修改。这方面的维护工作量占整个维护工作量的18%～25%。由于计算机硬件价格的不断下降，各类系统软件层出不穷，人们常常为改善系统硬件环境和运行环境而产生系统更新换代的需求；企业的外部市场环境和管理需求的不断变化也使得各级管理人员不断提出新的信息需求。这些因素都将导致适应性维护工作的产生。进行这方面的维护工作也要像系统开发一样，有计划、有步骤地进行。

（3）完整性维护

完善性维护是为扩充功能和改善性能而进行的修改，主要是指对已有的软件系统增加一些在系统分析和设计阶段中没有规定的功能与性能特征。这些功能对完善系统功能是非常必要的。另外，还包括对处理效率和编写程序的改进，这方面的维护占整个维护工作的50%～60%，比重较大．也是关系到系统开发质量的重要方面。这方面的维护除了要有计划、有步骤地完成外．还要注意将相关的文档资料加入前面相应的文档中去。

（4）预防性维护

预防性维护是为了改进应用软件的可靠性和可维护性，为了适应未来的软硬件环境的变化，主动增加的新功能，以使应用系统适应各类变化而不被淘汰。如将专用报表功能改成通用报表生成功能，以适应将来报表格式的变化。这方面的维护工作量占整个维护工作量的 4%左右。

第三节　运行与操作安全管理

一、运行故障管理知识

在当今快速发展的信息社会中，由信息技术支持的业务活动在技术、环境和管理等方面的脆弱性不断增加，组织业务信息的安全性与业务持续性面临着各种各样的威胁。如何保障业务信息系统可靠、安全地运行，是信息安全管理重点解决的问题之一。

系统运行安全管理的目标是确保系统运行过程中的安全性，主要包括可靠性、可用性、保密性、完整性、不可抵赖性和可控性等几个方面。

（1）可靠性

可靠性是系统能够在设定条件内完成规定功能的基本特性，是系统运行安全的基础。可靠性表示了系统功能所能满足任务性能要求的程度，也是系统有效性的体现。可靠性是系统安全审查的最基本的目标之一。

系统的可靠性分为两类，即软件可靠性与硬件可靠性。软件可靠性是指软件满足用户功能需求的性能度和软件在规定环境下的故障率。硬件可靠性是指软件运行的系统整体环境的支持度和性能度。提高系统可靠性，从原理上保证系统安全就是要加强变化管理、提高规划质量、减少软件错误和提高系统容错能力。

（2）可用性

可用性是系统可被授权实体访问并按任务需求使用的特性。可用性是系统面向用户的安全管理特性，是系统向用户提供服务的基本功能。

系统的可用性具体是指系统无故障、不受外界影响、能够稳定可靠地运行，能够随时满足授权实体或用户的需要，它包含了实体环境的稳定性、可靠性、抗毁性和抗干扰性等。系统的可用性必须保证系统的可恢复性，以保证系统遭受各种破坏后能恢复系统运行环境，保持运行功能或在一定条件下允许系统降低运行功能。

系统的可用性还应包括识别确认身份、访问控制、信息量控制和审计跟踪等要求。

（3）保密性

保密性是系统信息不被泄露给未授权的用户、实体或任务进程，或供其利用的特性。在系统中，应确保只有授权用户才能访问系统信息，必须防止信息的非法和非正常泄露。

一般情况下，系统的保密性要对信息进行加密或隐藏保护，同时还要做到防入侵、防泄露、防篡改和防窃取。

（4）完整性

完整性是系统信息在未经授权的情况下不能被改变的特性，是一种对系统可信性及一致性的度量。

完整性是一种面向信息的安全性，它要求保持信息的原始性，即信息的正确生成、存储和传输。完整性的目的是要求信息不能受到各种原因的破坏。

系统完整性服务可以防范抵制主动攻击，使系统在信息传输、存储和交换过程中保证接收者收到的信息与发送者发送的信息完全一致，也就是要确保信息的真实性。

（5）不可抵赖性

不可抵赖性也称作不可否认性，是指在系统的信息交换中确认参与者的真实同一性，即所有参与者都不可能否认或抵赖曾经完成的操作和任务。利用信息源监控证据可以防止访问用户对信息访问或操作进行否认。

（6）可控性

系统可控性概括地说就是通过计算机系统、密码技术和安全技术及完善的管理措施，保证系统安全与保密核心在传输、交换和存储过程中完全实现安全审查目标。

可控性是对系统的运行及有关内容具有控制能力的特性。可控性包括对系统信息访问主体的权限划分和更换，以及对信息交换双方已发生的操作进行确认，其中也包括对系统关键的控制。另外，系统的可控性必须包含有可审查性，即对系统内所发生的与安全有关的事件均要有运行记录备查。

二、性能管理与变更管理知识

1. 性能管理

性能管理是用来评估系统性能的，包括对系统资源的运行状况和通信效率等进行的评估。其能力包括对被管网络和其所提供服务的性能机制的监视以及分析。性能分析的结果是为了维护网络性能，可能触发某个诊断测试过程或进行重新配置。性能管理进行数据信息的收集，分析被管网络当前状况。同时维护和分析性能日志。

2. 变更管理

信息系统和其他的复杂系统一样，始终处于一种不断变化的状态。无论变化是由内部因素还是外部因素所导致，系统管理员都要花费大量的时间去调查、推断和排除对系统的影响。如何迅速解决由于信息系统不断变化而产生的问题，是变更管理涉及的内容。

（1）运行同步跟踪

管理者持有信息系统各个方面的准确、及时的档案，将有助于排除故障，更有效地管理信息系统。为了维护信息系统安全运行，需要跟踪所有变化和升级，记录系统变化前后的状态。

1）标定基准：正确维护信息系统的第一步是标记它当前的状态。只有分析了系统当前和过去的性能，才能预测系统将来的状态。测量和记录系统当前状态的操作称为标定基准线。基准线参数包括主干网的利用率、每日每小时登录的用户数、系统上运行的协议数、错误的统计数以及系统设备被使用的频率等。每个信息系统都要求标定它的基准线走势，测量的单元依赖于哪个功能对系统和用户的要求最苛刻。基准线参数允许将信息系统变化引起的性能变化和过去的系统状态进行比较，标定基准线是准确了解升级和改变是有助于系统还是有损于系统的唯一方法。如果预先绘制了信息系统区段利用率的趋势图，就可以帮助预测重大系统变化所产生的效果。例如，系统需要升级时，它可以提供良好的分析和预测手段。

2）资产管理：评估过程中另一个关键部分是检验和跟踪信息系统中的软硬件，这一过程被称为资产管理。资产管理的第一步是为信息系统中的每一个节点列出清单。系统软件和硬件的变化情况应该及时在资产管理数据库中进行自动或手动定期更新。另外，资产管理还应提供关于某些类型硬件或软件的花费和利益的信息。

3）变化管理：对于信息系统管理和升级过程中的问题必须用管理系统进行追踪。就像资产管理系统一样，变化管理系统只有保持实时才有用处，另外还必须提供变化的时间、变化的原因和对变化的具体描述。

（2）软件修订

信息系统中软件的改变包括补充、升级和修订。尽管对每种类型的软件的改变不同，但是通常采用如下步骤：

1）考虑改变（不论是补充、升级还是修订）是否必要；

2）研究改变的目的和对系统可能产生的影响；

3）考虑改变是适合于一部分用户还是所有用户，应该集中执行还是逐个执行；

4）如果打算实施改变，应告诉管理人员和用户，制定在非工作时间的改变进度；

5）在做任何改变之前都要备份当前的文件系统或软件；

6）防止用户登录正在被改动的系统或部分系统（如可以限制登录）；

7）在安装、补充和修订时保持升级指导并按此进行；

8）实施改变；

9）在改变之后测试整个系统，留意任何修改的非预想和不满意的产物；

10）如果修改成功，就开放该系统的登录，如果没成功，就恢复旧版本，当修改成功后告诉管理人员和用户，如果必须恢复老版本，就告诉他们恢复的原因，在变化管理系统中记录修改。

（3）硬件和物理设备的变更

硬件和物理设备的变更是实现系统升级的一种重要手段。为信息系统增加功能，最简单、最重要的硬件改变形式是添加更多的设备，如在主干网上增加交换机或网络打印机等。在考虑对硬件实施升级时，下面的步骤可以作为指导：

1）考虑变化是否是必需的；

2）研究变化对其他设备、功能和用户的潜在影响；

3）如果打算进行改变，就通知系统管理人员和用户，并把改变安排在关机时间进行；

4）备份当前硬件配置；

5）阻止用户访问正在改变的系统；

6）把安装指导或硬件文档放在手边；

7）实施改变；

8）在改变完成后彻底测试硬件；

9）如果改变成功，就打开系统的登录，如果未成功，应隔离该设备或重新插入旧设备；

10）当改变成功时通知系统管理人员和用户，如果不成功就向他们解释为什么。在更改管理系统中记录更改。

三、操作权限管理知识

操作权限管理是计算机及信息系统安全的重要环节，合理规划和设定信息系统管理和操作权限在很大程度上能够决定整个信息系统的安全系数。

1. 操作权限管理方式

操作权限管理可以采用集中式和分布式两种管理方式。

所谓集中式管理就是在整个信息系统中，由统一的认证中心和专门的管理人员对信息系统资源和系统使用权限进行计划和分配。集中式管理比较容易被破解，但是集中式管理的优点也很明显。例如，用户可能有支票账户、储蓄账户、活期存款账户和线上下单的账户，也可能用他人的名义开了一个联名户头，认证中心可以很简单地将这些资料收集到起进行集中管理。

分布式管理就是将信息系统的资源按照不同的类别进行划分，然后根据资源类型的不同，由负责此类资源管理的部门或人员为不同的用户划分不同的操作权限。使用分布式管理肯定存在一定的风险，同一个用户面对不同的信息系统资源使用的权限不同，权限显得比较分散。它的优点是可以大大减轻集中式管理给管理人员带来的巨大压力，使管理人员能够投入更大的精力去进行信息系统的其他管理工作。

2. 操作权限的划分

如何在实际工作中确保信息系统的安全可靠是信息系统建设维护的十分重要的课题。整个信息系统的安全规划和信息系统资源使用权限的分配具有同等重要的地位，在进行信息系统资源操作权限划分时应当遵照一定的策略和步骤，这些策略和步骤包括信息资产分类、设定安全时限、划分安全等级、确定服务方式与对象以及敏感程度等。具体的安全目标定位应根据保护对象的价值和可能遭受的威胁来决策。

3. 操作权限管理相关技术

建立完善的安全策略和执行严格的安全制度是防御内部威胁的主要着力点，同时采用多种可以针对内部威胁的安全技术对信息系统的安全管理也具有很好的辅助作用。

（1）防火墙技术

为中心业务处理主机、网络服务器及数据库服务器等关键设施配置防火墙，能够有效防范外部入侵与攻击威胁，保护内部网络和信息系统的安全。同时，通过防火墙的双向控制，也可以尽可能缩小内部人员的操作权限。

（2）入侵检测技术

入侵检测不仅能检测来自外部的攻击，也能有效防止内部网络出现的威胁。

（3）账号管理和访问授权技术

账号管理和访问授权技术能够集访问控制、审计、分析、评估及策略报告于一体，建立安全的账号管理体系，对各种用户的操作权限进行有效监控和管理。

（4）“三权分立”管理机制

目前的信息系统大多只为整个系统设置超级用户进行管理这种管理方式虽然便于系统配置和维护，但也存在许多安全性方面的隐患。超级用户的行为在系统中不受任何制约，其操作权限在系统中没有任何限制，可以对系统中的任何数据进行任意操作。当出现超级用户操作失误、口令丢失或黑客获得超级用户权限的情况时，系统将完全暴露在攻击者面前。“三权分立”机制以最小特权和权值分离为原则，将超级用户特权集进行划分，要求由系统管理员、安全管理员和审计管理员取代系统中超级用户共同管理系统。其中，系统管理员主要负责用户管理和系统日常运作相关的维护工作；安全管理员负责安全策略的配置和系统资源安全属性的设定；审计管理员则对系统审计信息进行管理。“三权分立”的管理机制实现了超级用户对系统正常运行的维护，可有效防止由于超级管理员权限过大而引起的安全威胁。

第四节　信息安全等级划分

根据信息和信息系统在国家安全、经济建设、社会生活中的重要程度；遭到破坏后对国家安全、社会秩序、公共利益以及公民、法人和其他组织的合法权益的危害程度；针对信息的保密性、完整性和可用性等要求及信息系统必须要达到的基本的安全保护水平等因素，现行国家标准《信息安全技术　网络安全等级保护基本要求》（GB/T 22239）、《信息安全技术　网络安全等级保护测评要求》（GB/T 28448）、《信息安全技术　网络安全等级保护安全设计技术要求》（GB/T 25070）、《信息安全技术　网络安全等级保护定级指南》（GBT 22240）等标准对安全保护等级的技术要求，信息和信息系统的安全保护等级共分为以下五个等级。

第一级：自主保护级

适用于一般的信息和信息系统，其受到破坏后，会对公民、法人和其他组织的权益产生一定影响，但不危害国家安全、社会秩序、经济建设和公共利益。

第二级：指导保护级

适用于一定程度上涉及国家安全、社会秩序、经济建设和公共利益的一般信息和信息系统，其受到破坏后，会对国家安全、社会秩序、经济建设和公共利益造成一定损害。

第三级：监督保护级

适用于涉及国家安全、社会秩序、经济建设和公共利益的信息和信息系统，其受到破坏后，会对国家安全、社会秩序、经济建设和公共利益造成较大损害。

第四级：强制保护级

适用于涉及国家安全、社会秩序、经济建设和公共利益的重要信息和信息系统，其受到破坏后，会对国家安全、社会秩序、经济建设和公共利益造成严重损害。

第五级：专控保护级

适用于涉及国家安全、社会秩序、经济建设和公共利益的重要信息和信息系统的核心子系统，其受到破坏后，会对国家安全、社会秩序、经济建设和公共利益造成特别严重损害。

第十章　集成平台

第一节　概　述

随着智能建造技术的不断发展，建筑行业数字化转型不断深入。面向建造全生命周期的特定任务的集成平台也日益成熟和完善。不同于前面章节介绍的针对设计、生产或施工的某一个阶段进行信息化管理的系统应用，集成平台是面向设计、生产和施工全生命周期的信息化应用。目前针对协同设计、供应采购等专项任务具有集成平台的应用，针对全过程的建造管理、装配式建造管理集成平台也将在本章进行介绍。

第二节　智能化协同设计平台

一、定义

在建筑产业互联网体系下，智能化协同设计平台是以“智能化+大数据+模型”为基础，面向建筑工程全生命周期信息化技术应用，立足于设计阶段的协同工作平台。平台由智能化设计软件、行业大数据信息库、云计算引擎组合而成。平台为基于 BIM 信息模型智能综合协同设计提供支撑，为推进建筑工程行业的工业化和智能化发挥重要作用。

二、应用系统

1. 同步智能化协同设计平台

此类平台能为设计人员提供及时同步的专业协同工作基础平台和工具，能够与设计软件环境紧密集成，提高工作效率项目质量。同步智能化协同设计平台的优势在于各专业设计师在设计过程中能够及时协同，使设计过程中遇到的问题能快速反馈、及时解决。缺点在于网络带宽要求高，对硬件配置要求高，平台综合使用成本高。

目前，市面上同步智能化协同设计平台在开展协同设计过程中，各专业设计人员之间可方便快捷地进行合理分工合作，整个项目设计中的资料互提、成果管理、信息沟通方便地依托平台完成，避免错漏碰缺，提高设计质量。能够帮助企业实现团队协同设计模式，使企业从根本上提升设计与管理水平，成为促进“产能提升”的核心手段。

2. 异步智能化协同设计平台

异步智能化协同设计平台能满足项目设计成果集中管理、对内对外在线交付及在线评审、问题反馈、在线协同的管理需求。其优势在于平台维护成本较低，网络带宽要求不高，甚至可以离线管理模型与设计成果，平台综合使用成本较低。缺点在于设计过程成果问题的反馈与修改不够及时，在一定程度上影响设计效率。

目前，市面上异步智能化协同设计平台侧重于项目参与单位间的协同，满足业主对项目在设计阶段的进度、交付成果的内容、质量、问题的管理，为加强业主对整个设计阶段工作的掌控提供支持。

3. 智能化协同设计平台共性

目前市场上同步与异步智能化协同设计平台均可实现数字化审图、出版、交付、归档，提供在线审图、红线批注、要点审图、图纸拆分、图签信息提取、条码生成、图纸目录生成、电子签名、自动转换为外部审图机构及归档所需的格式文件，自动收集原图、打印文件以及签署文件，完成设计文件的数字化出版，实现图纸的收集、打印、归档、利用的一体化管理。支持多种协同方式，包括经典的文件协同，零件图/组装图协同，共享协同，适应不同的应用场景。协同工作中将审查标准植入审查、互提等工作中，可进行在线校审，开展互提，生成零件图、外部文件、专业设计总说明、修改图、升版图等。

三、应用流程

智能化协同设计平台面向设计企业提供项目管理、协同设计、知识管理（档案云盘），实现了生产（设计）与管理的一体化，提高全过程运营管理水平，解决生产与质量脱节，基于 BIM 模型，在统一的设计环境开展建筑、结构、给水排水、暖通、电气的设计，如图 10-1 所示。在统一工作平台、统一设计环境中，以设计过程管理为主线，以设计项目作为对象，解决了项目管理、协同工作、资源共享的问题，保证了设计质量，提升了专业配合。通过标准图框、图纸目录、图纸拆分、二维码、出图、图纸对比、审图意见自动提取等，便利了设计和审核人员使用，提高了效率。

四、应用价值

1）基于平台的协同设计体系完善后，建筑工程设计效率较传统方式提升 30%以上。

2）通过协同设计平台完成的设计任务，在同等条件下其设计成果质量明显优于传统方式完成的设计成果，建筑工程综合设计变更量下降 20%以上。

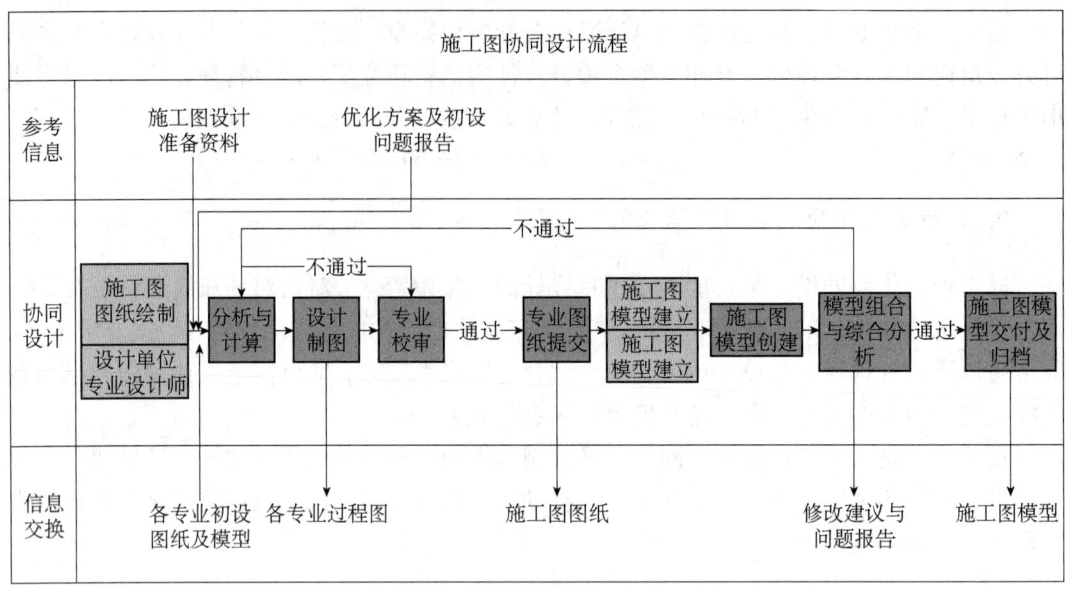

图 10-1　协同设计应用流程

第三节　智能化供应采购平台

一、定义

智能化供应采购平台是以大数据、区块链、物联网、人工智能等技术为依托，通过供应采购资源的网络互联、数据互通和系统互操作，实现采购供应资源的灵活配置和优化、采购供应过程的快速反应，达到资源的高效利用，从而构建服务驱动的新型智能化平台。

二、应用系统

智能化采购供应平台为企业提供物资采购供应数字化解决方案，推动企业采购智能、高效、透明，赋能企业经营发展降本提效。平台满足多种采购供应场景，方便采购单位采取不同寻源策略，供应单位提供多样供应方式，实现采购供应线上管控。智能化供应采购平台以建筑行业供应链全流程数字化为手段，与采购单位、供应单位、金融机构、监管单位、行业协会、软件服务提供商通过开放式服务达成生态共建的目标。多边业务协同发展，以数据标准化建设为核心，项目成本管理为流量入口，为全行业提供专业的供应链数字服务。平台关键技术包括云计算、大数据、区块链等；主要功能包括电子化招标投标、合同管理、结算支付、发票税务、物流库存协同、融资服务等，保证物资供应链全流程数字化（图 10-2）。

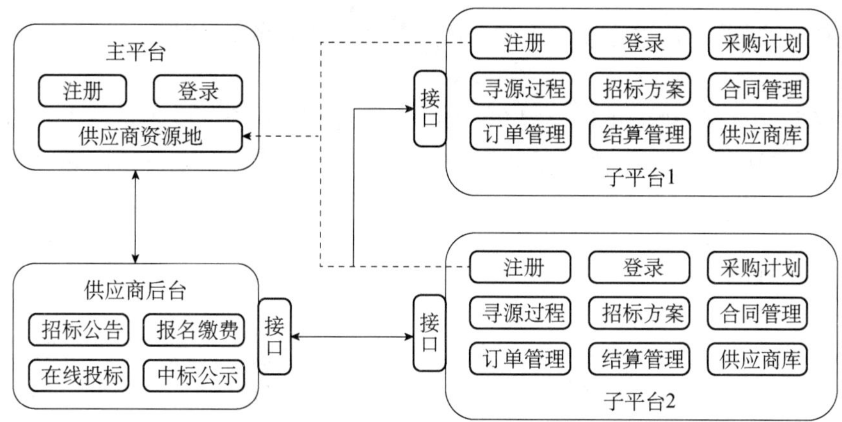

图 10-2　智能化供应采购平台架构

三、应用流程

智能化供应采购平台采用数字化招标、投标、供应、结算等，主要使用者是采购单位和供应单位，主要应用有采购寻源流程、合同履约流程、结算支付流程，如图 10-3 所示。

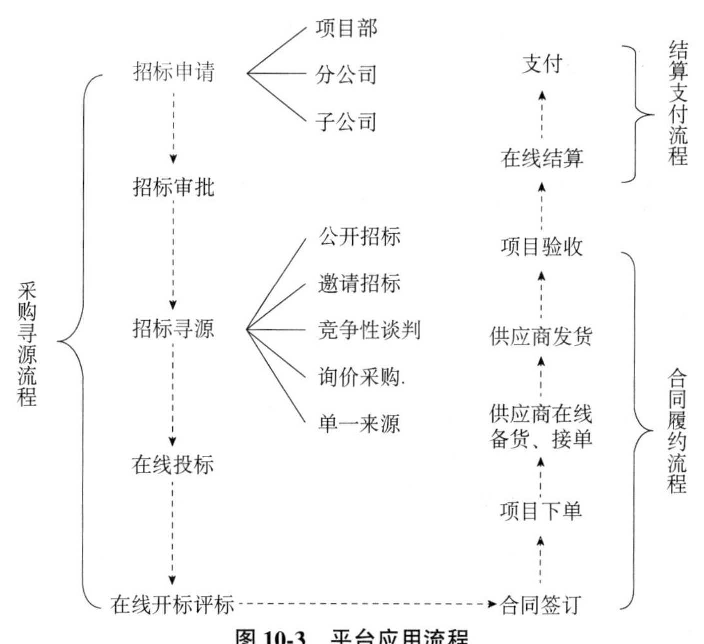

图 10-3　平台应用流程

1）采购寻源流程。采购单位需要招标时将招标的基本信息向管理部门和人员提起审批，审批通过后编制招标方案并提交审批，审批完成后即进入采购寻源流程，招标寻源可采用公开招标、邀请招标、竞争性谈判、询价采购、单一来源等方式在线发布招标公告，这个过程不受地域限制，审批效率高。待供应商在线完成投标手续并投标后，可抽取开标人进行在线开标评标，评标结束后进行定标报告编制、审批、公示。

2）合同履约流程。供应单位中标后查看需签约的合同台账信息及明细并与采购单位进行合同签订，采购单位进行项目下单，供应商在线计划备货、接单、发货、查看项目验收情况。

3）结算支付流程。供应单位根据合同要求，查看订单对应的验收单产生的结算单及明细，并在线对采购单位进行提醒和在线结算，采购单位根据收货实际情况通过银行系统完成在线支付。

四、应用价值

在招标环节，平台用户资源实现了共享。各环节均在线上完成，且通过区块链技术实现了过程的不可篡改，技术和管理的双重配合，防范了法律、资金、合规、廉洁等风险，保证采购阳光、公平、公正、高效。相关招采数据以数字化形式保存，后台定期生成报告供业务人员分析参考，有效提升了招标采购的精准度。

在供应环节，订单可通过在线方式下发至供应商，供应商在线确认并安排备货供货，物流轨迹监管，到货后在平台上完成在线签收。有效提升了订单的效率和准确度，提升了上下游协同能力，通过数字化+集约化采购方式助力成本降低。

在结算环节，结算资料依据合同条款、在线订单、在线签收单等数据自动生成，供需双方在线确认即可。纸质单据利用识别技术提取单据文档中的内容，有效降低对结算数据的争议，有效保障支付时效，确保交易环节的时效性。

第四节　建造全过程智能化管理平台

一、定义

全过程智能化管理平台是实现施工全过程、全要素数字化管理的产业互联网平台。通过建立基于产业互联网平台的建造全过程智能化管理平台，打通信息通道，提高参建各方的协同性和精准性，保障各方的利益并规范各方的行为，从而提升工程质量，实现工程建造的提质增效，促进建筑业高质量发展。

二、应用系统

传统管理模式下，强调从全局对项目实施的全过程进行集成化的管控，但现实情况下，由于整个社会的诚信体系尚不健全，各方实体从保障自身利益甚至追求利益最大化出发，往往容易人为地形成各种信息孤岛、造成信息不对称，从而影响整个建造过程的协同性和精准性，降低生产效率和工程质量，甚至酿成重大质量事故或安全事故。建立基于产业互联网平台的建造全过程智能化管理平台，能够有效打通信息通道，消除信息不对称，并且可以利用区块链“在不充分信任的实体之间建立互信共识机制”的核心价值，将建造全过程的关键数据上链，实现建造过程的透明化和智能化管理。

三、应用流程

整个平台是建立在区块链的底座之上，打造了一个建筑产业互联网的“联盟链”，除运营方之外，还包含建设单位、施工单位、监理单位、材料供应商、检测机构、监管机构等多家参建单位，对整个建造全过程进行公开化、协同化、智能化的监督和管理，如图 10-4 所示。

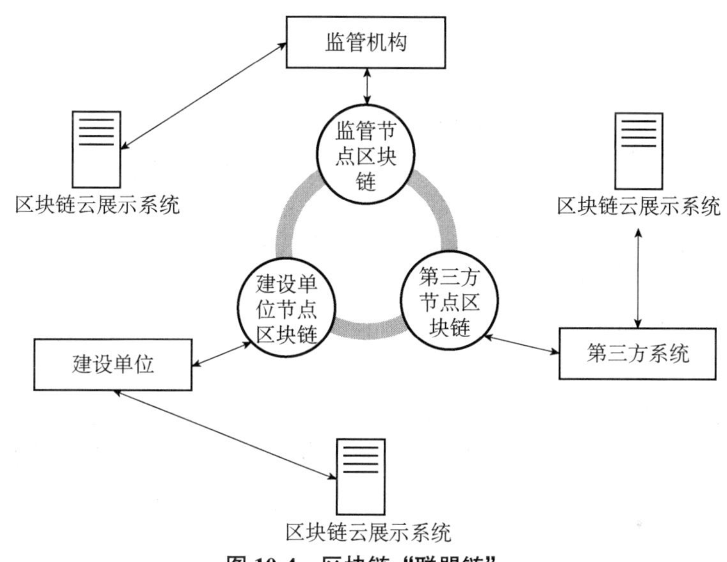

图 10-4　区块链“联盟链”

在此“联盟链”中，采用智能盟约，接入第三方施工单位、供应商、运输商及相关监管机构，通过区块链云展示系统，对关键数据进行信息共享和共同监督。对于存证到区块链的关键数据，既保证了数据的安全性、防篡改、可追溯，也避免了传统的信息过于中心化、信息不对称、信息“孤岛”等缺点，保障了信息传输过程中的共享性和透明性。

对于合同管理，则打破传统模式，由简单的企业内部信息化合同管理转向基于区块链的电子合同管理。建设方、施工方、材料供应方等合同参与者，在线上进行合同的拟稿、协商和签订，整个过程存证于区块链，公开透明，互相监督。

在人员管理上，通过对企业员工或建筑工人的基本信息及证件进行信息电子集成，并上传到区块链，建立人员信息共享档案，在经过授权的情况下，处于“联盟链”的各方，均能在相关的场合对这些人员进行认证和监督，保障了施工、采购、运输等关键过程的人员安全性。

四、应用价值

建造全过程智能化管理平台可运用于建筑工程、市政基础工程、轨道交通工程、水利水务工程等工程领域。针对传统项目管理中信息封闭、信息不对称等缺点，基于产业互联网平台建立区块“联盟链”，让各参建方不仅能各司其职，还能共同监督、共同协作，这对于创建一个公开透明、互利互助、信息共享乃至利益共享的建筑产业运营环境，具有深远意义。

近年来，随着建筑业可持续发展理念的深入，装配式建筑由于其低碳环保经济的特点成为建筑工业化的重要表现形式之一，也是建筑行业未来的主要发展方向。

装配式建筑建造具有设计标准化、协同化，预制构件部品部件生产工业化，施工装配机械化等特点，其设计阶段需实现建筑、结构、装饰、机电等多专业协同、接口统一及预留预埋统筹；生产阶段需实现流水化生产，减少施工过程的相互依赖制约；施工阶段则需大幅提升机械化作业水平，各阶段之间需高度协同。

然而，装配式建筑各类预制构件部品部件在设计、施工、运维全过程管理中产生的信息量巨大、格式各异，设计单位、部件生产单位及施工单位之间信息传递效率低，各阶段频繁出现设计错误、碰撞冲突、安装精度等问题，既不利于质量又影响工程进度，使工程项目质量下降、造价增加、工期延长，不仅不能体现装配式建筑的优势，反而因信息不能及时共享阻碍装配式建筑的发展。

有关研究表明，建设成本 30%～40%是由低效率造成的，而信息传递不畅将带来 6%左右的效率降低。由于装配式建筑全过程的信息量巨大，所以提高工程数据与信息管理效率是影响装配式建筑发展的重要因素。如何保证各个环节信息的有效传递和共享是装配式建筑信息化管理的重要内容，是装配式建筑得以顺利发展的前提。

在上述背景下，装配式建筑对全过程信息化管理提出了新的需求：在装配式建筑各阶段信息分类汇总的基础上，通过信息化技术的自身价值特性，建立基于装配式建筑全过程的信息共享管理模型，搭建全过程数据信息管理平台，以信息数据协调统一为导向解决装配式建筑信息共享困难的问题，为装配式建筑全寿命周期信息共享提供解决方案，更好地实现数据信息在工程有关参与者之间的共享与传递。

建设工程领域常见的项目交付模式主要是传统的设计—招标—施工（DBB）和工程总承包（EPC）2 种模式，这 2 种项目交付模式对应不同的信息化管理方式。

（1）设计—招标—施工（DBB）模式

传统的 DBB 模式下，业主把勘察、设计、施工等工作分别发包给不同的企业，形成设计承包、施工总承包及专业承包的合同结构，勘察、设计、施工单位之间是一种平行的、彼此分离的关系，它们各自与业主形成发包和承包的关系，为一个业主（发包方）下的多个承包单位（承包方），因此设计、招标、施工形成三个相对独立的阶段，这种特点决定了各阶段产生的信息数据相互独立，信息沟通方式多采用上级逐级指令下级，下级逐级向上级报批的传统组织结构模式。层级式组织结构使信息传递只能逐级传达，难以实现项目参建方之间信息的高效传递与沟通，尤其是装配式建筑全过程信息量庞大，在 DBB 模式下信息不能及时更新传达，很容易产生“信息孤岛”，引发信息管理问题。在 DBB 模式下，项目必须在业主的主持或参与下完成，项目信息管理基本都是针对某一个阶段，没有涉及项目全寿命周期的信息管理，且各参建方以及各阶段的数据标准也不同，难以将各方的信息整合集成，所以在项目全寿命周期内实现及时有效的信息共享是装配式建筑全过程信息管理的关键难点。

装配式建筑 DBB 模式下的全过程信息化管理，关键是通过协同工作平台搭建信息实时传递载体，建立工程信息的集成中心，将设计、招标与施工等不同阶段产生的零散信息整合到数据中心，建立项目实施全过程完整的信息通道，形成标准统一的数据接口，保证信息有效及时地交换传递，减少信息数据的重复输入，提高信息传递的效率和精确度，降低沟通成本，真正实现装配式建筑全寿命周期的信息共享管理。

（2）工程总承包（EPC）模式

EPC 模式是国际上广泛应用的工程模式，近年来国内部分大型项目逐渐推行。EPC 模式由总承包单位进行项目主导，相对 DBB 模式，更有利于项目的信息化管理，项目的设计、施工、招标采购等通过工程总承包商有机地整合在一起，为不同阶段、不同参建方信息数据协同管理提供了有利条件。但国内引入 EPC 模式的时间较短，管理经验积累不足，主要体现在信息交流受阻、集成不彻底等方面，从而造成 EPC 总承包商不能对工程生命周期内的设计、采购等流程进行全面整合，无法实现工程信息管理的最优化。EPC 模式下的信息化管理需要根据 EPC 模式下的设计、采购等基本流程实现各类信息数据的协同管理与实时传递，保证信息传递过程的及时性和有效性，以 EPC 工程总承包期间的信息采集集成、信息传输框架、数据处理算法等内容作为重点，形成一套科学有效的信息管理机制，完成对项目全过程的信息控制，将这一模式下的信息管理过程与项目管理架构紧密地联系在一起，将信息管理确定为项目管理的核心内容之一，才能将 EPC 模式的优势最大限度地发挥出来。科学技术和社会经济的高速发展，使建设领域工程项目管理得到前所未有的发展，现代大型工程项目信息管理有复杂性、不确定性以及动态性等特点，EPC 模式是一个较新的工程领域，在信息化管理方面有着广阔的发展空间，装配式建筑的 EPC 模式对全过程信息化管理的需求更为明显。

在 EPC 模式下，装配式建筑业主、承包商、供货商等利益主体依然独立存在，彼此间存在一定的利益矛盾，但全过程信息化管理通过项目本身客观的信息数据集成，可以在利益主体之间形成有效协作，有利于设计、采购、施工等各方的利益均衡。尤其是装配式建筑 EPC 项目，高效率的信息化管理势必将为业主及承包商带来更高的收益，同时也会显著提升项目管理水平，装配式建筑在 EPC 模式下的全过程信息化管理，必须借助高效、系统、完善的组织构建装配式建筑项目信息化管理平台，将统筹分配与管理作为全过程信息化管理的重中之重，借助项目信息化管理平台可以帮助业主及 EPC 总承包商完成信息交流与过程控制，从而建立全新的装配式建筑项目交付模式，达到强化及发挥总承包商科学化管理的目的。通过项目信息化管理平台将业主、设计单位、监理单位、总承包商和专业分包单位及供货商连为一体，并在平台内部配置 EPC 业务流程，项目各相关方通过电子流程进行协作，形成集中统一信息管理的平台，实现模块化信息业务模式，提高项目工作效率的同时，也可强化 EPC 总承包商统筹协调的优势。EPC 总承包项目管理平台有效地集成设计、采购、施工等业务进程，达到满足 EPC 过程服务的目的，实现包括工程电子文档、项目大数据采集与分析、资源与合作伙伴管理等的数据共享及采购协作机制，从而达到对 EPC 项目的动态控制，实现密切追踪、实时分析、流程优化等目的。协同一致的全过程信息化管理平台，涵盖 EPC 项目的全部管理内容，更有利于装配式建筑项目的实施。

第五节　装配式建筑建造全过程信息化管理平台

一、概述

综上所述，装配式建筑要求设计、生产及施工各阶段打通信息通道，集成各专业软件，实现各环节的高度集成、协作。面向装配式建筑建造全过程信息共享、协同工作需求，需基于 BIM、云计算等技术建立装配式建筑建造全过程信息化管理平台（简称“平台”）。首先，平台为装配式建筑建造全过程各环节信息汇聚（包括结构化数据及非结构化数据）提供底层支撑，形成统一数据源，为各环节应用奠定基础；其次，依托平台可为各阶段不同参与方协同工作、业务应用提供数据服务；最后，平台可整合多种数据与决策支持手段，支持更加灵活、高效的管理决策过程。因此，一个典型的平台应具有以下三个特征：①通用性。兼容不同工程项目交付模式、不同组织结构、不同管理流程，可服务不同参与方、不同软件的应用需求，因此需采用 IFC 标准等开放通用数据格式及协议；②可扩展性。面向不同工程项目、参与方特点，对平台功能进行定制开发和扩展；③灵活性。可根据不同业务和安全需求，对数据存储、数据权限、平台接口、服务、流程进行灵活调整，可服务于不同的管理需求。

基于上述特点，装配式建筑建造全过程信息化管理平台应以 BIM 技术为基础，利用 IFC 标准、数据库、云计算等技术实现结构化及非结构化 BIM 数据的存储、管理与共享。依托服务端实现 BIM 数据的分析、处理与可视化，并在此基础上为装配式建筑建造全过程各阶段的共性的 BIM 数据管理，以及集成、共享、分析处理、可视化与综合分析评价提供支撑平台，服务装配式建筑建造全过程的协同设计、生产跟踪、施工管理、计价算量等应用。

二、建造全过程信息化管理平台架构体系

基于以上平台需求及特征，装配式建筑建造全过程信息化管理平台各功能模块的架构如图 10-5 所示，主要可分为数据源、接口层、数据层、平台层、服务层、网络层、应用层等 7 层，各层具体介绍如下：

1）数据源：平台数据源包括常用 BIM 建模及设计软件、进度管理软件、性能分析软件、物联网监测系统、智能测控系统以及其他三维模型、图文视频等异构数据。

2）接口层：为不同商业软件的集成应用提供了工具。通过研发 BIM 数据接口与交换引擎，实现与相关专业软件的数据转换和集成。具体专业软件包括 BIM 设计及建模软件，进度管理软件，结构分析软件，日照、通风、声学和能耗等性能分析软件。根据数据类型的不同，数据交换和集成方式可采用以下几种：BIM 模型及设计信息采用基于 IFC 标准中性文件进行数据集成，非 IFC 格式的 3D 模型、进度管理信息、结构分析及性能分析信息均采用自主开发的数据接口与交换引擎实现数据交互。

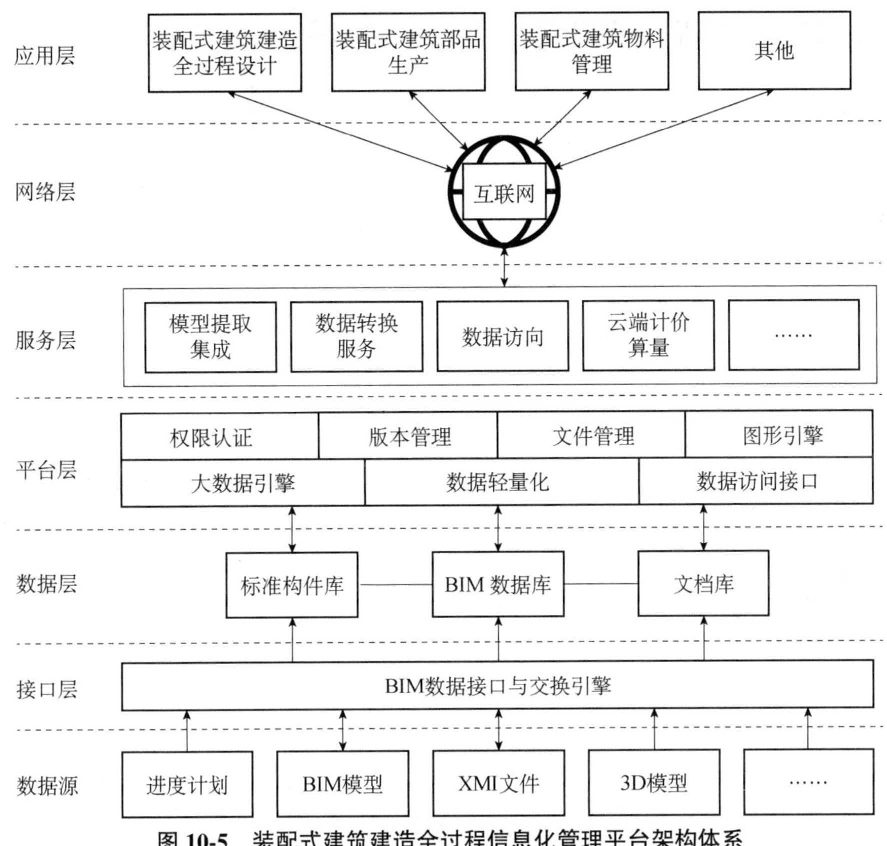

图 10-5　装配式建筑建造全过程信息化管理平台架构体系

3）数据层：装配式建筑建造全过程的工程数据可分为结构化的 BIM 数据，非结构化的文档数据及存储标准构件、部品的标准构件库。其中，BIM 数据可采用基于 IFC 标准的 BIM 数据库进行存储和管理；非结构化的文档数据存储分布式文件系统；类似地，标准构件库数据可采用 IFC 或其他 BIM 数据格式进行存储。非结构化信息、标准构件信息与 BIM 数据库相关联，三者相互结合形成有机的整体。

4）平台层：为装配式建筑建造全过程管理各专业系统提供统一的数据访问接口、权限认证及版本管理功能。同时，提供大数据引擎、数据轻量化引擎、文件管理引擎与图形引擎模块，为装配式建筑建造全过程的海量数据管理、BIM 模型轻量化传输应用、图片视频文档管理及多终端模型可视化展示提供统一的平台支撑。

5）服务层：面向装配式建筑全生命周期各阶段不同应用的共性需求和 BIM 数据集成、管理与分析需求，以服务形式为装配式建筑全生命周期各阶段的应用软件提供 BIM 数据提取集成、数据转换、数据访问、云端计价算量、数据分析预测及评价等服务。

6）网络层：针对装配式建筑全生命周期各阶段不同的应用需求，通过因特网、内部专用网等形式，与各应用系统集成。

7）应用层：应用层包括面向装配式建筑建造全过程设计、装配式建筑部品生产、装配式建筑物料管理等各阶段的应用软件，依托平台可为其提供共性分析工具。

三、建造全过程信息化管理平台关键技术

1. 模型轻量化技术

针对模型轻量化，可从数据存储与数据传输两个方面来提升效率。数据存储方面，通过基于映射的模型数据存储技术和改进的网格简化算法来实现；数据传输方面，通过对网格数据存储优化及 GZP 整体压缩来实现。

（1）数据存储

BIM 模型通常存在大量具有相同几何外观的构件，如同一尺寸的柱、标准的卫浴设备等。因此，在存储优化方面，可采用基于映射的模型存储方式，对具有相同几何外观的构件，仅存储一份几何信息，并通过映射的方式建立几何信息与不同构件的关系，从而大量减少相同构件的存储量，并降低显存消耗。可根据网格相似性匹配方法对各构件进行相似性分析，并对几何外形相似的构件采用同一组三角网格表示，再通过转换矩阵的方式，存储其空间位置信息，并将三角网格组映射到相应位置。同时，可基于网格简化删除或修改模型中对形状变化影响较小的几何元素，在保持原始模型形状变化尽可能小的情况下降低模型的复杂度。通过网格简化，尤其是对于复杂构件，可大大减少显示所需的三角形数量，从而达到优化存储的目的。在保证模型基本特征的前提下，对于较复杂构件如摄像头、管件等，简化率约为 80%，而对于较规则的构件如管道等，简化率约为 50%。可见，简化算法在保持模型基本形状的前提下，可以明显减少网格三角面数，从而降低存储消耗和提高显示效率。这样，通过基于映射的相似模型存储优化和基于网格简化的复杂构件存储优化，实现对海量几何信息的存储优化，更高质、高效地实现模型轻量化的要求。

（2）数据传输

针对当前大量 BIM 模型传输与网络显示应用需求，在上述几何模型存储优化的基础上可进一步优化数据传输过程。该过程可从 2 个方面考虑：一是数据大小方面，可通过通用数据压缩算法（如 G2P）在服务器端对数据进行压缩，并在客户端或网页端等对数据进行解压缩，从而减少数据大小；二是可从数据获取次数上进行控制，数据消费终端在获得有关模型数据后，应考虑在本地缓存并记录数据获取或更新时间，下次需加载模型数据时，首先应检查本地是否缓存或服务端是否有数据更新，然后有针对性地进行数据获取和传输，以减少数据获取次数及传输量。

2. BIM 数据集成管理技术

（1）面向对象的 BIM 数据库

面向对象的数据库设计从三维实体的角度出发，每个实体为一个对象，找到实体的属性，根据属性设计数据表，而数据表的管理采用的是关系数据库管理思想，从而减少数据的冗余及数据的完整，进而实现数据库结构清晰、独立性强、可扩展性好等特点。关系数据库采用传统的二维关系表存储数据，IFC 对象模型的存储首先要针对不同类型建立数据库模式。下面以 SQL 数据库为例，建立 IFC 数据类型与关系数据库的映射方法。

1）简单类型的映射：IFC 简单类型映射为数据库中的单一字段，IFC 简单类型与 SQL

数据库类型的映射关系见表 10-1。

表 10-1　IFC 简单类型与 SQL 数据库类型的映射关系

IFC 简单类型	SQL 数据库类型	说　明
REAL	float	32 位浮点数
NUMBER	float	32 位浮点数
INTEGER	bigint	长整型
BOOLEAN	bit	字节
LOGICAL	smallint	短整型
STRING	nvarchar	可变长字符串
BINARY	varbinary	可变长二进制串

其中，BOOLEAN 类型的 TRUE 值和 FALSE 值分别对应 1 和 0，LOGICAL 类型的 TRUE 值、FALSE 值和 UNKNOWN 值分别对应 1、0 和−1，而其他类型则可以直接存储。

2）定义类型：定义类型参照其底层类型映射为数据库类型。例如，IFC 的底层类型为 INTEGER，而 NTEGER 在数据库中对应 bigint 类型的字段。则对于 IFC 类型的实体属性在数据库中建立 bigint 类型的字段。

3）枚举类型：为了便于读取与识别，将枚举类型映射为 nvarchar 类型的字段，枚举值转换为字符串后存储。

4）选择类型：选择类型的存储需要保留动态的类型信息，采用两个 nvarchar 类型的字段存储选择类型的实例。第一个字段存储选择实例的类型，第二个字段存储选择实例的值。由实体类型存储在不同的数据表中，因此，对于实体类型的属性，需要同时保存实体的类型名称，该名称用于识别对应的数据库表及实体的引用，该引用为 uniqueidentifier 类型的数据表主键。

5）聚合类型：聚合类型具有动态的数据成员数量需要以单独的数据表存储，实体属性字段通过引用聚合类型记录的主键获得聚合类型值的集合。聚合类型的属性需要映射为两个字段，其中 nvarchar 类型的字段存储成员对应的数据表名称，uniqueidentifier 类型的字段存储聚合类型表的键值，并根据聚合类型的种类建立相应的数据表。

（2）BIM 数据转换集成技术

作为装配式建筑建造全过程信息管理平台与其他业务应用的支撑系统，平台同时应具备与其他三维设计与建模软件的信息导入与集成功能，包括 CATIA、3DS Max、AutoCAD 等系统导出的 3dxml、obj 及 dxf 等文件格式。

1）CATIA 系统 3dxml 文件的解析与集成技术：CATIA 具有强大的参数化建模与设计能力，在制造业中应用广泛，当前因建筑行业设计软件参数化能力不足，仍存在部分设计企业采用 CATIA 等软件进行复杂曲面及构件的建模。通过分析 CATIA 系统可导出的文件格式（包括 stp、igs、wrml、3dxml 等），平台可选择基于开放式标准 xml 的 3dxml 格式作为 CATIA 设计信息的交换格式。通过对 3dxml 产品结构进行分析，可实现 3dxml 文件的解析与读取，并将数据集成到 BIM 数据库中。

2）obj 文件与 dxf 文件读取和集成：通过对 3DS Max 系统导出的 obj 文件进行了分析和研究，可了解其三角网格顶点坐标、法向坐标以及贴图坐标的存储形式与顶点索引形式，从而可导入或集成 obj 文件。此外，基于开源的 dxf.net 库等工具，平台可导入 AutoCAD 的图纸等数据，实现信息重用和共享。

（3）基于多协议的物联网监测与 BIM 数据集成技术

基于图 10-6 支持多协议的 BIM 系统和自动化系统集成框架，可通过平台集成不同系统中的监测数据，并提供统一的服务接口供 BIM 客户端调用，实现对监测数据的查询、分析与管理。

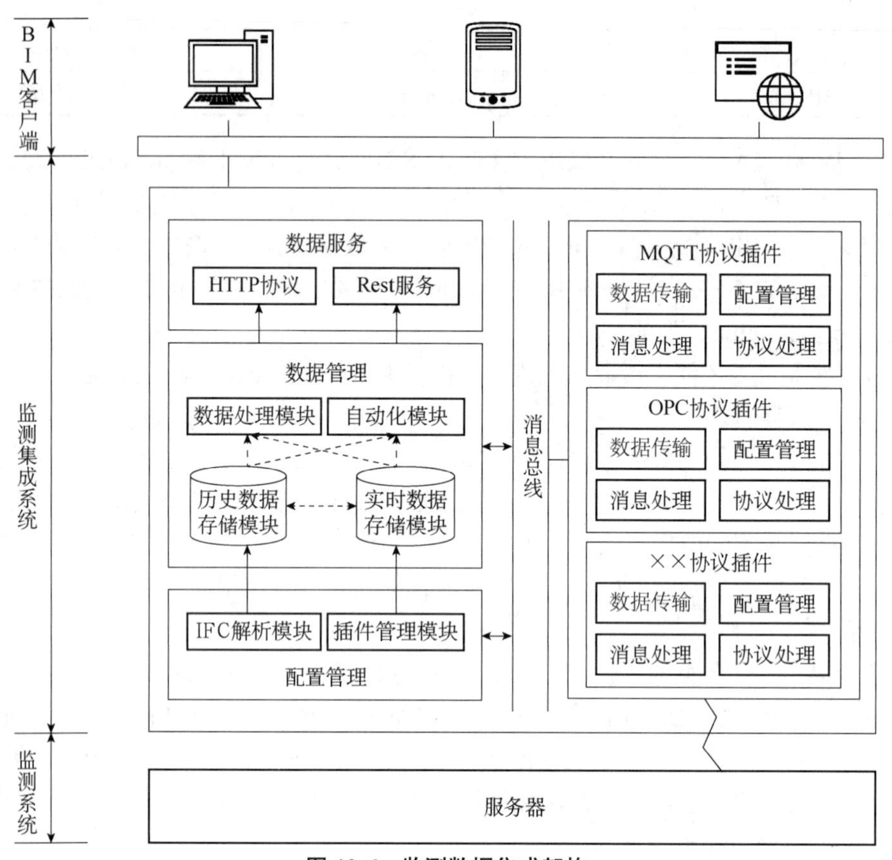

图 10-6　监测数据集成架构

配置管理组件负责系统的整体配置管理。其中，IFC 解析模块负责从 IFC 文档中解析提取监测相关信息，包括监测点的元属性信息，如数据类型、采集间隔等，然后将提取的信息传递给数据管理模块进行存储；插件管理模块负责协议插件的管理，包括加载、初始化、卸载等。

数据管理组件负责所有监测信息的存储、分析及自动化处理等。其中，实时数据存储模块负责监测点元属性信息及实时监测数据的存储：历史数据存储模块负责监测点历史监测信息的存储：数据处理模块负责对监测点监测数据进行预处理，以便支持 BIM 客户端通过数据服务对监测数据进行查询：自动化模块负责监测数据的自动判断，并触发相应的事件，例如，当人体红外传感器监测到人员活动时，自动触发设备报警等。

数据服务组件负责提供统一的数据接口，供 BIM 客户端调用，其中，HTTP 协议模块提供网页服务，Rest 服务模块提供监测数据的访问服务。

消息总线组件负责在各组件之间传递消息，实现各组件之间的协同。

协议插件组件负责和监测系统进行交互，进行监测数据的更新和控制指令的下达，系统采用可扩展的机制，针对不同的监测系统可创建不同的协议插件模块，系统可包含多个协议插件模块。

（4）基于私有云的数据存储与访问技术

所谓私有云，就是指企业自己搭建，为内部以及客户供应商提供私有云服务或者个人搭建为自己以及亲朋好友提供个人云服务。私有云包括云硬件、云平台、云服务三个层次。私有云的硬件使用的是企业或个人自己的计算机或服务器。对于企业来说，私有云服务本企业及本企业的客户和供应商，因此，企业自己的电脑或服务器已经足够用来提供服务了。数据存放在企业自己的服务器中，对数据有绝对的控制权，而且云平台还提供防火墙、数据加密等措施来防止黑客入侵，保障数据的安全性、稳定性。为了更好地利用 BIM 技术，在建立 BIM 模型时需要加入构件详细的信息，从而导致模型文件比较大，将如此巨大的文件存储在一台服务器上，而且多用户同时访问，势必会对服务器造成很大的压力，极大地影响服务效率，甚至导致服务器崩溃，从而造成很差的用户体验，对系统形成很大的阻碍。采用私有云技术，将 BIM 模型数据存储于私有云服务器上，利用云的分布式处理技术，根据需求分配服务器资源，提高了运行效率，与此同时利用该项技术对 BIM 模型数据进行分批、分类保存，更加方便地控制数据的访问，对于不同的用户给予不同的数据权限，实现数据的多层次、高安全的管理。

3. 平台权限管理技术

根据装配式建筑建造全过程信息化管理需求，平台权限管理可分为项目功能模块权限、用户功能权限、用户数据权限 3 类。平台应提供基于角色的权限访问控制机制，系统管理员可以自定义角色及角色拥有的权限，并可以对用户针对不同的项目进行角色设置。首先，可以设定每个用户对不同项目的访问权限，其次，可以控制每个用户在不同项目中的功能权限，从而实现了对权限的灵活控制和配置。同时，BIM 平台通过用户面板的概念，进行了用户数据权限的管理。

（1）项目功能模块权限

平台设计中，上层应用采用插件式设计，每个功能模块属于不同的插件，在 Admin 后台中有配置网页，可以配置项目所启用的功能模块。在上层平台启动的过程中，可以通过相应 API 接口获取项目所启用的模块，进行对应加载。通过平台的功能模块进行权限管理，可以实现不同项目加载不同的功能模块，从而实现某专业用户只使用本专业功能模块的需求，实现多专业的协同。

（2）用户功能权限

平台设计采用基于角色的权限访问控制（Role-Based Access Control，RBAC）架构，在不同项目中可以自定义角色，对角色可以配置不同的功能权限。如图 10-7 所示，在 RBAC 架构中，权限与角色相关联，用户通过成为适当角色的成员而得到这些角色的权限。这就极大地简化了权限的管理。在一个组织中，角色是为了完成各种工作而创造，用户则依据它的责任和资格来被指派相应的角色，用户可以很容易地从一个角色被指派到另一个角色。角色可依据新的需求和系统的合并而赋予新的权限，而权限也可根据需要从某角色中回收。角色与角色的关系可以建立起来以囊括更广泛的客观情况。

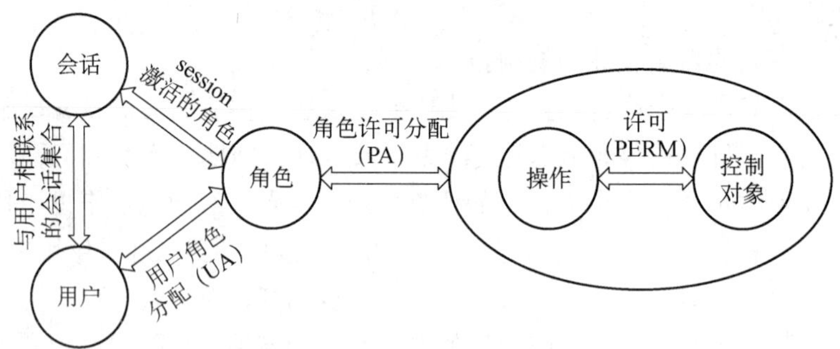

图 10-7　RBAC 架构

平台可根据装配式混凝土端、Web 端、手机端上单独的功能点划分功能权限，因此角色的权限控制非常细致灵活，可以完全根据用户的需求进行自定义。通过对用户配置项目中的角色，可以定义每个用户在不同项目中的不同操作权限，满足实际工程中同一个人在不同项目中具有不同权限的需求。

（3）用户数据权限

平台设计中，为了实现不同用户管理不同数据的需求，设计了用户数据权限管理机制：在平台中加入了用户面板的概念，数据可以属于某一个用户面板，这样用户就只能被属于这个用户面板的用户所管理。前端通过 API 获取数据的过程中，后台会根据用户来搜索其有管理权限的数据，将有权限数据推送给用户。通过用户数据权限管理机制，平台可支持不同用户查看、管理对应数据的需求，可以实现某业务管理员只查看管理自身工作的业务需求。

4. 施工资源配置优化技术

基于平台的建造全过程信息集成技术，可实现进度信息、资源信息与其他工程信息的有效集成，并统一保存到数据库中。可通过提取平台数据实现资源配置离散事件仿真模型的自动构建，将其与优化算法结合可实现模型求解，从而针对不同工期、资源配置目标进行工程施工进度和资源的均衡与优化。以此为基础，可形成基于离散事件仿真及优化的资源配置优化框架（图 10-8），并可在此框架基础上，引入不同的优化算法对资源配置的离散事件仿真模型进行优化求解。

以 IFC 标准为例，IFC 进度信息的不同任务及任务之间的紧前紧后关系可通过以下 2 个步骤转换为离散事件仿真模型，进行进度资源配置优化仿真，如图 10-9 所示。

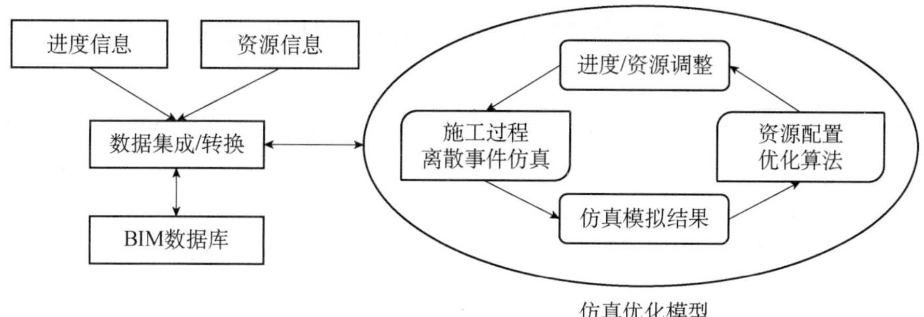

图 10-8　基于离散事件仿真及优化的资源配置框架

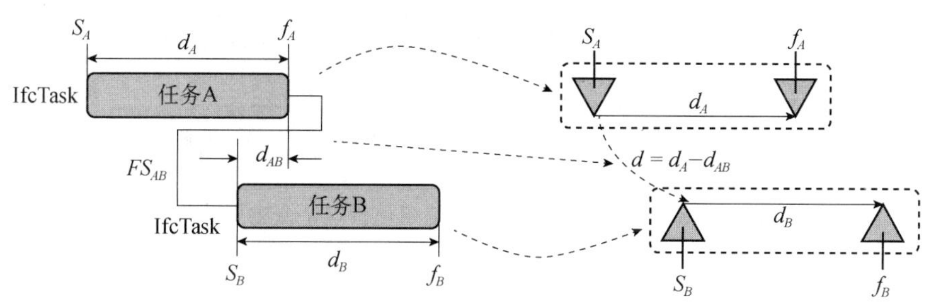

图 10-9　进度资源配置优化

（1）进度任务的转换

进度任务中的某项任务应转换为任务起始事件、任务结束事件与连接两个事件的边。其中边的持续时间应与任务的持续时间相等，任务起始事件和任务结束事件的触发时间应分别等于该项任务的起止时间。

（2）紧前紧后关系的转换

紧前紧后关系应转化为连接两项任务起始事件的边。鉴于离散事件仿真模型中一般不允许从触发时间晚的事件连向触发时间早的事件的边，因此，在处理紧前紧后关系的过程中，应考虑任务持续时间与紧前紧后关系时间设置的约束，根据任务起止时间 S_A、f_A 和 S_B、f_B 与不同紧前紧后关系的不同，该事件的边应取不同的值。

四、建造全过程信息化管理平台主要功能

结合上述，分析及平台关键技术，装配式建筑建造全过程信息化管理平台功能可以分为 3 大类：一是底层支撑功能，包括系统管理、BIM 数据集成、Web 服务 API、BIM 数据处理、图形引擎、数据监测分析等；二是资源配置优化等扩展性决策支持模块；三是设计/深化设计、施工管理、构件/部品库管理、工厂管理及智慧工地等业务应用模块，如图 10-10 所示。

1. 底层支撑功能

（1）系统管理

该模块用于支持平台管理员建立项目数据库及其初始化配置工作。主要包括数据库的

创建、数据备份，用户组织结构及其权限设置，API 接口权限设置、数据版本管理以及平台操作日志等功能。

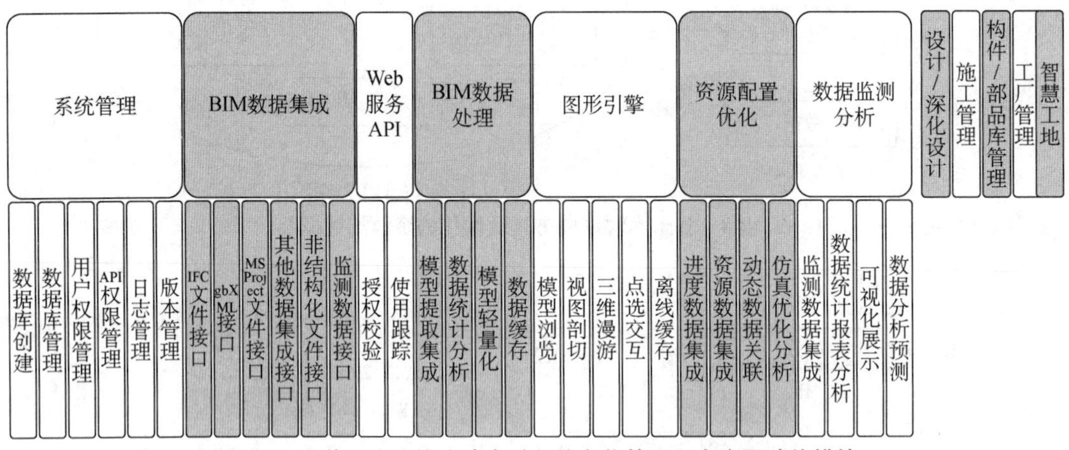

图 10-10　装配式建筑建造全过程信息化管理平台主要功能模块

（2）BIM 数据集成

该模块用于提供不同 BIM 数据解析、提取、转换和导出等功能。主要包括以下几点：

1）FC 接口：可解析 if、ifcxml 等 STEP 及 xml 格式以及其压缩格式的 FC 数据，并集成到数据库中，同时可将数据导出为 IFC 文件。

2）MS Project 文件接口：可导入或导出 MS Project 文件，并将其数据转换为 FC 格式进行存储。

3）gbXML 文件接口：可基于 xml 格式解析和导入性能分析模型数据。

4）监测数据接口：可通过 csv 等格式导入能耗监测、安全监测等有关监测数据。

5）其他数据集成接口：可集成 dkf 格式图纸数据、3dkml 格式 Catia 模型等数据，充分利用各类设计及模型数据。

6）非结构化文件接口：对文本、图片、音视频等数据进行存储和管理。

（3）Web 服务 API

该模块主要是平台其他功能模块对外开放功能的服务封装，除各功能模块有关功能外，还包括以下几点：

1）授权校验：根据 API 调用参数判断调用方是否具有该 API 调用权限。

2）使用跟踪：跟踪记录各应用软件调用方对 API 的调用情况，便于平台及时解决有关问题。

（4）BIM 数据处理

该模块主要用于支持其他功能模块共性的 BIM 数据分析及处理工作，主要包括以下几点：

1）模型提取集成：根据具体应用场景或业务需求从系统提取相应的数据，或将业务应用产生的数据动态更新到平台数据库。

2）数据分类统计分析：利用分布式计算等技术实现有关数据的分类统计分析，提高数据处理效率。

3）模型轻量化：通过数据压缩、相似模型合并、传输优化以及动态加我等技术，减少模型传输量、提升模型显示效率。

4）数据缓存：将上述数据处理结果，以及轻量化数据等在服务端进行缓存处理，以提高有关数据服务效率，降低服务器数据库负载。

（5）图形引擎

该模块主要提供装配式建筑建造全过程信息管理的模型三维显示相关功能。主要包括以下几个具体功能：

1）模型浏览：平台图形引擎提供基本模型浏览功能，包括缩放、平移、旋转等功能，以及显示、隐藏构件与调整显示效果的功能。

2）视图剖切：图形引擎提供剖切面定义、调整与剖切视图创建功能，便于工程人员自行定义剖切视图、查看模型信息。

3）三维漫游：引擎提供模型室内外漫游功能，可交互式查看模型效果。

4）点选交互：平台提供构件点选、框选等多种交互选择方式，实现高效的模型选择、查看。

5）离线缓存：平台提供图形数据离线缓存功能，降低数据获取频率，提升数据加载效率。

2. 扩展性决策支持模块

（1）资源配置优化

该模块主要面向装配式建筑施工过程提供资源配置与进度优化功能，主要包括以下几点：

1）进度数据集成：平台可基于 Microsoft Project 数据集成接口实现进度数据的自动导入，并基于平台修改和完善有关进度数据。

2）资源数据集成：平台可基于数据表格等方式自动导入工程资源数据，或通过手工录入等方式建立工程项目的资源信息。

3）动态数据关联：平台能够实现进度计划与模型的动态关联，提供手动关联、自动关联等方式，实现进度计划与设计 BIM 模型的集成。集成后，可在平台中对施工过程及施工工艺进行模拟，并为资源配置优化基础；同时，平台提供模型和清单算量与资源信息的动态关联，可通过自动或半自动方式构建模型与资源的关联信息。

4）仿真优化分析：平台根据上述关联建立的 BIM 模型，自动生成资源配置与优化模型，并基于人工智能算法求解资源配置优化模型，并对工程施工的关键资源需求进行分析和均衡，提高资源利用效率，节约时间与成本。

（2）数据监测分析

数据监测分析模块主要面向装配式建筑物料管理及施工管理提供物联网监测功能，主要包括以下几点：

1）监测数据集成：平台可将各物联网感知系统的能耗、沉降、测控定位等监测数据统一集成到 BIM 模型中，从而支持施工质量、安装精度等一系列指标的对比和分析。

2）数据统计报表分析。

3）可视化展示：平台可将物联网监测数据与 BIM 模型关联，实现基于模型的数据可视化点选、交互与动态展示，更好地体现数据与模型的关系。

4）数据分析预测：同时平台可动态分析统计物联网监测数据，并采用人工智能等算法对数据未来趋势进行分析预测，辅助管理人员更好地决策与掌控工程进展。

3. 业务应用模块

（1）设计/深化设计

主要面向设计/深化设计阶段，整合或集成设计软件功能，提供部品划分、深化设计、设计出图、图纸管理、管线综合等功能。

（2）施工管理

施工管理主要面向施工阶段，提供施工过程模拟、施工方案优化审核、可视化技术交底，施工质量检查、管控，商务计价、成本管控，施工人员管理，施工安全管控以及现场管理等功能。

（3）构件/部品库管理

构件/部品库管理主要面向设计、生产环节，提供构件上传、审核、入库，以及部品查询、属性及参数更新等功能。

（4）工厂管理

工厂管理主要面向构件生产环节，提供企业信息管理、合同管理、项目管理、生产数据管理，以及生产计划、材料库存、成品存储、质量管理、设备管理、物流运输管理等功能。

（5）智慧工地

智慧工地主要面向施工阶段，提供工地现场人脸识别、安全监控、塔吊防碰撞、智能安全帽接入、风险区域电子围栏等功能。

第十一章　拓展知识

第一节　概　述

智能建造的发展归根结底是智能化系统的发展推动的。智能化系统的发展主要有三个不同的方向，即深度方向、广度方向和集成度方向。

深度方向的发展意味着信息化系统的效率随着时间不断提高。例如，同样的智能化系统，由于深度方向的发展，具有更强的功能，或能够导致更高的工作质量。通过智能化系统的实际应用，人们不断迭代、改进，从而使之成为更为有效的系统。

广度方向的发展主要是指不断出现的新系统，使智能化系统可以用于更加宽广的范围。一般来说，建筑施工可以划分为很多环节，目前智能化系统只能用于少数环节，而随着智能化技术的发展，更多的智能化系统将会出现，导致在更多的环节中可以应用智能化系统。也就是说，智能化系统可以覆盖更多的工作环节，从而可以在更大的程度上取代人，或者减少对人的需求。

集成度方向的发展是指智能化系统将具有越来越多的功能，而且这些功能被有机地集成在一起。比如，过去的智能化系统有的是管人的、有的是管机械的、有的是管物料的、有的是管环境的；现在，作为集成化的智能化系统，一个系统就拥有所有这些功能，而且这些功能之间是互通的，也就是说，它们可以共同分享一些基础数据，从而在使用这些功能时，对于不同功能共享的基础数据，只需要输入一次，而不像在过去，每使用一个功能时都需要输入一次。

比较理想的状态是，一个信息化系统既有深度、又有广度，同时还有集成度，但在实际应用中一个信息系统往往需要在这三个方面进行权衡。

第二节　智能建造技术

一、项目全过程智能化应用技术

（一）技术内容

项目全过程智能化应用是智能化技术的项目级应用，是智能建造技术体系的核心内容，内容涵盖工程项目的建设全过程：智能设计、智能生产、智能施工、智能验收，具体作用体现在以下三个方面：一是通过智能化关键技术和工程建造技术的深度融合，实现设计、生产、施工、验收的项目全过程数字化、网络化和智能化的新型建造方式；二是为行业主管部门提供有效的监管数据，实现成果数字化交付、审查及存档，以信用为基础、新一代信息技术为支撑的全过程智能监管体系；三是为市场主导的互联网平台提供数据来源，形成面向行业服务的第三方平台基础数据。

（二）应用场景

“智能设计”场景将BIM技术、智能化技术应用于前期勘察、概念设计、方案设计、施工图设计、深化设计等工程项目的全设计流程，实现三维可视化、全专业协同设计、方案智能模拟、参数化设计、智能出图等功能，从而减少重复性工作，提升设计效率，成为设计人员的重要辅助工具。BIM技术是智能设计的核心技术，是智能设计的主要研究对象和智能化技术的信息载体。

“智能施工”场景将云计算、大数据、物联网、移动互联网、人工智能、BIM等先进技术，运用在工程项目的建造阶段，以作业数字化、管理系统化、决策智能化为核心特征，将施工过程中涉及的人、机、料、法、环等要素进行实时、动态采集，实现数据的共享、协作、智能风险识别、预警，为项目管理层搭建一个数据实时汇总、生产过程全面掌握、项目风险有效降低的“项目大脑”。最终达到在满足工程质量、安全目标的前提下，实现成本降低1/3，二氧化碳排放量降低50%，同时进度加快50%的目标。

“智能验收”场景按照国家及各省市建设主管部门制定的建筑工程施工质量验收统一标准、规范的要求，通过互联网技术、大数据、算法、人工智能（AI）等实现线下与线上配合，完成建设工程各阶段验收，将建设工程验收管理行为数据及验收实施数据自动归档，并形成验收归档数据的行为。

（三）发展趋势

随着项目精细化管理需求日趋强烈，智能化技术将更加深入地应用到项目全过程的各个环节。深化设计数字化、施工工艺数字化、技术管理数字化等内容均是项目全过程智能化应用的深化发展方向。

二、智能装备技术

（一）技术内容

目前，国内外一些企业已经拥有施工自动化系统，例如，智能化整体爬升钢平台模架和施工装备集成平台，分别用于高层建筑核心筒和高层建筑的施工。在建筑科技不断发展，人们对工程的进度、质量和安全日益重视的今天，这样的装备可以称为建筑行业和建筑企业的重器。说它是行业重器是因为，这样的设备可以成为提升行业生产力水平的标志；说它是企业重器是因为，它不仅代表企业的技术水平，而且成为建筑企业进行超高层建筑施工不可缺少的工具，因而也成为建设单位选择施工单位时考虑的关键因素。

（二）应用场景

这样的装备对于建筑行业和建筑企业，就像先进制造生产线对于制造行业和制造企业一样重要。今后建筑行业和建筑企业需要更多这样的装备。目前在建筑行业，由于这样的装备种类和数量还十分有限，很多重要施工环节还采用传统的手工作坊式的生产方式。例如，我国目前正在大量建设高铁车站、会展场馆、机场等公共建筑，上述用于超高层建筑的装备就用不上，而且也没有专门的装备。事实上，这种需求是客观存在的。例如，这些大型公共建筑都需要架设大面积屋顶，为什么不能有架设屋顶的智能装备呢？又如，这些大型公共建筑一般都拥有大面积的玻璃幕墙，为什么不能拥有专门用于架设幕墙的智能装备呢？当然，这样的装备应该具有通用性，即使在不同的工程项目中设计变化较多也能够使用。另外，这样的设备必须高效，否则利用意义就不大了。同样重要的是，它能够使大型公共建筑施工更加安全，质量更加有保证。

相信建筑科技的深入发展，越来越多的企业将结合自身的任务，作为自身的重器，开发各种智能装备，破解劳动力短缺的各种难题，打造企业的核心竞争力。

（三）发展趋势

随着建筑业劳动力短缺问题日益严重，智能装备在建造过程中的应用显得尤为重要。相应地，人工智能技术、自动化技术和机械技术围绕建造装备的应用场景进行深入开发将成为必然趋势。

三、建筑自动化和机器人技术

（一）技术内容

20 世纪 70 年代末日本开始研究开发建筑现场施工自动化与机器人，80 年代开始应用，同时国际上迅速跟进，距今已超过 40 年。特别是近年来，我国的基本建设规模堪称世界领先，但是迄今为止，建筑施工中自动化和机器人的应用还很有限。即使在全球的发达国家，大体上也是同样的情况。

其实，在过去 40 多年中，关于建筑自动化和机器人的研究开发从数量上看相当多。为了客观地把握这方面的情况，一般来说，自动化和机器人系统的研究开发经历概念设计及仿真、试验室原型系统、工程试用以及实际项目应用 4 个阶段。经过 40 年的沉淀，虽然建筑自动化和机器人方面已经有不少研究成果，相信这方面投入的资源也是巨大的，但真正成功应用在实际过程中的占不到总数的 10%，而从研究到实际应用往往会花上若干年甚至 10 年的时间。

（二）应用场景

近年来，BIM（建筑信息模型）、3D 打印、计算机视觉、物联网、大数据、人工智能等新技术的迅速发展，使它们可以直接用于建筑行业的生产过程，同时也作为支撑技术为自动化和机器人技术的发展提供了有力支持。

自动化和机器人技术在装配式构件生产、安装等建造环节有广泛的应用场景。在高温、水下、高空等特殊的建造环境中，机器人技术也有大量的适用场景。

（三）发展趋势

可以预见，在建筑自动化和机器人技术方面，将会有更多的研究利用新兴信息技术等有利条件，不断深化已有的研究，使建筑自动化和机器人技术向实用化发展。这是一个迭代的过程，这个过程需要时间，经过对系统的不断打磨和改进，从一个阶段走向更成熟的下一个阶段，直至实用阶段。根据现有经验，在其中，往往没有捷径可走，不可能一蹴而就。既然研究开发建筑自动化和机器人技术的目的是取代人或者减少对人的需求，它的成熟过程和培养一名成熟的工人的过程是类似的，需要时间、经验积累和不断提高。

第三节　数字孪生技术

一、全过程可视化管理

（一）技术内容

最近十多年，BIM 技术一直是建筑行业的热门技术。其中最大的原因在于，BIM 技术使得人们在设计、施工以及运维过程中需要面对的对象，可以在计算机中以形象直观的方式显示出来，从而解决一般人们依靠想象力难以把握复杂事物的问题。

BIM 技术是智能建造中的基础性技术。BIM 技术在智能建造中的广泛应用，将改变智能建造管理的人机界面，使得管理全过程实现可视化。在设计管理中，将在管理平台上，以 BIM 模型的形式，直接、直观地看到设计的中间结果，便于相关人员把握设计的进程；各专业设计人员通过 BIM 模型可以直观地互相参照，共享设计数据；当关键设计内容发生改变时，受其影响的专业设计人员将收到提醒信息，并直观地看到所发生的变化。

（二）应用场景

在施工管理中，无论是进度管理、成本管理、质量管理、安全管理，还是信息管理，所有的管理界面上都会呈现所管理的对象的BIM模型。例如，进度管理人员，可以看到计划进度实现后的BIM模型和当前实际进度的BIM模型；成本管理人员针对一笔项目支出，可以看到是BIM模型中哪一层、哪个或哪批部品/部件引起的；安全管理人员可以看到当前施工楼层的危险源在BIM模型中的分布情况。

在运维管理中，管理人员在BIM模型中，可以任意切换到所关心的楼层，点击所关心的设备后，获得该设备的信息，或者通过点击启动该设备；或者查看该设备迄今发生的所有维护维修记录。而维修人员在维修一个设备时，利用手机就可以打开相关的BIM模型，然后通过在BIM模型上点击该设备，可以查询该设备的配件型号；在完成维修后，将维修过程中所完成的维修内容信息上传，系统将自动地实现这些信息与BIM模型中的该设备的绑定。

（三）发展趋势

总之，在智能建造管理中，所有主要的管理功能都将与BIM模型联系在一起，用户在使用这些功能时，可以随时浏览相应的BIM模型并聚焦到对象部品/部件。

与传统的建造管理系统相比，智能建造管理系统为管理人员提供更加直观和全面的信息，而不用一直与单调的代码或数字打交道。

二、基于企业大数据分析的决策支持

（一）技术内容

随着企业信息技术应用的开展，企业不断积累着越来越多的信息，其中包含企业承包过的工程项目的信息、工程项目管理信息以及企业管理信息等。一方面，这些信息在企业开展业务的过程中发挥着重要作用；另一方面，它们对今后企业的决策也有利用价值。例如，基于企业的项目数据，既可以支持企业战略方向的确定，也可以积累企业内部定额数据，用于今后的成本预算。企业积累的信息数量巨大，随着时间还在不断增加，而且种类多种多样。为了有效地利用这些信息，往往需要经过数据提取、转换、存储、计算、可视化等环节。

首先，需要决定提取什么数据。因为企业的各种管理数据随着时间增长非常快。以项目管理数据为例，每个项目各种数据的总量在10 GB的数量级是很平常的。如果企业每年完工项目有100个，1年就是数太字节的数据。所以，企业通常不得不将数年前的项目数据存档，也就是从当前系统存储空间导入到另外的存储空间。大量数据也意味着不是所有的数据都有用。所以，有必要从大量数据中抽取有用的信息，并以便于取用的方式进行存储，一般存储在数据仓库中。为了提取到足够的真正有用的信息，往往需要对企业和项目所有的决策环节用到的信息进行分析，在此基础上确定有潜在用途的数据项。在确定所需的数据后，就可以利用有关工具进行各种处理。通常使用BI（Business Intelligence，商业智能）工具，这样的工具不仅支持按指定的数据提取项目自动地从已有的数据库中提取数据，并将其保存到数据仓库中，还提供各种分析功能、可视化功能等，以便用户针对有用的数据进行用于支持决策的大数据分析。

（二）应用场景

目前，这种方法工具是成熟的，但迄今很少有企业导入这样的大数据分析系统，真正开展大数据分析，并用于支持企业和项目的决策。究其主要原因，一是真正拥有较宽功能覆盖面的管理信息系统的企业还只是少数，而且这样的企业对管理信息系统的应用也往往停留在使用系统基本功能的水平上，所以缺乏这样做的必要条件；二是为此必须对企业和项目的决策环节进行梳理，确定需要提取的数据，可是这项工作往往具有很大难度，难倒了不少企业，以致他们还未将该问题提上议事日程。

（三）发展趋势

随着BIM应用的开展，新问题出现了。设计企业随着时间会积累大量的BIM设计模型，一些施工企业已经开始使用基于BIM的项目管理系统，而一些企业的设施设备运维管理中也使用了基于BIM的运维管理系统。新问题是，这些BIM数据是否可以带来新用途，甚至更高价值的用途。希望如此，但是需要今后开展相关研究后才能得出结论。

三、基于数字孪生的决策支持

（一）技术内容

数字孪生既是一种理念，也是一种方法，是指对应于实际物体，在计算机中建立它的模型，该模型不仅可以反映它所对应的物体的形状，还可以用于对其物理特性和行为进行仿真。以建筑数字孪生为例，可以采用BIM模型实现，在该模型中不仅包含建筑物的几何信息，还包含其属性信息，例如，采用的建筑材料，另外，还包含其他相关信息，包括建筑施工过程中的管理信息，例如，施工者信息、施工进度信息等。

对于一些重要而且复杂的建筑工程，实现数字孪生的好处是不言而喻的。BIM模型是可视化管理的基础，也是数字孪生的前提。因此实现数字孪生，必然可以带来智能建造可视化管理的优势。但这不是最主要的，数字孪生的最大优势包括：一是便于进行各种分析和仿真，使人们可以预先把握物体的特性和行为。例如，利用数字孪生模型，很容易针对建筑进行日照分析、能耗分析、风环境分析、温度场分析等多种性能化分析，同时可以进行全生命周期的成本分析。这样的分析结果对于改进设计是非常有用的，可以让设计人员从长计议进行设计，也可以让他精准地把控各方面的因素，设计出理想的建筑。另外，利用数字孪生模型可以在计算机中进行虚拟建造，让有关参与方发现已初步确定的协同工作方式中存在的问题，提出解决方案，并共同探讨最佳协同工作方式，实现“先试后建”，避免返工和浪费，提高建造效率。二是可以实现数字化模型和物理模型的互动，从而实现更准确地仿真，保证建造过程的安全性和可靠性。例如，在深基坑施工时，开始可以根据预计的计算参数进行施工过程中基坑变形的预测；然后，通过对比预测的变形和实际发生的变形，可以对预计的计算参数进行修正，并将修正后的参数用于进行下一步的变形预测。这样就可以得到更加准确的变形预测结果，用于对施工过程的调控，即根据变形是否可以接受进行必要的调控。无论上述哪一种优势，都可以为建造过程的科学决策提供有力支持。

（二）应用场景

目前，尽管数字孪生的概念已经形成，但在实际过程中，数字孪生应用和BIM应用两者还没有区别开来。实际上，数字孪生应用是更加系统化的BIM应用。对于一般工程，按需进行BIM应用就够了；而对于大型复杂工程，往往需要全面甚至实时的数字孪生应用。通过数字孪生应用，可以更好地进行项目决策，为建造过程带来最佳效益。

（三）发展趋势

数字孪生还在发展之中。要想数字孪生的理念被广泛接受，一方面，需要进一步发展相关标准，通过标准使各种分析工具能够容易地共享模型数据，从而便于开展系统化应用；另一方面，需要按照建筑类型分别形成数字孪生体系，例如，关于体育场馆建筑的数字孪生体系，关于医院建筑的数字孪生体系等。这些体系应该是基于实践总结出来的经验，可以作为后续项目实施过程中的指南。有了这样的指南，数字孪生应用就水到渠成。当然，在这些建筑类型中目前实施BIM应用的例子也比较多，下一步要使其体系化，提升到数字孪生应用的高度。

四、城市信息模型（CIM）基础平台在智能建造的应用

（一）技术内容

2020年7月，住房和城乡建设部等13部门发布了《关于推动智能建造与建筑工业化协同发展的指导意见》，提出通过融合遥感信息、城市多维地理信息、建筑及地上地下实施的BIM、城市感知信息等多源信息，探索建立表达和管理城市三维空间全要素的城市信息模型（CIM）基础平台。2021年3月，国家发展改革委、自然资源部等28部门印发《加快培育新型消费实施方案》，推动城市信息模型（CIM）基础平台建设，支持城市规划建设管理多场景应用，促进城市基础设施数字化和城市建设数据汇聚。

根据 2020年9月住房和城乡建设部发布的《城市信息模型（CIM）基础平台技术导则》定义：CIM是以BIM、地理信息系统（GIS）、物联网（IoT）等技术为基础，整合城市地上地下、室内室外、历史现状未来多维多尺度信息模型数据和城市感知数据，构建起三维数字空间的城市信息有机综合体。CIM基础平台是融合GIS、BIM、遥感技术、大数据、人工智能、物联网、5G等新型信息技术，在城市基础地理信息的基础上，建立建筑物、基础设施等三维数字模型，表达和管理城市三维空间的基础平台。

当前CIM平台建设主要分为两部分，一个是CIM基础平台，另一个是基于平台之上的“CIM＋应用”系统。CIM平台架构如图11-1所示。

由图11-1可以看出，由政府统建的CIM平台是虚实一体的全数据运转平台，打破各个部门行政壁垒，有效地把数据统一起来，集合城市规划、建设、运营管理三方能力，通过数据化提炼、可视化运维解决建造与建筑行业诉求，实现信息交互、信息共享、信息关联、联动互动，提高政府的监管能力，推动行业数字化转型。

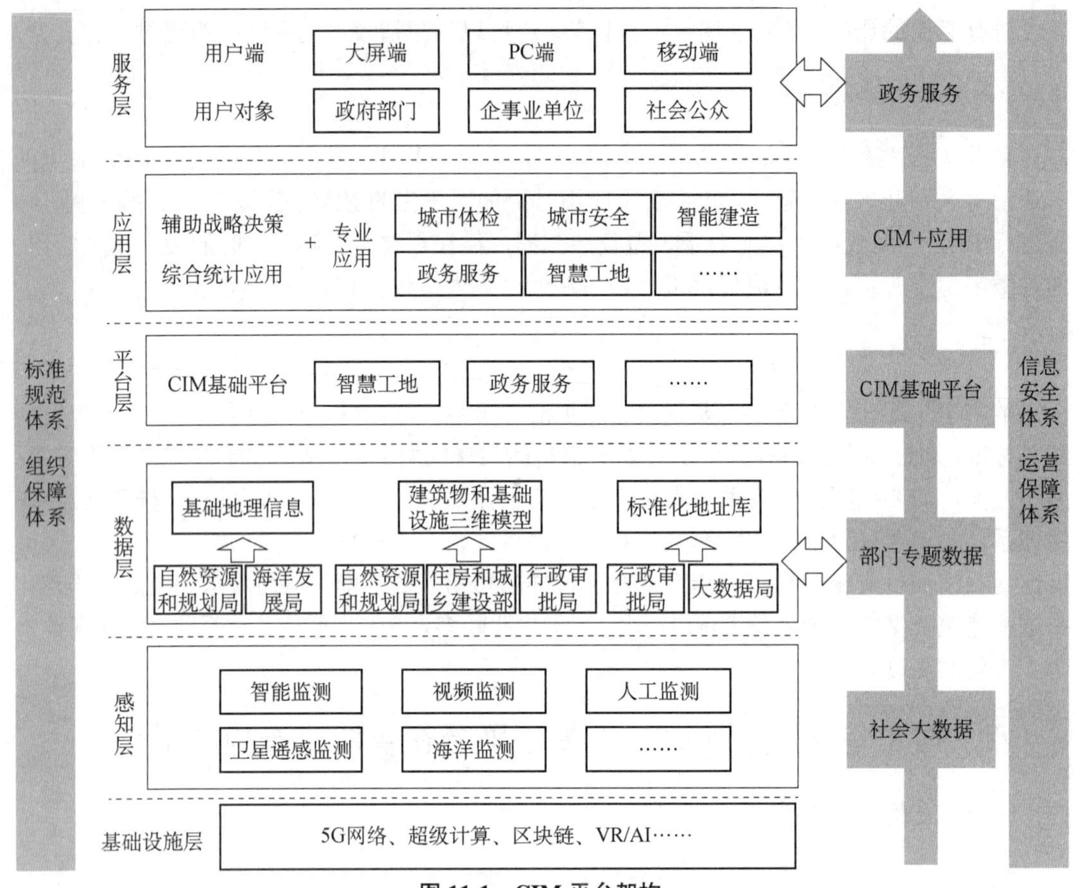

图 11-1　CIM 平台架构

（二）应用场景

CIM 平台不仅可以支撑城市建设、城市管理、城市运行、公共服务、城市体检、城市安全、智慧工地、社区管理、医疗卫生与应急指挥等领域的应用，还可以支撑数字建造、智慧建造、绿色建造、数字化交付与 BIM 审查的应用场景，提升工程建设全流程信息化、数字化、智能化水平，为新型城市基础设施建设赋能，推动智能建造与建筑工业化协同发展。CIM 平台作为城市建设管理全流程智慧应用的支撑性平台，涵盖“规建管”全过程，有效地避免了城市发展过程中的重复建设、信息孤岛、缺乏顶层规划等一系列问题。

CIM 平台中的智能建造模块，一方面从监督管理层面，能够以 CIM 基础平台作为智能建造的数字底座，归集住房和城乡建设领域企业、项目、人员、业绩和信用等多元综合信息，实现互联互通，搭建建筑产业互联网平台，通过质量监管和追溯平台，推动建筑市场从粗放型监管向效能监管、规范监管和联动监管转变；另一方面从工程建设层面，能对重点工程项目全生命周期实施全过程管控，包括决策立项阶段的投资决策、规划设计、招标投标、工程施工、绿色减碳建造、全过程的工程咨询管理和投资管控、工程修复与拆除等，从而不断推动城市发展和城市更新。

在数字化转型的驱动下，建筑行业将逐步从以图纸为媒介的信息交流传递，升级为依托信息模型和信息应用技术平台进行信息传递。在此背景下，CIM 基础平台中经融合的多源数据，为重点工程项目，特别是针对装配式项目的智能建造提供了坚实的数据和平台基础。通过建立统一标准、统一平台和统一管理，依托 BIM 技术和信息技术，可以打通项目设计、生产、运输、施工、运维、监管的全过程，实现产业"标准化、产业化、集成化、智能化"目标。CIM 基础平台建设过程中设立统一的应用规范和标准，为全产业链智能建造中共享其信息铺平道路。

目前我国 CIM 平台建设尚处于起步阶段，各级政府、科研学术界、企事业单位等正积极探索新试点、新经验、新技术、新模式，标准建设、平台搭建、平台应用等工作正在全面展开。我国在推进 CIM 技术研发方面具有很大优势，一方面是体制优势，当下我们处于大力发展新型城镇化，实现高质量发展的阶段，各级政府部门都在出台新政策从不同角度全面推动；另一方面体现在数据的汇聚共享，各级政府部门越来越认识到共享数据的作用，在数据开放方面也做了诸多工作。

（三）发展趋势

相信在不久的将来，基于 CIM 基础平台可以建立完善的重点工程项目智能建造综合管理系统，归集住房和城乡建设领域多元信息，实现工程项目信息的动态更新、整合发布与关联共享，以及业务协同和溯源监管的全程信息化，辅助建设主管部门实现对建设工程项目建设全生命周期的高效监管。

总之，展望智能建造的未来，很多方面值得期待。无论是智能建造的技术方面，还是智能建造的管理方面，所使用的智能化系统将会向着广度、深度和集成度三个维度发展。建筑工程建造水平将不断提高，通过智能建造，用机器取代人或者减少对人的需求的目标将一步一步变成广泛的现实。

参考文献

[1] 从六个方面打造装配式建筑智能工厂[OL]. https://wenku.baidu.com/view/c74f931adc36a32d7375a417866fb84ae55cc37a.html.2019.3.

[2] 叶浩文,周冲,王兵. 以EPC模式推进装配式建筑发展的思考[J]. 工程管理学报,2017,31(2):17-22.

[3] 周冲. 装配式建筑智能制造的研发需求和创新思考[C]. 北京:中欧建筑工业化论坛,2018.11.

[4] 叶浩文,周冲,樊则森,等. 装配式建筑一体化数字化建造的思考与应用[J]. 工程管理学报,2017,31(5):85-89.

[5] 孙峥. 浅谈装配式建筑的发展与思考[J]. 中国集体经济,2017(23):127-128.

[6] 田春雨,李然. 装配式建筑体系及研究进展简介.[EB/OL]. 2017-02.

[7] 装配式建筑特点及应用展望[D]. 北京. 北京航空航天大学,2016.

[8] 樊则森. 装配式建筑发展概况、技术体系及案例分享[EB/OL]. http://jz.docin.com/p-1872345467.html.2019,3.

[9] 装配式建筑的内涵、国内外装配式建筑的发展历程与趋势[EB/OL]. http://jz.docin.com/p-1933039773.html.2019,3.

[10] 汪杰. 装配式建筑一体化集成设计实践与发展[EB/OL]. http://wenku.baidu.com/view/0a9b6001ae45b307e87101f69e3143323868f542.html.2019,3.

[11] 樊骅. 信息化技术在装配式建筑中的应用[J]. 住宅产业,2015(8):61-66.

[12] 刘占省. 装配式建筑BIM技术应用[M]. 北京:中国建筑工业出版社,2018.

[13] 住房和城乡建设部科技与产业化发展中心. 中国装配式建筑发展报告(2017)[M]. 北京:中国建筑工业出版社,2017.

[14] 中国建筑施工行业信息化发展报告(2015):BIM深度应用于发展[M]. 北京:中国城市出版社,2015.

[15] 中国建筑施工行业信息化发展报告(2016):互联网应用与发展[M]. 北京:中国城市出版社,2016.

[16] 瞿栋绪. 关于装配式建筑中BIM应用的思考[J]. 建筑技术,2018,49(S1):123-124.

[17] 安然,周东明,张彦欢,等. 基于BIM和RFID技术的装配式混凝土建筑全生命

周期应用研究[J]. 工程建设，2017，49（11）：24-27.
[18] 王全良，宋佳祥，杨飞颖. 装配式建筑智慧工厂管理系统的试验研究[J]. 建筑技术，2018.49（S1）：211-212.
[19] 周冲，董作见，黄轶群. 装配式建筑智能制造和智能建造的创新需求[J]. 建设科技，2018（23）：28-31.
[20] 刘占省，刘诗楠，王文思，等. 基于低功耗广域物联网的装配式建筑施工过程信息化解决方案[J]. 施工技术，2018，47（16）：117-122.
[21] 陈峰，任成传，卢造，等. ERP、MES 系统在装配式建筑构件智能制造中的应用[J]. 混凝土世界，2018（1）：38-41.
[22] 叶浩文，周冲，樊则森，等. 装配式建筑一体化数字化建造的思考与应用[J]. 工程管理学报，2017，31（5）：85-89.
[23] 张仲华，孙晖，刘瑛，等. 装配式建筑信息化管理的探索与实践[J]. 工程管理学报，2018，32（3）：47-52.
[24] 苏世龙. 装配式建筑 EPC 信息化管理技术项目应用[J]. 建设科技，2019（1）：56-60.
[25] 郑娇君，陈剑，闫浩. EPC 模式下 BIM 信息化管理平台在装配式建筑中的应用研究[J]. 项目管理技术，2019，17（1）：117-121.
[26] 中华人民共和国住房和城乡建设部. 建筑业 10 项新技术（2017 版）[EB/OL]. http://www.mohurd.gov.cn/wjfb/201711/t20171113_233938.html.
[27] 郭学名. 装配式混凝土建筑构造与设计[M]. 北京：机械工业出版社，2018.
[28] 田东，李新伟，马涛. 基于 BIM 的装配式混凝土建筑构件系统设计分析与研究[J]. 建筑结构，2016，46（17）：58-62.
[29] 叶明，叶浩文. 装配式建筑概论[M]. 北京：中国建筑工业出版社，2017.
[30] 杨思忠，等. 建筑构件建造管理信息系统开发与应用项目[R]. 北京市燕通建筑构件有限公司. 2017 年 11 月.
[31] 马智亮. 基于BIM技术的预制构件生产管理系统框架研究[C]. 第一届全国BIM学术会议论文集，2015.
[32] 苏畅. 基于 RFID 的装配式住宅构件追踪管理研究[D]. 哈尔滨工业大学，2012.
[33] 李天华，袁永博，张明媛. 装配式建筑全寿命周期管理中 BIM 与 RFID 的应用[J]. 工程管理学报，2012，26（3）：28-32.
[34] 管桤瑜. 无线射频技术在混凝土预制构件企业生产管理中的应用研究[J]. 建筑发展导向（下），2013（6）.
[35] 曾涛，邱奎宁，李云贵. 基于供应链的预制构件数字化精益建造平台研究[J]. 土木建筑工程信息技术，2013，5（5）：34-39.
[36] 胡珉，陆俊宇. 基于 RFID 的预制混凝土构件生产智能管理系统设计与实现[J]. 土木建筑工程信息技术，2013，5（3）：50-56.
[37] 熊诚. BIM 技术在装配式混凝土住宅产业化中的应用[J]. 住宅产业，2012（6）：17，19-20.

[38] 杨思忠，任成传，刘兴华，等. 装配式建筑预制构件厂设计与管理技术探讨[J]. 混凝土世界，2017（9）：46-53.

[39] 张迪，郭宁，李伟，等. 预制建筑构件生产企业转型升级对策分析[J]. 混凝土世界，2016（12）：90-93.

[40] 中建《建筑工程施工 BIM 应用指南》编委会. 建筑工程施工 BIM 应用指南[M]. 北京：中国建筑工业出版社，2014.

[41] 中建《建筑工程施工 BIM 应用指南》编委会. 建筑工程施工 BIM 应用指南（第二版）[M]. 北京：中国建筑工业出版社，2017.

[42] 沈祖炎，李元齐. 促进我国建筑钢结构产业发展的几点思考[J]. 建筑钢结构进展，2009，11（4）：15-21.

[43] 肖亚明. 我国钢结构建筑的发展现状及前景[J]. 合肥工业大学学报（自然科学版），2003（1）：111-116.

[44] 邱奎宁，李洁，李云贵. 我国 BIM 应用情况综述[J]. 建筑技术开发，2015，42（4）：11-15.

[45] 王朝阳，刘星，张臣友. BIM 技术在武汉中心项目钢结构施工管理中的应用[J]. 施工技术，2015，44（6）：40-45.

[46] 李云贵. 中美英 BIM 标准与技术政策[M]. 北京：中国建筑工业出版社，2019.

[47] 刘东卫. 新型建筑工业化的装修产业发展与装配式内装建设提供展望[N]. 中国建设报，2018-10-25.

[48] 装配式建筑交流平台. 装配式建筑与内装工业化的发展趋势[EB/OL]. http://baijiahao.baidu.com/s?id=1596332614284680112&wfr=spider&for=装配式混凝土. 2019，3.

[49] 代庆斌，查丽娟，肖晓丽. DBB 模式下基于网络平台的建设项目管理运作体系研究[J]. 平顶山工学院学报，2007（5）：33-36.

[50] 林佳瑞，张建平.基于 BIM 的施工资源配置仿真模型自动生成及应用[J].施工技术，2016，45（18）：1-6.

[51] 林佳瑞. 面向产业化的绿色住宅全生命周期管理技术与平台[D]. 清华大学，2016.

[52] 马智亮，李松阳.“互联网+”环境下项目管理新模式[J]. 同济大学学报（自然科学版），2018，46（7）：991-995.

[53] 马智亮，李松阳. IPD 模式在我国 PPP 项目管理中应用的机遇和挑战[J]. 工程管理学报，2017，31（5）：96-100.

[54] 中国新闻网，国内首座“一次成型”3D 打印桥建成使用寿命 30 年[EB/OL]. http://baijiahao.baidu.com/s?id=1622367348970978878&wfr=spider&for=装配式混凝土. 2019，4.

[55] 中国建筑业协会. 2020 年建筑业发展统计分析[EB/OL]. http://xjz.glodon.com/f/view-81d162f4bca34bd3b8e4b7284ee1ab20-501a5c8d63b84c0b96a9d3b65c200320.html. 2021，5.

[56] 丁烈云. 智能建造推动建筑产业变革[N]. 中国建设报，2019-06-07（8）.

［57］毛志兵. 科技创新引领建筑业进入高质量发展新时代［J］. 施工企业管理，2021，（1）：6，29-30.

［58］肖绪文. 以绿色建造引领和推动建筑业高质量发展［J］. 建筑，2021（04）：22-23.

［59］陈世清. 对称哲学证明科学起源于中国［EB/OL］. 中国网，2020.

［60］梁峰. 新城建　新发展［J］. 中国建设信息化，2021（7）：4-6.

［61］梁峰. 新基建、新动能！新城建、新发展！［EB/OL］. 2021-01-12.

［62］住房和城乡建设部等部门关于推动智能建造与建筑工业化协同发展的指导意见［EB/OL］. http://www.mohurd.gov.cn/wjfb/202007/t20200728_246-537. 2020.

［63］住房和城乡建设部等部门关于加快新型建筑工业化发展的若干意见［EB/OL］. http://www.mohurd.gov.cn/wjfb/202009/t20200904_247084. 2020.

［64］马智亮. 走向高度智慧建造［J］. 施工技术，2019，47（12）：1-3.

［65］马智亮. 迎接智能建造带来的机遇与挑战［J］. 施工技术，2021，50（6）：1-3.

［66］大数据应用与发展编委会. 中国建筑施工行业信息化发展报告（2018）：大数据应用与发展［M］. 北京：中国建材工业出版社，2018.

［67］国际电信联盟. ITU-R M. 2083-0 建议书：IMT 愿景-2020 年及之后 IMT 未来发展的框架和总体目标［R］. 2015.

［68］BIM 应用与发展编委会. 中国建筑施工行业信息化发展报告（2014）：BIM 应用与发展［M］. 北京：中国城市出版社，2014.

［69］李建成. BIM 技术的含义和特点［A］. 全国高校建筑学学科专业指导委员会、建筑数字技术教学工作委员会，数字建构文化——2015 年全国建筑院系建筑数字技术教学研讨会论文集［C］. 2015.

［70］姚松岭，郭建忠，李传富. 地理信息系统的技术特点与发展方向［J］. 河南教育学院学报（自然科学版），1999（2）：63-65，72.

［71］孟令奎，等. 网络地理信息系统原理与技术［M］. 2 版.北京：科学出版社，2010.

［72］谢宏全，地面三维激光扫描技术与应用［M］. 武汉：武汉大学出版社，2016.

［73］张铮，数字图像处理与机器视觉［M］. 北京：人民邮电出版社，2014.

［74］陈哲. 图像目标检测技术及应用［M］. 北京：人民邮电出版社，2016.

［75］周晓琼. 中国移动物联网商业模式研究［D］. 北京：北京邮电大学，2010.

［76］工业和信息化部电信研究院，物联网白皮书（2011 年）［R］. 2011.

［77］赛迪智库电子信息研究所等，虚拟现实终端检测白皮书（2019）［R］. 2019.

［78］筑龙 BIM：BIM＋VR：让建筑触手可及［EB/OL］. https://www.sohu.com/a/426498010_271640. 2020-10-21.

［79］PKPM-BIM 系列软件工具［EB/OL］. https://www.pkpm.cn/index.php?a=show&c=index& catid=69&id=400&m=content. 2021，8.

［80］“世界设计之都”又添强援中设数字CBIM项目启动［EB/OL］. http://www.chinarevit.com/ revit-53995-1-1.html. 2021，8.

［81］PKPM 绿建与节能系列软件 V3 说明书［EB/OL］. http://www.pkpm.cn/product/download/downloadDetail?id=403. 2021，8.

[82] 刘美霞. 装配式建筑发展行业管理与政策指南[M]. 北京：中国建筑工业出版社，2018.

[83] 王平，刘阳杰.浅谈标准化设计与装配式建造[J]. 建筑标准化，2019，538（2）：62-63.

[84] 刘美霞，卞光华，董嘉林，等，基于部品库标准化构件的装配式混凝土建筑设计优化研究[J]. 中国勘察设计，2020（3）.

[85] 刘丹丹，赵永生，岳莹莹，等. BIM 技术在装配式建筑设计与建造中的应用[J]. 建筑结构，2017（15）.

[86] 基于 BIM 的预制装配建筑体系应用技术[EB/OL]. http://www.360doc.com/content/17/0525/ 20/28704984657254904.shtml. 2021，8.

[87] 智慧工地应用与发展编委会. 中国建筑施工行业信息化发展报告（2017）：智慧工地应用与发展[M]. 北京：中国建材工业出版社，2017.

[88] 王要武，陶斌辉. 智慧工地理论与应用[M]. 北京：中国建筑工业出版社，2019.

[89] 王辉，陈凯，明磊，等. BIM 技术在大型群体住宅项目钢筋工程中的应用研究[J]. 施工技术，2019（4）：65-69.

[90] 王辉，明磊，付俊，等. 房建项目钢筋 BIM 智能翻样技术创新与实践[J]. 施工技术，2019（4）：70-72.

[91] 李建锋，罗锐，巨鹏飞. 建筑机电装配式机房施工技术应用探索[J]. 建筑技术，2020（5）：550-553.

[92] BIM 应用与发展编委会. 中国建筑施工行业信息化发展报告（2014）：BIM 应用与发展[M]. 北京：中国城市出版社，2014.

[93] 装配式建筑信息化应用与发展编委会. 中国建筑施工行业信息化发展报告（2019）：装配式建筑信息化应用与发展[M]. 北京：中国建材工业出版社，2019.

[94] 荆圣媛，韩勇，孟学文. 移动 AR＋VR 支持下旅游 GIS 系统的设计与实现[J]. 测绘通报，2019（1）.

[95] 百度大脑 DuMix AR 发布室内定位能力[EB/OL]. https://blog.csdn.net/weixin_32083569/article/details/112269725.2021，8.

[96] 丁费昊，智能楼宇系统的集成化、自动化发展探讨[J]. 住宅与房地产，2020（21）.

[97] 武鹏飞，刘玉身，谭毅. GIS 与 BIM 融合的研究进展与发展趋势[J]. 测绘与空间地理信息，2019（1）.

[98] 谢宏全. 地面三维激光扫描技术与应用[M]. 武汉：武汉大学出版社，2016.

[99] 陈哲. 图像目标检测技术及应用[M]. 北京：人民邮电出版社，2016.

[100] 大数据应用与发展编委会. 中国建筑施工行业信息化发展报告（2018）：大数据应用与发展[M]. 北京：中国建材工业出版社，2018.

[101] 顾小军. 智能建筑能源管理系统[J]. 江苏建筑，2010（2）：105-107.

[102] 倪子浩，建筑能耗的分析与管理[J]. 智能建筑，2015（7）：59-61.

[103] 曾智宏，薛永申，陈国成，等，上海世茂国际广场核心筒自升式钢平台施工系统[J]. 建筑施工，2005，27（8）：16-20.

［104］林海，龚剑，倪杰，等．整体提升钢平台系统在广州新电视塔核心筒施工中的应用［J］．施工技术.2009，38（4）：29-32.
［105］顾国明．超高层建筑滑模法与爬模法施工技术［J］．施工技术，2009，38（11）：72-76.
［106］王开强，郭耀杰，吴延宏，等．模块化低位顶升钢平台模架体系装配式空间钢桁架平台设计与试验研究［J］．施工技术，2012，41（370）：1-6.
［107］周智，欧进萍．土木工程智能健康监测与诊断系统［J］．传感器技术，2001（11）：1-4.
［108］袁雪松，光纤光栅传感器及其在结构健康监测中的应用［J］．大庆师范学院学报，2007，27（2）：37-41.
［109］吴延宏，许立艾，王开强，等．模块化低位顶升钢平台模架体系在福州世茂国际中心项目实施关键技术[J]．施工技术，2012，41（8）：7-11
［110］葛洪军，苏广洪．广州珠江新城西塔顶升模板系统支撑架设计与应用［J］．施工技术，2009，38（12）：8-12.
［111］季万年，杨玮，顾国荣．广州珠江新城西塔顶升模板体系设计与应用［J］．施工技术，2009，38（12）：13-15.
［112］中国建筑第四工程局有限公司，中建三局建设工程股份有限公司，广州市建筑集团有限公司．低位三支点长行程顶升钢平台可变模架体系［P］．200810029576.5.2010.
［113］丁烈云，徐捷，覃亚伟．建筑 3D 打印数字建造技术研究应用综述［J］．土木工程与管理学报，2015（3）：1-10.
［114］程碧华，汪霄，潘婷．3D 打印技术在建筑领域的应用及问题探析［J］．科技管理研究，2018（7）：172-176.
［115］王子明，刘玮．3D 打印技术及其在建筑领域的应用［J］．混凝土世界，2015（1）：50-57.
［116］高金兰，朱佳丽，李卓．大型金属构件 3D 打印自动控制系统设计［J］.工业控制与应用，2019（6）：15-19.
［117］尤完．3D 打印建造技术的原理与展望［J］．建筑技术，2015（12）：1081-1083.
［118］中国工业互联网研究院．“新基建”背景下建筑工业互联网的发展和应用［R］．中国工业互联网研究院.
［119］打造数字化协同平台，实现设计院设计与管理一体化［DB/OL］．http://www.epplus.cn/sj.html.2021，8.
［120］为建筑设计端打造的智能设计助手［DB/OL］．https://www.xkool.ai/n/koolcloud.2021，8.
［121］二三维协同设计［DB/OL］．https://www.goodwaysoft.com/detail-13/. 2021，8.
［122］深度对话上海建工：建筑业+互联网，打造商业新模式_网易订阅［EB/OL］．https://www.163.com/dy/article/FFNMQURO0514CEHC.html. 2021，8.
［123］华西云采-建筑行业供应链管理、电子商务交易、供应链金融服务［EB/OL］．

https://www.hxyc.com.cn/portal/detail.do?docid=587edbae4104b69cff5ae354378714af&chnlcode=hxyc. 2021，8.

［124］张靖雯. 中建一局创新研发智能化施工信息管理平台让建造更加智慧高效［EB/OL］. http://www.163.com/dy/artiele/FM0OVUEE0514R9L4.html. 2021，8.

［125］吴至复，王靖. 国家电网公司基建全过程综合数字化管理平台正式上线［EB/OL］. http://www.chinapower.com.cn/dlxxh/wlw/20201217/37809.html. 2021，8.

［126］珠实集团、珠江建设科研课题首获国家部级科技立项［EB/OL］. http://gww.gz.gov.cn/gy/oodn/content/post_6865292.html. 2021，8.

［127］珠海市住建局信息中心. 数据慧治、服务惠民——“1235”勾画珠海智慧住建新蓝图［EB/OL］http://zjj.zhuhai.gov.cn/zwgk/gzdt/content/post_2582487.html. 2021，8.

［128］马智亮. 走向高度智慧建造［J］. 施工技术，2019，47（12）：1-3.

［129］马智亮. 迎接智能建造带来的机遇与挑战［J］. 施工技术，2021，50（6）：1-3.

［130］马智亮，蔡诗瑶. 高层建筑自动化和机器人研究开发 40 年及今后优先发展方向［J］. 施工技术，2021，51（13）：34-39.

［131］马智亮，陆宁. 施工企业信息资源利用概念框架［J］. 清华大学学报，2009，49（12）：1909-1914.

［132］马智亮，蔡诗瑶. 基于 BIM 的建筑施工智能化［J］. 施工技术，2018，47（6）：70-72，83.

［133］马智亮，向星磊，任远. 基于 RCM 方法的建筑设备维护策略定量化决策模型［J］. 清华大学学报（自然科学版），2020，60（4）：348-356.

［134］汪科，杨柳忠，季珏. 新时期我国推进智慧城市和 CIM 工作的认识和思考［J］. 建设科技，2020（415）：9-12.

［135］许镇，吴莹莹，郝新田，等. CIM 研究综述［J］.土木建筑工程信息技术，2020，12（3）：1-7.

［136］Zhang J，Liu Q，Hu Z，et al. A multi-server information-sharing environment for cross-party collaboration on a private cloud［J］. Automation in Construction，2017，81：180-195.

［137］Laurent S S，Johnston J，Dumbill E，et al. Programming web services with XML-R 装配式混凝土［M］. O’Reilly Media，Inc，2001.

［138］Fielding R T. Architectural styles and the design of network-based software architectures［D］. University of California，Irvine，2000.

［139］AIA. Integrated Project Delivery：A Guide［EB/OL］.［2019.04.08］http://info.aia.org/siteobjects/files/ipd_guide_2007.pdf. 2019，4.

［140］Ma J，Ma Z，Li J. An IPD-based incentive mechanism to eliminate change orders in construction projects in China［J］. KSCE journal of civil engineering，2017，21（7）：2538-2550.

［141］Kent D C，Becerik-Gerber B. Understanding construction industry experience and attitudes toward integrated project delivery［J］. Journal of construction engineering and management，2010，136（8）：815-825.

［142］Ma Z，Zhang D，Li J. A dedicated collaboration platform for Integrated Project Delivery［J］. Automation in Construction，2018，86：199-209.

［143］Jin R，Gao S，Cheshmehzangi A，et al. A holistic review of off-site construction literature published between 2008 and 2018［J］. Journal of Cleaner Production，2018，202：1202-1219.

［144］Chen K，Xu G，Xue F，et al. A physical internet-enabled building information modelling system for prefabricated construction［J］. International Journal of Computer Integrated Manufacturing，2018，31（4-5）：349-361.

［145］Yin X，Liu H，Chen Y，et al. Building information modelling for off-site construction：Review and future directions［J］. Automation in Construction，2019，101：72-91.

［146］Liu H，Singh G，Lu M，et al. BIM-based automated design and planning for boarding of light-frame residential buildings［J］. Automation in Construction，2018，89：235-249.

［147］Yang Z，Ma Z，Wu S. Optimized flowshop scheduling of multiple production lines for precast production［J］. Automation in Construction，2016，72：321-329.

［148］Kong L，Li H，Luo H，et al. Sustainable performance of just-in-time（JIT）management in time-dependent batch delivery scheduling of precast construction［J］. Journal of cleaner production，2018，193：684-701.

［149］Hong W K，Lee G，Lee S，et al. Algorithms for in-situ production layout of composite precast concrete members［J］. Automation in Construction，2014，41：50-59.

［150］Wang Y，Yuan Z，Sun C. Research on assembly sequence planning and optimization of precast concrete buildings［J］. Journal of Civil Engineering and Management，2018，24（2）：106-115.

［151］Liu H，Al-Hussein M，Lu M. BIM-based integrated approach for detailed construction scheduling under resource constraints［J］. Automation in Construction，2015，53：29-43.

［152］Park J W，Cho Y K，Martinez D. A BIM and UWB integrated mobile robot navigation system for indoor position tracking applications［J］. Journal of Construction Engineering and Project Management，2016，6（2）：30-39.

［153］Shiyao Cai，Zhiliang Ma，Miroslaw J.Skibniewski，et al.Construction automation and robotics：from one-offs to follow-ups based on practices of Chinese construction companies［J］. Journal of Construction Engineering and Management，2020，146（10）：05020013.

［154］Shiyao Cai，Zhiliang Ma，Miroslaw J. Skibniewski，et al.Construction automation and robotics for high-rise buildings over the past decades：a comprehensive review［J］. Advanced Engineering Informatics，2019，42（10）：100989.

[155] Shiyao Cai，Zhiliang Ma，Miroslaw J. Skibniewski，et al. Construction automa-tion and robotics for high-rise buildings：development priorities and key challenges [J]. Journal of Construction Engineering and Management，2020，146（8）：04020096.
[156] Zhiliang Ma，Ning Lu，Song Wu. Identification and representation of information resources for construction firms [J]. Advanced Engineering Informatics，2011，25（4）：612-624.